U0162573

Agnes Arber

Herbals,Their origin And Evolution:

A Chapter in The History of Botany 1470−1670

© Agnes Arber, 1938

First published, 1912

second edition, enlarged and re−set, 1938

Pubilshed by the Cambridge University Press

中译本根据Cambridge University Press 1938年版译出。

尔文

趣物博思 科学智识

植物学前史

欧洲草药志的起源与演变

1470—1670

［英］艾格尼丝·阿尔伯/著

王钊/译

四川人民出版社

艾格尼丝·阿尔伯

（1879—1960）

这部著作承载了1470—1670年间草药志的印刷发展历程，当这个知识领域被普遍地大为拓展时……阿尔伯夫人查阅了海量文献，此时她的这部著作就是一种精华知识的典范。……插图是这本书中最吸引人的部分，书中展示了大量早期制作的精美植物绘图，以及一系列草药学先贤的肖像画。

——《鉴赏家》（*Connoisseur*）

这可能是我们可拥有的最精美和启迪人心的插图书之一。

——《潘趣杂志》（*Punch*）

一位正在做研究的医生

艾德里安·冯·奥斯塔德（Adrian van Ostade）1665 年绘制，柏林柏德博物馆藏。

目 录
CONTENTS

第一版序言

（1912）

　　本书的主要目的旨在追溯欧洲印刷本草药志在1470—1670年之间的演变，其立足点有两个，首先是植物学，其次是艺术学。这一时期的医学文献并未在本书的实际讨论之列，原因是这些文献只有医学方面的专家才能处理自如。自然，我对同时期的园艺学文献也是照此处理的。除了尽可能罗列对本书主要写作目的有所助益的书籍外，我并没有提供详细的书目信息，仅在附录一罗列了1470—1670年出版的主要植物学著作名。

　　本书主要基于对草药志本身的研究而完成。1894年，我偶然获得一本多东斯草药志的莱特译本，读罢，随即就对这个主题有了研究兴趣，从此开始关注这类作品。我在研究这一时期的草药志时，也充分地利用了史学和评论文献，这些参考文献见附录二。本书的主要研究材料来自大英博物馆印本书籍部[①]，不过我也使用了其他一些图书馆的藏书。我要感谢皇家学会会员苏华德（Seward）教授，他建议我应该从事这项研究，并为我研究剑桥大学植物学学院保存良好的植物学古籍提供了专门的便利。此外我还要向剑桥大学图书馆的图书管理员文学硕士詹金森（F. J. H. Jenkinson）先生、塞利（C. E. Sayle）先生以及邱园标本和图书管理员史塔普夫（Stapf）致以感激。在皇家医师学院哈维图书馆纽曼·摩尔（Norman Moore）博士的热心帮助下，我得以进入这个卓越的图书馆。我向他以及图书管理员助理巴罗（Barlow）先

[①] 大英博物馆印本书籍部在1973年之前属于大英博物馆图书馆，现在隶属于大英图书馆。*

生致以最诚挚的谢意，特别感谢后者为我提供的书目信息。我还要感谢药物学会的纳普曼（Knapman）先生，莱顿大学图书馆手稿保管员莫尔惠岑（Molhuizen）博士和哈勒姆泰勒学院的图书管理员，他们在自己的负责权限内为我查阅书籍提供了便利。

书中的大多数插图由剑桥大学的塔姆斯（W. Tams）先生直接拍摄、复制自原图，他克服困难从古版书中拍摄图片，而这些书页常常皱褶、失色或被虫咬蚀，在此向他提供的技术和细心工作表示由衷的感谢。书中所使用的图版20[①]取自《莱昂纳多·达·芬奇笔记》（*Leonardo da Vinci's Note-Books*），在此我需要告知作者爱德华·米科蒂（Edward Mccurdy）先生和达克沃斯公司。文中插图7、18、89、90和130的复制受惠于书目学会委员会，这些插图来自已故佩恩（Payne）博士的论文，它们的参考信息罗列在附录二。感谢皇家钱币协会允许我使用文中插图126。我得到授权可以使用著名的艾丽西亚·朱莉安娜版迪奥斯科里德斯抄本的现代复制版图，即本书图版1、2、18和23，这要感谢维也纳皇家图书馆的教授约瑟夫·里特·冯·卡拉巴切克（Josef Ritter von Karabacek）博士。书中能够复制草药学家的肖像，我还要感谢来自大英博物馆原印本和绘图保管员悉尼·科尔文（Sidney Colvin）爵士的无私帮助。

我还要感谢书目学会秘书波拉德（A. W. Pollard）先生、佛罗伦萨雷根斯堡的基勒曼（Killermann）教授、大英自然博物馆的舍伯恩（C. D. Sherborn）先生和林奈学会的秘书长代顿·杰克逊（B. Daydon Jackson）博士，所有这些人都友善地为我提供了很有价值的信息。在翻译德语和拉丁语文本方面，我要感谢塔克（E. G. Tucker）先生、斯科菲尔德（F. A. Scholfield）先生以及我的弟弟剑桥大学三一学院研究员罗伯森（D. S. Robertson）先生等人的帮助。

此外，我要向我的父亲表达感激之情，他向我提出建议，如果没有他的帮助，我几乎不能胜任从艺术视角探讨这一主题。我

① 在这篇前言中提到的图版和文中插图的编号在目前这个版本中有所变动。

也要感谢我的丈夫，他给予我各方面的帮助，尤其是他对手稿的点评，他也见证了本书的出版。

艾格尼丝·阿尔伯

剑桥巴尔弗研究所

1912年7月26日

第二版序言

（1938）

近年来，植物学史的研究取得了显著的进步，我很荣幸剑桥大学出版社理事给予我一个机会，使我可以根据新增的知识重新修订此书。重修此书非常必要，这个过程充满了艰辛，但我一直谨记福楼拜的忠告："关于修改错误，在修改一个之前，要先对整体进行修正。"在对这本书进行更好的整体重修时，女儿穆里尔的意见对我帮助甚大。

在全书章节整体规划基本不变的情况下，我重新修订了第四章的某些疏漏之处，新增了对西班牙和葡萄牙植物学以及植物标本起源的探讨部分。现在科学史的文献变得自成一体，前人的研究让我受益匪浅，我很乐意在书中增加大量篇幅列出所有事实或观点的参考文献，但这样将会过度增加本书的体量和脚注的负担，对于普通读者来说也难以消化。即便如此，我还是将文献来源目录（附录一）扩充了三倍之多，并对研究主题制作了索引（附录二），以此希望帮助学者们能够查询并扩充我的这些研究。

我对草药志的研究已持续了很长一段时间，如果要列举所有给予我帮助的人，这个序言恐怕会长得没完没了，因此，我所能做的就是补充前一版序言中的致谢，提及此增补版中我最为感激的恩情。我第一个要感激的人是英国皇家学会会员艾伯特·苏华德（Albert C. Seward）教授，这本书最初的撰写想法正是出自他的建议，第二版也少不了他的帮助。同时，还要感谢我的朋友古列尔玛·利斯特（Gulielma Lister），如果没有她的鼓励和批判精神激励着我，这个版本就不会面世。

一个人不可能在四分之一个世纪的时间里，对自己的观点变化毫无察觉。在这一点上，我要特别感谢查尔斯·辛格（Charles Singer）和多萝西娅·辛格（Dorothea Singer），在他们那宾至如归的图书馆里，我与他们进行过无数次的讨论，并与生物学家得以偶遇和交流，这在很大程度上帮我以更加公正的视角来审视草药志的历史。其他的人也给予了我非常宝贵的帮助，使我避免了许多的错误，我必须在此感谢：英国皇家植物园邱园标本室和图书馆的负责人斯普拉格（T. A. Sprague）博士，他一次次在现代植物学和十六世纪植物学专业知识方面帮助了我；瑞士尼翁（Nyon）的克勒布斯（A. C. Klebs）博士使我有机会接触到古版书。我还希望可以向剑桥大学图书馆的斯科菲尔德（A. F. Scholfield）先生致以谢意，他在我写作中给予了无微不至的帮助；我还要感谢牛津博德利图书馆、柏林的普鲁士州立图书馆和巴黎的法国国立博物馆馆员解答了我咨询的问题。此外，我很荣幸可以向皇家学会会员布鲁克斯（F. T. Brooks）教授致谢，他允许我使用剑桥大学植物学学院的草药志；伯尔尼（Bren）的里茨（W. Rytz）教授也给予我帮助，他与我交流了自己对魏迪兹（Weiditz）的研究发现；苏黎世的米尔特（B. Milt）博士热心地为我提供了有关格斯纳未出版的资料；皇家园艺学会林德利图书馆的斯特恩（W. T. Stearn）先生允许我利用他在分类学史方面的专门研究。我还受惠于剑桥大学三一学院的图书管理员亚当斯（H. M. Adams）先生、英国自然博物馆植物学部图书管理员阿德（J. Ardagh）先生、剑桥大学图书馆的克雷奇克（H. R. Crewick）先生、牛津大学莫德林学院图书管理员德莱弗（G. R. Driver）先生、约翰·莱兰兹图书馆的格皮（H. Guppy）先生、安特卫普的萨布（M. Sabbe）和布舍隆（Bouchery）博士、林奈学院的斯宾塞·萨维奇（Spencer Savage）先生、药物学会图书管理员斯缪特（E. M. Smelt）小姐、尊敬的药剂师协会布拉姆雷·泰勒（H. Bramley Taylor）博士、阿姆斯特丹大学图书馆的蒂默（B. E. J. Timmer）博士，以及奥布里·贝尔（Aubrey F. G. Bell）先生。在以上诸位的关照和帮助下，我才得以顺利使用馆藏服务，查阅文献。

我要感谢牛津克拉伦登（Clarendon）出版社允许我使用由福斯特（E. S. Forster）先生翻译的《欧吉尔·格瑟林·德·布斯别克的土耳其信件》（*The Turkish Letters of Ogier Ghiselin de Busbecq*）中的一段引文。还要感谢"洛布古典丛书"（The Loeb Classical Library）的编辑，他们允许我引用亚瑟·霍特（Arthur Hort）爵士翻译的泰奥弗拉斯特《植物探究》（*Enquiry into Plants*）。

新版中有关植物学史的部分工作完成于我担任利弗休姆研究员职位期间，非常感谢理事会不仅给了我难得的机会，还提供了研究经费。我也要感谢诸位评论者和通信者，在这本书第一次出版时，他们提出了错误更正以及建设性意见，间隔了这么长时间之后，这些意见可以派上用场了。

关于目前这个版本新添入的图像，我必须向亨格（F. W. T. Hunger）博士表示感激，他允许我从他复制的《伪阿普列乌斯草药志》（*The Herbal of Pseudo-Apuleius*）中拷贝图片。感谢戈拉（Gola）教授，他为我提供了帕多瓦大学收藏的普洛斯彼罗·阿尔皮诺（Prospero Alpino）肖像画的信息，并在当地为我拍摄了这幅肖像用于本书。感谢弗里斯（R. E. Fries）教授，他从斯德哥尔摩的贝吉亚努斯花园（Hortus Bergianus）的藏品中借给我一幅布伦菲尔斯（Brunfels）的雕版肖像画。感谢韦格纳（Wegener）博士赐予我一张龙血树绘画的照片，这幅绘画现藏柏林普鲁士州立图书馆的克卢修斯（Clusius）特藏室。感谢柏林弗里德里克皇帝博物馆①的主管，他允许我复制了艾德里安·冯·奥斯塔德（Adrian van Ostade）绘制的《一位正在做研究的医生》，这幅画被用作了这版书的卷头插画。感谢巴黎艺术和历史摄影档案馆

① 此馆现改名为伯德博物馆（Bode Museum）。*

批准我使用罗浮宫博物馆收藏的皮埃尔·库特（Pierre Quthe）肖像，此幅画由弗朗索瓦·克卢埃（François Clouet）绘制。我还要感谢剑桥大学图书管理员、大英博物馆印刷书籍部管理者和英国自然博物馆的主管，诸位允许我从他们管理的书籍藏品中复制插图。

此外，我必须要向高级巴思勋爵士亨利·麦克斯韦–莱特（Henry Maxwell–Lyte）致以感激之情，他热心地向我提供了其祖先亨利·莱特（Henry Lyte）的信息，以及相关的家族记载。

最后，我还想说我已经敏锐地意识到本书中许多主题的处理是不足且粗略的。在目前这么小的书页容量内，尝试处理两个世纪植物学史如此庞大的主题，我的解决方法是将其处理为一篇有的放矢的文章。不过，我在此可以重申下四百年前的威廉·特纳（William Turner）在其草药志中说的那句话：

> 对于那些抱怨拙作粗浅之人，我的回应是，如果他们是博学之士，那么就让他们来书写鸿篇巨制，用以修正我这粗浅之书。

艾格尼丝·阿尔伯

剑桥大学

1938年1月

植物学前史

第一章

早期植物学史

一 引言

本书的核心主题是研究1470—1670年之间印刷草药志的演变，但要是不了解植物学较早阶段的发展史，我们就不可能对这个主题有一个清晰的概念。因此，第一章将简明扼要地说明在印刷技术发明之前植物学的发展概况，从而真实体现草药志在科学史上所占据的地位。

从一开始，人们对植物的研究就在很大程度上存在两种相互独立的视角——哲学化和实用化。第一种视角认为植物学具有它自身的价值，将其视作自然哲学不可或缺的一个分支；而第二种视角则认为植物学仅仅是医学和农业的副产品。在科学发展的不同时期，其中一个或另一个视角会占据优势地位，但是自古典时期之后，要追溯植物学这两条不同求知路线的发展还是有可能的，尽管这两种路线更多时候是分道扬镳，甚至互相攻击，但偶尔它们也会愉快地交融。

在西方世界，植物学作为自然哲学的一个分支，可以说肇始于希腊文化最为辉煌时期那无可匹敌的智识活动。自那个时代起，植物的本质和生命就被纳入研究和思索的领域，其结果则一直传承至今。

二 亚里士多德植物学

柏拉图的学生亚里士多德（Aristotle，前384—322，图1-1）投身于广泛的科学领域，他在这个领域的影响主导了欧洲人的思

▲ 图1-1：古希腊哲学家亚里士多德，尤斯图特·根特和贝鲁格特·佩德罗创作。

想，特别是在中世纪。不幸的是，亚里士多德关于植物学的大部分学说已经散佚，但是我们从他提及植物的那些其他主题写作中，还是可以大致了解他的一些植物学思想。他认为世间每一种生命体都拥有"灵魂"（psyche）；这个词不能用任何英文单词或短语准确对译，我们或许可以用"灵魂"（soul）或"生命要素"（vital principle）作为一种大致的翻译。

在亚里士多德的观念中，植物的灵魂仅仅具有"营养性"，因而这种灵魂比动物运动和感知的灵魂，以及人类推理的灵魂都更低等。这种思想长期存在，1498 年出版的特里维萨（Trevisa）版巴塞洛缪斯·安格利卡（Bartholomaeus Anglicus）百科全书中的这段引文就是一个例证：

因为树木并不能像蜜蜂一样从一个地方任意地移动到另一个地方：它们不能改变自己的喜好，也不能感受到悲伤……树木有生命的灵魂，但却没有感觉的灵魂。

① 这本书的注解引自的亚瑟·霍特爵士（Sir Arthur Hort）的译本，详见附录二。

亚里士多德将自己的图书馆遗赠给了他的学生泰奥弗拉斯特（Theophrastus，生于公元前370年，图1-2），后者被称为其继承者。泰奥弗拉斯特很适合继承这个学派的伟大传统，因为从很早的时候起，他就在柏拉图身边做研究。

我们对泰奥弗拉斯特研究植物学的了解，恰恰远多于亚里士多德，这全赖一本名为《植物探究》（*Enquiry into Plants*）①的著作（图1-3），这本流传至今的书很可能是由参加泰奥弗拉斯特讲座的学者们所记笔记汇编而成。

《植物探究》开篇讨论了植物的各部位，作者尝试以动物器官类推的方式对植物部位加以解释，不过他也承认这种对应很不完美。泰奥弗拉斯特认识到，很难将植物世界纳入任何一成不变的框架，为此他相当惆怅地总结道：

实际上你见到的植物具有各种各样的形态，因此我们很难概括性地描述它们。

他接着对植物进行了分类，我们将在之后的章节对其探讨；同时他也谨慎地指出，自己对植物分类的建议在某种程度上是随意的，因为植物或

▲ 图1-2：古希腊植物学家泰奥弗拉斯特，在《纽伦堡纪事》中被描绘成中世纪的医生。

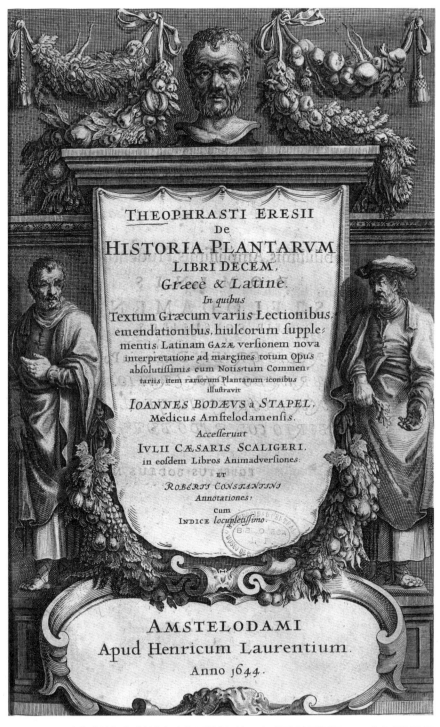

THEOPHRASTI ERESII
DE
HISTORIA PLANTARVM
LIBRI DECEM,
Græcè & Latinè.
In quibus
Textum Græcum variis Lectionibus,
emendationibus, hiulcorum supple-
mentis: Latinam GAZÆ versionem nova
interpretatione ad margines: totum Opus
absolutissimis cum Notis: tum Commen-
tariis; item rariorum Plantarum iconibus
illustravit
IOANNES BODÆVS à STAPEL,
Medicus Amstelodamensis.
Accesserunt
IVLII CÆSARIS SCALIGERI,
in eosdem Libros Animadversiones;
ET
ROBERTI CONSTANTINI
Annotationes;
cum
INDICE locupletissimo.

AMSTELODAMI
Apud Henricum Laurentium.
Anno 1644.

▲　图I-3：泰奥弗拉斯特《植物探究》希腊文与拉丁文对照版扉页插图，1644年阿姆斯特丹出版。

许会从一个类别转变到另一个类别。泰奥弗拉斯特著作最显著的特点是在强调微妙辨别力的同时，又呼吁摆脱教条主义的束缚。例如，在该书的一个章节中，我们会发现他批判过度精确的定义，然而在另一方面，他又奉劝读者不要忽视差别，即便差别并不绝对存在。

《植物探究》主要关注环绕希腊的地中海区域植物，但是它也介绍了一些其他地区的植物学知识，据说泰奥弗拉斯特所拥有的部分外国植物知识要归功于亚历山大大帝，后者也是亚里士多德的学生。亚历山大大帝极为敏锐地意识到科学的价值，因此训练观察者陪同他一起去远东，回来之后向他报告他们所见之物。《植物探究》的其中一部分探讨了诸如"河流、沼泽、湖泊中的植物，特别是埃及"或者"北方地区特有植物"，这些主题是预示着生态学视角的最早研究，而生态学在现代植物学中变得特别重要。

纵观黑暗时代，亚里士多德学派的植物学在西欧鲜为人知，但在十三世纪，它通过一种令人吃惊的间接渠道复兴了。亚历山大时期之后不久，希腊学派开始在叙利亚立足，亚里士多德的学说从早期的学术中心传播到了波斯、阿拉伯和其他国家。阿拉伯人将叙利亚语版本的希腊著作翻译为自己的语言，他们的医生和哲学家在中世纪早期保存了科学知识的活力，而此时希腊和罗马已经不再是学术的中心，同时期的德国、法国和英格兰文化也尚处于萌芽状态。阿拉伯人翻译的古典著作又逐渐被再译成拉丁语，甚至会被译回希腊语，这些经典以此种方式传到了西欧各地。

在其他一些遭受连续篡改的著作中，伪亚里士多德专论《论植物》（*De plantis*）现在被认为是由某位大马士革的尼古拉斯（Nicolaus Damascenus）所著，我们并不知晓他何时出生，但可以从一个事件推测他的历史身份——大希律王① （Herod the Great）在公元前几年曾派遣他去往罗马。他主要依靠亚里士多德和泰奥弗拉斯特的著作来编纂自己那部关于植物的书，近来该书

① 大希律王（前74—前4），罗马帝国在犹太行省耶路撒冷的代理王。*

也出现了英译本。《论植物》之所以在西方科学史上具有重要地位，是因为它成为大阿尔伯特（Albertus Magnus）植物学著作的起始点。

雷根斯堡主教布尔斯塔德的阿尔伯特（Albert of Bollstädt，？—1280年，图1-4）是著名的经院哲学家，他被同时代的人尊为最有才智者之一。终其一生，他被冠以"大阿尔伯特"之称，这个称号是经院哲学家全体一致赞成授予他的，天使博士圣托马斯·阿奎那（St Thomas Aquinas）便是他的一位学生。

大阿尔伯特的植物学作品仅仅是他著作中的一小部分，但本书也只关注这一部分——出现在一部可以追溯到公元1256年前的专著《论植物》（De vegetabilibus）中。毫无疑问，虽然大阿尔伯特从前文所述那部伪亚里士多德专论《论植物》中找到了他的植物学

▲　图1-4：15世纪中后期德国画家弗里德里希·瓦尔特（Friedrich Walther）创作的市板油画《大阿尔伯特在布道》。

思想框架，甚至误将这本书尊为亚里士多德的著作，但他意志坚定，拒绝盲从任何权威，他所写的许多内容几乎都是原创的。大阿尔伯特的研究在当时许多领域都是领先的，特别是他提出的植物分类建议，以及他对某些花朵的细部结构进行仔细观察，我们将在以后的章节回顾他的作品并探讨这些主题。

此处，我想强调他在形态学上展现的惊人天赋，他在这方面的成就在此后的四百年里都无人可以超越。例如，大阿尔伯特指出葡萄藤上的卷须有时候会出现在葡萄串长出的地方，于是就此得出结论：卷须是葡萄串不完全发育所致。他也对茎刺和皮刺作了区分，然后意识到前者在本质上是由茎演化而来，而后者仅仅是表皮发展的结果。

尽管大阿尔伯特对植物结构有所洞见，但遗憾的是，他瞧不上现在所谓"植物系统学"（systematic botany）的科学分支。他认为，为所有存在的物种编目是一件极其艰巨而琐碎的任务，这完全不适合一位哲学家来做。然而，他在第六卷本（Sixth Book）里就忘掉了这一原则，转而描述了大量的植物。

其间，大阿尔伯特被许多与植物"灵魂"（psyche）相关的微妙问题所困扰。例如，他发问两个个体在物质性连接的情况

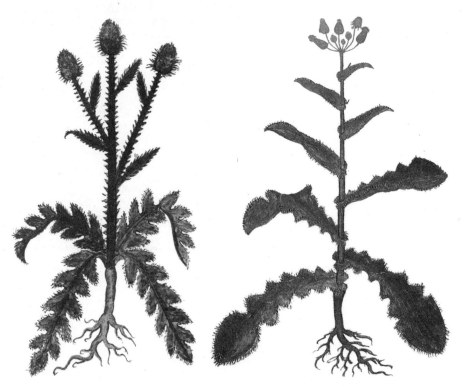

▲　图I-5：大翅蓟和苦荬菜属植物，《迪奥斯科里德斯论药物艾丽西亚·焦莉安娜抄本》，约公元5l2年绘制。

下，它们的灵魂是否也彼此联系，就像常春藤与支撑它的树。同泰奥弗拉斯特以及其他早期的作者一样，大阿尔伯特持有物种可变的理论，例证就是栽培植物可能回归野生状并发生退化；反之，野生植物可能被驯化。但他还有一些观点认为一个物种有可能会变为另一个物种，这是毫无根据的想法。就比如，他指出假使一棵橡树或山毛榉从地面被砍除，就会发生一种实际性的转化，在原先长树的地方会长出山杨和白杨。

在植物的药用功效方面，大阿尔伯特采用了温和的语气进行描述，这与之后许多作者不成熟的风格形成了鲜明的对比。实际上，他在各个时期所遭受的大多数批评都指向了一本名为《汇方药书》（*Livber aggregationis*）或《草药功效论》（*De virtutibus herbarum*）的书，人们错误地推测他是这本书的作者，我们会在第八章再次提及该书。

在大阿尔伯特之后，亚里士多德植物学发展没有出现很大的进展，直到安德里亚·切萨尔皮诺（Andrea Cesalpino）出现，局面才有所改变。他的著作出版于十六世纪末，我们将在之后的章节讨论。

三　药用植物学

纵观亚里士多德植物学的发展进程，一个严重的缺陷始终伴随——事实基础不足。

亚里士多德植物学出现在希腊哲学达到巅峰的时期，它的发展要归功于那些足不出户、提出总体构想的人们。但他们没有意识到的是，在为植物世界构建理论之前，有必要详细地了解真实的植物是什么样子，以及它们如何生存等事实。这些知识不能仅仅通过人们头脑中构建的一般性原理推导出来，它们也须在细致且持久地观察之下获得。毫无疑问，亚里士多德学派的植物学家具备这样的观察能力，只是他们并没有意识到它的必要性，这个任务留给了看上去难以大展宏图的医药从业者，他们为我们今天所拥有的丰富而准确的植物知识奠定了基础。

从很早时候开始，各种各样的草药就被人们当成治疗药剂来使用，对其进行特别细致的研究显得很有必要，这样就可以按照不同的目的将之区别应用。植物系统学的绝大部分源头正始于这种纯粹的实用主义，正如在之后章节中呈现的那样，我们进行探讨的著作其创作群体中，绝大多数草药学家都是医学从业者。

此外，首先要归功于医学的并不只是分类法。尼希米·格鲁（Nehemiah Grew，1641—1712，图1-6）是植物解剖学的奠基人之一，医生的职业嗅觉引领他从事这一方面的研究，而研究解剖学的职业习惯又促使他思考植物可能具备和动物一样值得观察的内部结构，因为它们同是造物主的作品（图1-7）。

▲ 图1-6：尼希米·格鲁肖像版画，植物解剖学奠基人之一。

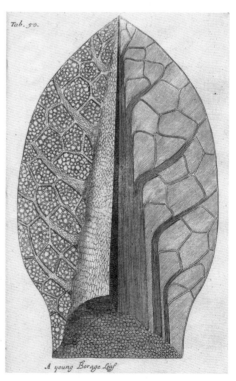

▲ 图1-7：植物解剖图示例，尼希米·格鲁《植物解剖》（*The Anatomy of Plants*），1682年伦敦出版。

虽然全世界的民间医学都获得了发展，但我们在此只关注希腊，因为草药志知识是从这个地区开始传入西欧。在古希腊，药用植物是重要的贸易物品。草药采集者（herbalists）[1]和草药商贩（druggists）[2]进行草药收购、制备和售卖等惯常的商业活动，然而他们似乎没有什么好名声。琉善（Lucian）[3]将赫拉克勒斯（Hercules）[4]称为埃斯科拉庇俄斯（Aesculapius）[5]，即"药根挖掘者和游荡庸医"。草药采集者进行垄断的目的很明显，他们通过各种口口相传的迷信手段来保护自己的手艺，对此他们道貌岸然地宣称：草药采集对于新手来说是一个特别复杂而危险的职业。

泰奥弗拉斯特的《植物探究》第九卷，很有可能是在这位具有声誉的作者去世后一段时间里，由其他人汇编而成的。编撰者带着几分揶揄，引述了某位草药采集者的药用植物采集说明。我们从中可以获知，若是采集者要获取芍药根，他被告诫需要在晚上挖掘，这是因为如果他在白天行动，若是被啄木鸟看到的话，他将冒着失明的风险。书中还鄙夷地引述了关于采集曼德拉草（mandrake）和黑铁筷子（black-hellebore）的迷信说法，草药采集者似乎宣称：

> 采集人应该用刀在曼德拉草周围画上三个圈：砍（第一刀）的时候，采集人的脸要朝西；砍第二刀的时候，采集人要围着曼德拉草舞蹈……据说采集人也需要在黑铁筷子周围画一个圈，注意左右方向是否有老鹰，因为这对砍割铁筷子的人具有危险性，假如老鹰向人靠近，那么此人会在当年死亡。

虽然《植物探究》第九卷包含了药用植物及其使用方法的详细论述，但是，它在植物学史上的重要性比不上在此之后一位希腊人的著作。克拉泰亚斯（Krateuas），也被称为克拉特瓦斯（Cratevas），他是米特拉达梯（Mithridates）国王的医生，这位

① ρίζοτόμοι等同于根茎挖掘者或草药采集者，ρίζα表示一种通常的药用植物和植物的根茎。

② Φαρμακοπὼλαι等同于药物售卖者。

③ 琉善（约125—180）罗马帝国时代，著名的希腊语讽刺散文作家。*

④ 赫拉克勒斯，希腊神话中的大力神。*

⑤ 埃斯科拉庇俄斯是古希腊神话中的医神。*

▲ 图1-8：古希腊医生迪奥斯科里德斯，市刻肖像出自法国探险家兼作家安德烈·塞维（Andre Thevet，1516—1590）的《宇宙志》（1590）。

国王的统治时间始于公元前120年。克拉泰亚斯的著述已经遗失，我们只能在其他著作中找到一些收入其中的片段，如从老普林尼那里可得知克拉泰亚斯曾制作过一部包含彩色植物插图的草药志。通过他的一位继承者佩达尼乌斯·迪奥斯科里德斯（Pedanios Dioskurides，图1-8），我们获知了其著作内容的主要部分。

迪奥斯科里德斯出生在小亚细亚，可能生活在公元一世纪的尼禄（Nero）和维斯帕先（Vespasian）时期，是一位医学从业者。他声称自己在军旅时期游览过许多地方，因此他极可能是位军医。

迪奥斯科里德斯（Dioscorides，他在英国通常以此名为人所熟知）编纂了一部五卷本《论药物》（*De materia medica libri quinque*），这部著作在引用时常冠以拉丁书名，书中囊括了大约五百种植物。当时的版本如今并不存世，我们在此将要考虑的唯一手抄本是一部可以追溯到公元512年的拜占庭抄本。它是为艾丽西亚·朱莉安娜（Anicia Juliana，图1-9）而作，这位贵族女士的父亲弗莱韦厄斯·艾丽西乌斯·奥利布里乌斯（Flavius Anicius Olybrius）曾经短暂当过西罗马皇帝。朱莉安娜生活在查士丁尼时代，因狂热的基督信仰和修建教堂而闻名。这部与她的名字联系在一起的手抄本，可能在它诞生后的一千年里一直保存在君士坦丁堡。

▲ 图1-9：艾丽西亚·
朱莉安娜肖像画，创作
于约521年。

我们在外交官奥吉尔·盖斯林·德·布斯贝克（Ogier
Ghiselin de Busbecq）1562年书写的一封信件[①]中听说了它，外交
官当时正好从土耳其返回欧洲，他写道：

我在君士坦丁堡遗留下了一件珍宝，它是迪奥斯科里德
斯的一部手抄本，极其古老且用大写字母书写而成，书中配有
植物的绘图，假如我没有猜错，书中也包含了一些克拉泰亚
斯的片段……这个抄本在一个犹太人手上，此人是当时还在
世的苏莱曼御医哈蒙（Hamon）的儿子，我想买下它，但是索
价高得吓人，要价高达一百达克特[②]，皇帝的财力要比我更适
合出这一笔费用。我不断地敦促皇帝赎买这样一位尊贵作者
的作品……这件手抄本由于年代久远，品相糟糕，外表满被虫
噬，就算把它丢在路上，估计也没有人会费心将其捡起。

① 这封原始信件用拉丁
文书写，此处引用来
自福斯特译文，E. S.
(1927)，参见附录二。

② 达克特（ducat），曾经
流行于欧洲的通用金
币。*

① 这部手抄本被专门
描述为《维也纳医
学抄本》（Codex
Vindobonensis Med.)
Gr.1；在迪奥斯科里
德斯众多抄本中，它
以《君士坦丁堡抄本》
（Constantinopolitanus）
著称。

大约七年之后，这部伟大的手抄本被运到了维也纳皇家图书馆，它或是被皇帝购买，或更可能是布斯贝克自己所购。今天，人们仍然可以在维也纳一睹这部手抄本真容。① 而通过复制的版本，其他国家的学者也可以读到它。本书以缩小尺寸的图像在图1-5、1-11和图7-1、7-2展示了此抄本包含的一些图例，我们将在第七章再次探讨这些图像。

迪奥斯科里德斯著作的最早版本似乎没有插图，我们有理由相信，维也纳手抄本中的图像就算不是全部，最终也有一些源自克拉泰亚斯的作品。这部手抄本的一部分文本可确定出自克拉泰亚斯之手，有九种植物是由他命名的。体现植物学连续性的一个显著特征是，这九种植物名字中有七个作为通用术语一直沿用到十九世纪，甚至更晚。这些古代名字包括马兜铃属（Aristolochia），银莲花属（Anemone）和琉璃繁缕属（Anagallis）。

《论药物》文本的组成基本上是名称的解释和草药医治功效的枚举，对植物的实际描述极少，仅提供了那些特别突出、能确切识别的植物特征。然而，该专著所起的重要作用仍是无法估量的，在文艺复兴鼎盛时期和更晚些时期，《论药物》被视为几乎绝对可靠的权威。要说明人们对此书的基本态度，我们或许可以引用一本出自西班牙医生尼古拉斯·莫纳德斯（Nicolas Monardes）之手的伊丽莎白时代译本。莫纳德斯告诉我们，迪奥斯科里德斯无论走到何处都会——

寻找草药、树木、植物、兽类和矿物，以及其他事物，为记录这些，他写了六卷书，这真值得全世界为之庆祝，我们可以看到他以此获得的荣耀和声望，尽管他因好战的行为占领了许多城市，但他通过记录和书写万物，获得了更多的名望。

另外，我们从十六世纪人们看待《论药物》的方式中也可以看出这种迹象，实际上在1568年威廉·特纳（William Turner）

就将卢卡·吉尼（Luca Ghini）称为"植物学中的迪奥斯科里德斯"，而卢卡·吉尼是1534年在博洛尼亚大学建立植物学教职的首位从业者。

　　到十七世纪，迪奥斯科里德斯的声望丝毫没有减弱。1633年，托马斯·约翰逊（Thomas Johnson）写道：《论药物》"可以说是自人们理解大自然以来所有研究的基础和根基"。迟至1652—1655年，约翰·古迪尔（John Goodyer）考虑到它的价值，将整部书编制成不同语言排行对照的译本，但这只是为了辅助自己的研究。甚至到了今天，植物学家仍然会翻阅迪奥斯科里

▲　图1-10：迪奥斯科里德斯和克拉泰亚斯分别在记录和描绘曼德拉草，版画出自路易斯·菲吉耶（1819—1894）的《先贤的生平》（*Vies des Savants Illustres*）。

德斯的著作，约翰·西布索普（John Sibthorp）那部伟大的《希腊植物志》（*Flora Graeca*）仍旧将《论药物》作为常规性参考书使用，他时常引用其中提出的植物名字，将之与那些由林奈或之后权威专家命名的名字并置。（图1-11）

▲　图1-11：没药芹，《迪奥斯科里德斯论药物艾丽西亚·朱莉安娜抄本》，约512年绘制。

在本书中，我们主要关注那个时代许多草药学家专注的事情之一——对迪奥斯科里德斯的作品进行注释。皮埃兰德雷亚·马蒂奥利（Pierandrea Mattioli）是其中最具声望的评注者，他在这项主题方面的专著以不同的语言发行了五十多个的版本。卢利乌斯（Ruellius）、阿玛图斯·卢西塔努斯（Amatus Lusitanus）和其他许多学者在这个研究中也非常活跃，而路易吉·安圭拉拉（Luigi Anguillara）作为一位具有独到见解的评注者也获得了崇高的荣誉。《论药物》的探讨范围的确并没有局限于这些学者的专业作品，但它却成了十六世纪绝大多数草药志不可分割的一部分。较早时候，学者在注释迪奥斯科里德斯著作上投入了大量的时间和精力，而今天的植物学家或许难免会对这种投入不耐烦，但是这种不耐烦又不仅限于此。

众所周知，过分依赖权威会阻碍科学的进步，但是在植物学的早期历史上，这种依赖有其价值，因为这样可以使迪奥斯科里德斯的著作文本在黑暗的中世纪得到保护。当伟大的文艺复兴来临时，人们在奋力理解迪奥斯科里德斯文本的过程中，逐渐产生了一种有关植物志的知识，这种知识在没有专门动机和线索提供下是很难获得的。我们必须承认，一些知识薄弱的草药学家完全被对迪奥斯科里德斯的崇拜所麻痹，然而那些具有原创思想的人会批判性地看待迪奥斯科里德斯的著作，意识到其中的局限性，他们使用这些知识却并不受其束缚。例如，安东尼奥·布拉萨沃拉（Antonio Brasavola，1500—1555）就清楚地认识到，在他看来由迪奥斯科里德斯所描述的草药，还不到地球上所生长植物的百分之一。（图1-12）

《论药物》在其适用的地理范围之内，甚至到了二十世纪也并没有被完全终止使用。1934年当邱园的主管访问阿陀斯半岛（Athos peninsula）①时，他遇到了一位公职在身的植物学家修士，此人在进行"单味药"（simples）研究的远足考察，这位修士笨重的黑色背包里放着四卷手抄本，说是迪奥斯科里德斯著作的复制本，借助这些复制手抄本，他甚为满意自己得以确认所采植物的名称。

① 阿陀斯半岛是希腊在爱琴海中的一座小岛。*

▲ 图1-12：植物、动物和鸟类插画图例，《迪奥斯科里德斯论药物艾丽西亚·朱莉安娜抄本》，约512年。

与迪奥斯科里德斯同时代的盖乌斯·普林尼·塞坤杜斯（Gaius Plinius Secundus，图1-13），通常被人称为老普林尼，虽然他并非医生，也没有获得哲学家的名声，但在这里我们或许应该提及一下。

在记录当时知识的百科全书《博物志》（*Natural History*，图1-14）中，他也探讨了植物世界。老普林尼谈及的植物数量远多于迪奥斯科里德斯所提及的，或许是因为后者局限于医学视角里具有重要价值的植物，而普林尼则不加区别地提到他

▲　图1-13：盖乌斯·普林尼·塞坤杜斯（23或24—79），人称"老普林尼"。

在之前参考过的书中发现的任何植物。老普林尼的著作主要是一部汇编性质的作品，期待一个对书籍如此专注的人对自然有大量的原始观察，这的确不太合理。书中提到，他甚至认为散步都是浪费时间；植物学术语历史上还是有他的一席之地，因他在描述百合时首次使用了现代意义上"雄蕊"（stamen）这一单词。

西欧的许多草药志抄本完成于古典时期至十五世纪晚期，这些抄本缺乏原创性，抄本的作者们满足于依靠希腊语、拉丁语著作以及阿拉伯语[①]的评注。在对印刷时代之前的植物学史进行概要性梳理时，我们只能对存世的这些手抄本稍作提及，然而在接下来的两个章节中，我们要对与最早一批印本草药志密切相关的那些手抄本进行必要的说明。

① 阿拉伯植物学值得进行细致的研究，但本书不做讨论。

▲ 图1-14：老普林尼正在室内编纂自然世界知识的百科全书，出自老普林尼意大利语版本《博物志》的一幅抄本插图，制作于1457—1458年。

植物学前史

第二章

最早的印本草药志
（十五世纪）

一　巴塞洛缪斯的百科全书与《自然之书》

活字印刷术在十五世纪中期发明之后，紧接着就是书籍制作的活跃时期，先前许多以手抄本形式长期留存的作品，此时得以通过印刷技术进行流通，它们与其他新作品一并面世，其结果就是许多"摇篮本"（1501年之前印刷书籍的一个专业名称，这一时期是这门手艺的"襁褓期"）实际上比它们在出版物上标明的时间还要久远得多。

我们在此通过两本最早印刷的书籍来说明上述特征，这两部作品包含了严谨的植物学知识，其中一本是巴塞洛缪斯·安格利卡（Bartholomaeus Anglicus）的《物性论》（*Liber de proprietatibus rerum*）。巴塞洛缪斯是一位修士，他有时被错误地当成巴塞洛缪·德·格兰维尔（Bartholomew de Glanville，卒于1360年）。这部著作大约在1470年首次出版，至十五世纪末印刷了不少于二十五版；然而，巴塞洛缪斯并不属于这个时代，而是和大阿尔伯特是同时代人。他的百科全书中有一章节描述了大量树木和草本植物，条目按字母顺序排列，对植物药用特性的书写构成了该部分主要内容。此外，书中还包含了一些关于亚里士多德派植物研究的理论思考。

另一本早期的印刷书籍《自然之书》（*Das puch der natur*），它虽然不属于草药志，但其中包含了植物学知识，这本书的作者是康拉德（Konrad），或叫库拉特（Cunrat），有时候也被叫作冯·梅根伯格（von Megenberg）。《自然之书》是奥格斯堡的汉斯·巴勒姆（Hanns Bämler）印书社于1475年出版的，它在被印刷为多种版本很久之前就已经广泛流传。这部作品还有大量存世的手抄本，维也纳图书馆就保存了多达十八部，慕尼黑图书馆也有十七部之多。德文版印本的底本由拉丁语母本翻译而来，而拉丁语抄本则是大阿尔伯特的学生在十三世纪编辑的。《自然之书》的部分内容探讨植物，其中包括众多树木、草本植物以及植物产品的功效描述，也涉及植物的拉丁语名称和德语名称。

以我们现在的视角来看，这部书主要的趣味点在于，它有现在所知最早的植物学术刻版画，本书复制了其中的一幅（图2-1），我们将在第七章再次探讨这一话题。

▲ 图2-1：植物市刻版画，康拉德·冯·梅根伯格《自然之书》，1481年奥格斯堡再版（1475年首版）。

二 《阿普列乌斯草药志》

"草药志"（herbal）可以定义为：包含草药或常见植物的名称和描述，以及它们特征和功效的一类书籍，这个单词据说源自中世纪的拉丁语形容词"herbalis（草药的）"，作为名词性实词可以理解为"书籍"（liber），因而简单说来就是"草药之书"（herb book）。在"草药志"普遍被用作书名的首批印刷作品中，有一部拉丁文的小型专著，它被称为阿普列乌斯（Apuleius Platonicus）的《草药志》（*Herbarium*），也称《阿普列乌斯草药志》。这部著作的编纂者身份无人知晓，为了将其与写有《金驴记》（*The Golden Ass*）的阿普列乌斯相区分，他有时候被称为阿普列乌斯·巴巴鲁斯（Apuleius Barbarus）或伪阿普列乌斯（Pesudo-Apuleius）。他的草药志是一部带有插图的药方谱录，与迪奥斯科里德斯的《论药物》相比无足轻重，书的内容也主要源自《论药物》和老普林尼的著作。

《杰勒德草药志》17世纪版本的编辑者托马斯·约翰逊认为，这部书最初可能在希腊完成，这一观点现在仍旧被广泛认可。这部论著的创作时间或许可以追溯到五世纪，果真如此的话，那其抄本必然在罗马首次印刷出版之前，就已经流传了一千年。（图2-2）

▲　图2-2：约9世纪伪阿普列乌斯草药志手稿中的曼德拉草。

据推测，教皇西斯笃四世（Pope Sixtus Ⅳ）的随从，西西里人约翰尼斯·菲利普斯·德·利格纳明（Johannes Philippus de Lignamine）负责印刷了该著作最早的版本。他在自己印刷的书中解释说该书依托的手抄本来自蒙特·卡西诺修道院（Monte Cassino）。一直到数年前，人们还以为这个手抄本已经不复存在，但是近来有人指出，蒙特·卡西诺修道院仍然保存着一部九世纪的手抄本，也许这就是印刷版《阿普列乌斯草药志》的底本。这个抄本和印本现在都被精确复制，这样就方便人们对它们进行逐页地比较。这些插图往往惊人地相似，但它们之间也有着相当明显的差异之处。毫无疑问，有两组插图具有相同的来源，但印本中的插图是否直接来自这一特殊抄本，到目前为止还存有疑问。本书复制了抄本和印本中的睡莲和虎耳草图像，就像它们出现在这两个版本中那样（图2–3、2–4），来自印本的其他插图也在本书中进行了展示。（图2–5、2–6）

我们将在第七章对这些图像进行更具体的讨论，这些图像在以印刷品亮相之前，必定在不同抄本间复制、流传了数百年。我们在此仅需提及一下这些图像的独特性之一：假如一种草药被认为具有治愈动物咬伤或蜇伤的功能，那么该草药的插图中会将这种动物一并画出来。例如，车前草的图版里就有一条蛇和一只蝎子，这种设计必定是为那些不识字的人提供信息，但这种形式在之后的草药志中并不常见。（图2–7）

《阿普列乌斯草药志》最早印本出现在意大利后不久，有三部非常重要的著作在德国美因茨出版，它们分别是《拉丁语草药志》（*Latin Herbarius*，1484）、《德语草药志》（*German Herbarius*，1485）和源于《德语草药志》的《花园》（*Hortus*）或《健康花园》（*Ortus Sanitatis*，1491）。《拉丁语草药志》《德语草药志》和《阿普列乌斯草药志》或许被认为是印刷草药志中最古老的典范之作。不无可能的是，三者似乎很大程度上源于先前留存的手抄本，它们代表一种伟大而古老的草药志传统，但我们能够直接证明的却只有《阿普列乌斯草药志》。

A grǣcis dicit̄ Brionia.
Romani Butanne. Alii uitis alba. Alii Carcada,
na. Alii Apiaſtellū. Cilices gadiana. Beſſi Dinu,
pula. Dacii Diſcopela.
    AD SPLENEM.
Herba Brionia in cibo dat̄ & per urinam ſplenis
digerit̄ hec herba tam laudabilis eſt ut lienter..a
cis in potien̄ibus mittatur.

NOMEN HERBAE NYMPHEA.

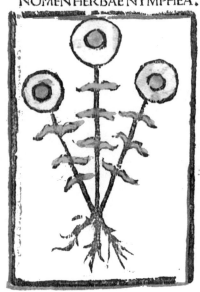

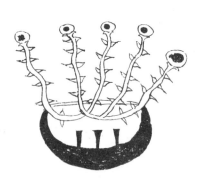

▲　图2-4：（左）虎耳草类植物（*Saxifraga* sp.），《阿普列乌斯草药志》九世纪手抄本，卡西诺抄本97号；（右）：虎耳草类植物，印刷版《阿普列乌斯草药志》，约1481年罗马出版，画面具有同时期的手工着色。

▲　图2-3：（左）睡莲（*Nymphaea* sp.），印刷版《阿普列乌斯草药志》约1481年罗马出版，画面具有同时期的手工着色；（右）：睡莲，《阿普列乌斯草药志》九世纪手抄本，卡西诺抄本97号。

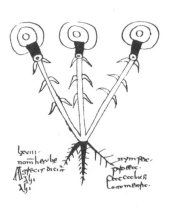

NOMEN HERBAE SAXIFRAGIA.

A grǣcis dicitur　　　　　Adiantos.
Alii　　　　　　　　　　Scolopendriã.
Alii　　　　　　　　　　　Stolimos.
Alii　　　　　　　　　　Brochos.
Aegyptii　　　　　　　　Phepere.
Itali　　　　　　　　　Saxifragiã.
Alii　　　　　　　　　Vitis candana.

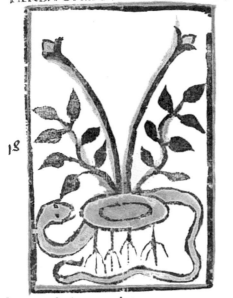

HERBA ORBICVLARIS.I.RAPVRA.

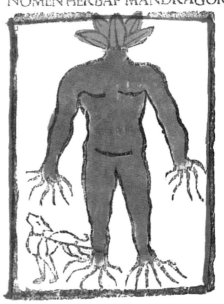

NOMEN HERBAE MANDRAGORA

▲　图2-5：Orbicularis,《阿普列乌斯草药志》，约1481年罗马出版，画面具有同时期的手工着色。

▲　图2-6：曼德拉草，毒茄参（*Mandragora officinalis*），《阿普列乌斯草药志》，约1481年罗马出版，画面具有同时期的手工着色。

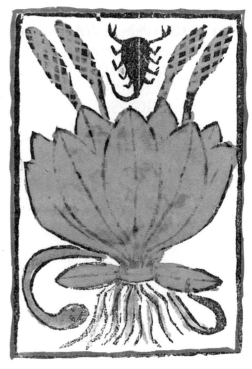

▲　图2-7：车前草（Plantago，右为手工着色图），《伪阿普列乌斯草药志》，约1481年罗马出版。

《拉丁语草药志》《德语草药志》和《健康花园》的各类版本被冠以各种书名，因为它们通常没有现代意义上的书名页，未能指明确切的书名。的确，那个时候的草药学家想为自己的著作起一个特殊的书名，但要找到一个合适的术语绝非易事，这是因为植物学的语言尚处于萌芽阶段。

在中世纪思想中，类比的方法发挥着非常重要的作用，将一部关于植物的著作冠以"花园"（Hortus或Gart）的书名丝毫不奇怪，只不过是将这本书类比为花园而已。甚至晚至1616年，奥洛里努斯（Olorinus）在他的著作《神奇的树木》（*Wonder trees*）中说道，这些树木好像从"伟大的世界花园"（Auss dem grossen Weltgarten）被运送到"这个微小的纸上花园"（diss kleine Papieren Gartlein）。诸如花园（Hortus）和草药师（Herbarius）这样含混的描述，使得摇篮本草药志的版本很难被捋清。

此外，在出版的早期，人们还未意识到版权的必要性，受欢迎的作品一旦出版，盗版和译本就会马上涌现出来。就《德语草药志》的情况来说，仅仅在美因茨原版出现几个月之后，新的版本就在奥格斯堡印刷出来。这样的版本一般不标注出版时间，它们很少表明底本的来源。

与今天高效的印刷出版相比，最早的印刷书籍的出版必然是一个缓慢的过程，这样就使印刷工有时间进行临时的修改，导致同一版本的书并非完全一样，有时候会有细微的差别。因此，书目编制家还要处理另外的困扰因素。

三　《拉丁语草药志》

出于方便，人称《拉丁语草药志》的这部作品也以诸多其他的名称为人所熟知：《拉丁文草药志》（*Herbarius In Latino*）、《单味药汇方》（*Aggregator de Simplicibus*）、《美因茨草药志》（*Herbarius Moguntinus*）、《帕多瓦草药志》（*Herbarius Patavinus*）

等，它是彼得·修菲尔（Peter Schöffer）于1484年在美因茨首次出版的小四开本书籍。美因茨是活字印刷术的最早起源地之一，人们普遍认为活字印刷术在十五世纪四五十年代起源于此。

《拉丁语草药志》的其他早期版本和译本出现在巴伐利亚、低地国家和意大利，可能还有法国。这本著作与大多数早期作品一样都是佚名的，材料汇编自中世纪作者、某些经典著作和阿拉伯作者的作品。这些书似乎与《阿普列乌斯草药志》没有联系，因为它们并没有引用此书。书中引用的大多数权威作品写于公元1300年前，更晚的作者并没有被引用，因为编撰者可能是十四世纪中叶前后的某位学者，当然不会知道比自己更晚的学者。也就是说，这部草药志的问世比印本出版至少早了100年，这就表明这部草药志在之前应该是以手抄本的形式流传。

德语版本首版中的木刻版画，大胆而富有装饰性，但其在写实方面就乏善可陈了（图2-8、2-9、2-10）；意大利版本的插图与前者不同，更吸引人，还刻有植物名字（图2-11）。提供以上这些图像的《拉丁语草药志》版本，其作者被误认为是十三世纪的医生阿诺德·德·维拉·诺瓦（Arnaldus de Villa Nova），出现这种错误是因为在较早版本的首页上，有一幅阿维森纳

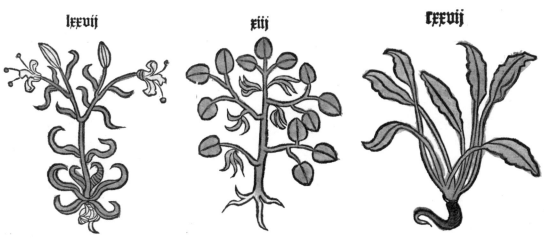

▲ 图2-8：百合，《拉丁语草药志》，1484年美因茨出版。　　▲ 图2-9：马兜铃属植物，《拉丁语草药志》，1484年美因茨出版。　　▲ 图2-10：Serpentaria，《拉丁语草药志》，1484年美因茨出版。

BRIONIA.

Brionia roſelwoꝛtʒel

brionia eſt calide et ſiece ſplexionis ſcʒ tota hcꝛ
ba ſcʒ Folia Fructus ꝛ radix et habent virtutem
abſtergendi et ſubtiliandi ꝛ diſſoluedi ideo va
lent in duricie ſplenis Faciendo emplaſtrum ex
eo et radice altee et fiaibꝰ cū aqua deco quebo cū
auxugia poꝛci ꝛ lo co indurato iꝑius ſplenis ap
plicando vel alio membro in dura to et valebit
Jtem cū ſucco brionie abradiitur pili coꝛioꝛum
Et ſuccus brionie cūmſale commumi confert

▲ 图2-11：白泻根（Brionia），
左为《拉丁语草药志》的另一版
末阿诺德·德·维拉·诺瓦《草
药功效专论》，1499年威尼斯出版；
右为《拉丁语草药志》，1484年德
语印本。

（Avicenna）和阿诺德·德·维拉·诺瓦的木版画，并且他们的
名字还被写在了前言里。

在《拉丁语草药志》中，草药的描述和图像按照字母顺序排
列，讨论的所有植物都是德国本土植物或在此地有过栽培。该书
的目的似乎是帮助读者在生病或意外发生时，可以使用到廉价且
易获得的治疗方法。

四 《德语草药志》和相关著作

比《拉丁语草药志》更为重要的是《德语草药志》，它也被称为《德文草药志》（*Herbarius zu Teutsch*）、《健康花园》（*Gart der Gesundheit*）、《德国健康花园》（*German Ortus sanitatis*）、《小型花园》（*Smaller Ortus*）或《库贝草药志》（*Cube's Herbal*）。之后，这部书成了《健康花园》（*Hortus sanitatis*）的基础，《德语草药志》于1485年在美因茨刊印，同样出自彼得·修菲尔的印刷社，这比《拉丁语草药志》晚一年面世。

一些作者错误地认为这本书仅仅是《拉丁语草药志》的译本，然而，《德语草药志》却在很大程度上更像是一部独立的著作。如果该书序言中的声明可信，那么从中便能得知创作者是一个富有之人。他曾去东方旅行，一位医生在他的指导下编写了药物部分，这位医生很可能是约翰·冯达·库贝（Dr Johann Vonda Cube）——一位十五世纪末法兰克福的城镇医生。（图2-12）

《德语草药志》的前言写道——"我经常观察大自然那令人惊叹的作品"。相似的语句还出现于所有不同的德语版中，后来的《健康花园》也将这句话译成了拉丁语。此处，该书介绍的医学思想以"四元素"（four elements）和"四原

▲ 图2-12：圣母百合，《德语草药志》，1485年美因茨出版。

则"（four principles）或"性质"（natures）理论为基础。亚里士多德也持这一理论，但这并非他的原创，该理论实则延续了两千年之久。通过一个例子，我们可以看出它在莎士比亚时代的流行程度，或许可以回想起托比爵士那夸张的问题：

我们的生命不是由四元素组成的吗？

① 翻译来自由 E. G. 塔克（E. G. Tucker）出版的1485年第二版（奥格斯堡版）。

《德语草药志》的序言清晰地阐明了与元素、性质相联系的思想，同时，它也一目了然地揭示了这部著作试图彰显的精神。在此，我将序言全文几乎原封不动地翻译如下①：

> 我的内心，无数次沉思于宇宙造物主的惊奇之作：上帝最初创造了天空，并用无数闪亮的星辰装饰它，上帝赋予群星以强大的能量，影响着苍穹下的万物。上帝后来又创造了四元素：火，热而干；空气，热而湿；水，冷而湿；土，冷而干——赋予每一种元素独特的性质。在完成这些之后，还是这位伟大的自然之主，创造了各种各样的草木和动物，最后是所有造物中最为高贵的人类。因此，我思索着造物主赋予他的这些造物以奇妙的秩序，以使天穹下每一个造物通过群星接收这种秩序，并在群星的帮助下保持这种秩序。我又更进一步思考，在四种元素中产生、生长、生活或激增的所有事物如何命名，无论是金属、石头、草木或动物，还是四种元素的热、冷、湿和干四种性质混合在一起。我们也应该记住所讨论的四种性质，在人体内也进行着适度的混合交融，达到恰好符合人的生命和本性的程度。当人保持在这个度量、比例或秉性范围内时，就会强壮健康，而一旦超出或跌低于这四种性质达成的适度平衡，必然就会患病，乃至濒临死亡。比如热性占了上风试图压制冷性，或是相反，冷性开始超过热性，或者一个人变得充满冷湿，或被夺去一定程度的湿性等。正如我所提到的，在人的健康和生命必需依

赖的四种元素平衡之内，还有许多干扰因素，一些情况下，天空会损害人体产生隐性的不利影响，比如不洁和有害空气；或另一些情况下，吃了不该吃的食物、喝了不该喝的饮品，或者虽然饮食适当，但摄入量和进食时间不对，也会产生不利的影响。实际上，我宁愿数数树上的叶子或海里的沙粒，也不想去穷究疾病复发的起因，因为打破四种性质平衡的因素实在太多。正是出于这个原因，数以千计的危险困扰着人类，他并不能完全把握自己在某刻的健康或生命状况。在考虑到这些问题时，我想起来造物主，他将我们置于危险之中，但也仁慈地给我们提供了治疗之法，这种治疗包括了所有的草药、动物和其他的造物，上帝赋予这些造物以强大的能量，使它们可以恢复、产生或提供这四种性质，并调和它们使其达到平衡。有热性的草药，也有寒性的草药，这取决于各种草药的特性。陆地上和水域里的许多其他造物在上帝的安排下，以同样的方式保护着人的生命。通过这些草药和其他药物的功效，生病的人可以恢复四种元素平衡，恢复健康的体魄。因为在这世上，对人而言，没有比身体健康更宝贵的财富了。总而言之，对我而言，编辑一部包含众多草药和其他造物功效和特性的书，并附上它们的真实颜色和形态，用来帮助全世界和社会公益，没有比这个更加荣耀、有用且神圣的工作或劳动了。

于是，我让一位博学的医生开启了这项值得称赞的事业，在我的请求之下，这位医生为此书收集了许多草药功效和特性的知识，这些知识出自盖伦（Galen）、阿维森纳、谢拉皮翁（Serapio）、迪奥斯科里德斯、潘特塔里斯（Pandectarius）、普兰特里斯（Platearius）等人。但是在写作此书的过程中，我开始绘制和描述草药，我发现许多珍贵的草药并不生长在德国的土地上，以至于除了耳闻并不能描绘它们的真实颜色和形态。因此，我只得暂时放下手中的笔，搁置已经开始而未竟的工作，直到得到恩赐，有幸拜访了圣母玛利亚和圣凯瑟琳都在那里安息的圣墓和西奈山。为了使我已经开始的宏大著作和未竟工作不会半途而废，也为了使我的旅行不只是对我的灵魂有益，而应该是惠及整个世界，因此我带着一位才华横溢的画家，他有一双灵活巧妙的手。我们的旅行从德国穿过意大利、伊斯特里亚，然后经由斯拉沃尼亚或温迪施岛、克罗地亚、阿尔巴尼亚、达尔马提亚、希腊、科夫岛、莫里亚半岛、干地亚、罗茨岛和塞浦路斯到达迦南之地和圣城耶路撒冷，从那里我们穿越西奈半岛到达西奈山，再从西奈山朝红海方向前往埃及的开罗、巴比伦尼亚以及亚历山大，再由此返回干地亚。在穿越这些王国和地域的漫游中，我勤奋地寻觅当地的草药，然后将它们真实的颜色和形态进行绘图和描述。在上帝的佑护之下，之后我顺利回到德国家中。我怀着满腔的热情去完成这部著作，在上帝的帮助下，此时它已经完成了。这部《健康花园》的拉丁语和德语书名分别是 *Ortus Sanitatis* 和 *gart d'gesunthey*。在这个花园里，你将发现435种植物和其他造物的性能和功效，这些均有助于人的健康，它们是药剂师铺子里常用的药材。其中，有350种草药得到真实的颜色和形态描绘，我用德语编辑的这本书，它或许可以对全世界的人都有帮助，不管他们有无学识。

现在这个花园遍布各地，它优雅而美丽，给健康者带来快乐，给病患者带来宽慰和生机，世间的人没有谁可以全然知晓这个花园的用途和物产。我要感谢您，地和天的造物主，您赐予这本书中的植物和其他造物以能量，您的恩典也惠及我，让我揭示这座宝藏——它们直到现在还未被庸碌的人们觉察到。向您致以荣光与尊崇，从现在一直到永远，阿门。

相比《拉丁语草药志》来说，《德语草药志》里的图像整体上描绘得更加灵活写实。这部著作中的木刻版画，奠定了接下来半个世纪里几乎所有植物图像的基础，这些图像被源源不断地从

一本书复制到另一本书。没有作品超过或
赶得上这些版画，一直到1530年布伦菲
尔斯的草药志出版，才开启了植物学插图
的一个新纪元。（图2-13）

《德语草药志》不仅图像被广泛应用
于之后的著作，它的文本也被大量复制和
翻译成其他语言。有人曾将罕见的法国早
期草药志《阿尔博莱尔》（*Arbolayre*）当
成其中的译本之一，但近来有人指出，这
本书是普拉特阿里乌斯（Platearius）的一
本叫作《单味草药》（*Circa Instans*）的某
个手抄本的错误复制品。普拉特阿里乌
斯的草药志在印刷术发明之前的数个世纪
里占据着重要的地位，它的一个版本据说
也是另一部法国草药志《草药大全》（*Le
grand Herbier*）的母本。英国植物学家对
《草药大全》特别感兴趣，这是因为这部

▲ 图2-13：黄菖蒲，《德语草药志》，1485年美
因茨出版。

著作在1526年以《草药大全》（*The grete herball*）的名字被翻译
成英文出版。本书也部分参考了《健康花园》，我们将在下一节
详细讨论。

五 《健康花园》

在十五世纪即将结束时，第三部奠基性的植物学著作在美
因茨出版了，它被称为"花园"，更通俗的叫法是《健康花园》，
由雅各布·梅登巴赫（Jacob Meydenbach）于1491年印刷出版。
这本书有一部分修改自《德语草药志》的拉丁语译本，但它并不
仅仅只是对草药的功效进行详细的探讨，还包含对动物、鸟类、
鱼类和石头主题的论述，而这些几乎不会在草药志中出现。

这本书中将近三分之一的草药图是新制作的，其他的则是按比例缩小复制自《德语草药志》，这部分图像并没有一点改进，它们常常展现出临摹者并没有完全理解所绘制对象的特征。（图2-14组图）

我们可以以菟丝子的图像为例，这幅图的墨线图在复制过程中遗失了许多特征（图2-15）。

《健康花园》拥有丰富的插图，该书的第一版以整版的木刻插图开始。该图像是从《德语草药志》的

▲ 图2-15: 菟丝子（Cuscuta），《健康花园》，1491年美因茨出版。

卷首插图修改而来的，图中展示了一组人物，他们好像正在讨论
医学或植物学问题。（图2-16）

▲ 图2-16: 标题页插图，《健康花园》，1491年美因茨出版。

在关于动物的论述之前，有另一幅大型的版画，画中三人的脚下匍匐着许多走兽。（图2-17）

▲ 图2-17："兽类"论述起始处插图，《健康花园》，1491年美因茨出版。

在鸟类部分之前，则有一幅充满生机的画面：一座建筑物作为背景，种类繁多的鸟儿挤满画面。这幅画的独特性在于，画面的前景位置有两位学者很明显正在讨论问题。（图2-18）

▲　图2-18："鸟类"论述起始处插图，《健康花园》1491年美因茨出版。

鱼类部分起始于一幅水景，图中有游船、鱼类、螃蟹和诸如男性人鱼的神话怪物，画面生机盎然。（图2-19）

▲ 图2-19："鱼类"论述起始处插图，《健康花园》，1491年美因茨出版。

石头部分之前，有一幅画面生动的场景：许多人聚集在珠宝店中。（图2-20）

▲ 图2-20："石头"论述起始处插图，《健康花园》1491年美因茨出版。

最后一部分内容是医学，其中有两幅是展示医生与病人场景的大型木版插画。（图2-21）

▲ 图2-21：（左）"医生检测病人的尿液"插图、（右）"医生为患者医治的场景"插图，《健康花园》1491年美因茨出版。

植物部分的图像体现了生动的想象力，这是现代植物学著作所欠缺的。例如，一种被称为"鲍瑟（Bausor）"的树，据说就像传说中的见血封喉树一样，它可以释放出麻醉性的毒药，图2-22中有两个人正躺在它的树枝下，很显然，他们处于昏睡状态。

在名为"水仙（Narcissus）"的版画中，小人儿从花朵中冒出来，就像哑剧中的变身场景！然而，它可能只是对沉迷于自己容貌的美少年命运的象征。（图2-23）

▲ 图2-22：鲍瑟树（Bauser vei Bausor），《健康花园》，1491年美因茨出版。

▲ 图2-23：水仙（Narcissus），《由拉丁语译为法语的健康花园》，1499—1502年巴黎出版。

植物学的其他讨论对象，还包括智慧树与生命树，前者展示了亚当、夏娃和苹果，后者搭配上了美女蛇，生命树的描绘很吸引人，承诺取食生命树果实的人"将会蒙受神赐的不朽，不会被虚弱、焦虑、厌倦或无尽的麻烦搞得精疲力竭"。（图2-24）

▲　图2-24：（左）："智慧树、苹果与亚当、夏娃"、（右）："生命树与美女蛇"，《由拉丁语译为法语的健康花园》，1499—1502年巴黎出版。

草药中还包括淀粉、醋、奶酪、肥皂等物质，由于这些物品不能直接展示出来，就被呈现为一组可爱的风俗画："酒"被描绘为一个男人盯着酒桶的场景；"面包"描绘为一个主妇手指桌子上放着的面包；"水"被描绘为喷泉；"蜂蜜"被描绘为一个男

孩从蜂巢中提取蜂蜜；"牛奶"被描绘为一个妇女在挤牛奶。（图
2-25）

▲　图2-25:（左）女人手指面包、（右）男人扛着酒桶场景,《健康花园》,1491年美因茨出版。

　　琥珀部分的插图汇集了大量信息，作者指出，有些人认为琥
珀是一种生长于海边的树木的果实或树胶，但另一些人却说琥珀
是由一种鱼或海里的泡沫产生的。为了展现所有的猜测，图像就
以传统风格描绘了大海，从海里生长出一棵树，还有一条鱼在海
里游泳。（图2-26）

　　有关动物和鱼类的论述部分，出现了许多想象的生物图像：
人和九头蛇的打斗，凤凰涅槃以及鸟身女妖将爪子伸入一个人的
体内。其他的版画还展示了龙、蛇怪、双翼神马以及长颈上系着
装饰结的鸟。（图2-27）

▲   图2-26: "琥珀"论述部分插图,《健康花园》,1491年美因茨出版。

▲ 图2-27: "鸟身女妖""双翼神马""凤凰
涅槃"等想象生物图像,《健康花园》, 1491年
美因茨出版。

大约公元1500年，安托万·维拉德（Antoine Vérard，1485—1512）在巴黎出版了《健康花园》的其中一个版本，书名为《由拉丁语译为法语的健康花园》（*Ortus sanitates translate de latin en francois*）。亨利七世是维拉德的赞助人之一，在英国皇家财务主管约翰·赫伦（John Heron）记录的账目（现存档案馆）中，有一条目（1501—1502）写道："安托万·维拉德的两册《健康花园》……6磅。"这里提及另一本维拉德的《健康花园》译本，共两部分，该译本现在仍保存在大英博物馆。

完整的《健康花园》最后以 *Le Jardin de Sante*（《健康花园》）出现，它由菲利普·列·努瓦尔（Philippe le Noir）大约于1539年在巴黎出版并销售，印刷社门口有"皇冠的白玫瑰标志"。作者在书中展示了当时的艺术家如何表现"健康花园"这个主题（图2-28），而早期草药志的标题页也常常用类似画面来装饰书籍（图2-16）。

关于草药志的标题页插图，本书还展现了一个更宏大的场景：画面描绘了一间药铺，药铺中有一位妇人正将芳香的草药摆放在亚麻布上。（图2-29）

另外，在1526年出版的《草药大全》（*The Grete Herball*）中，其标题页也出现了一个有趣的小花园场景（图3-6）。

▲　图2-28："草药学家的花园"插图，《健康花园》1539年巴黎出版。

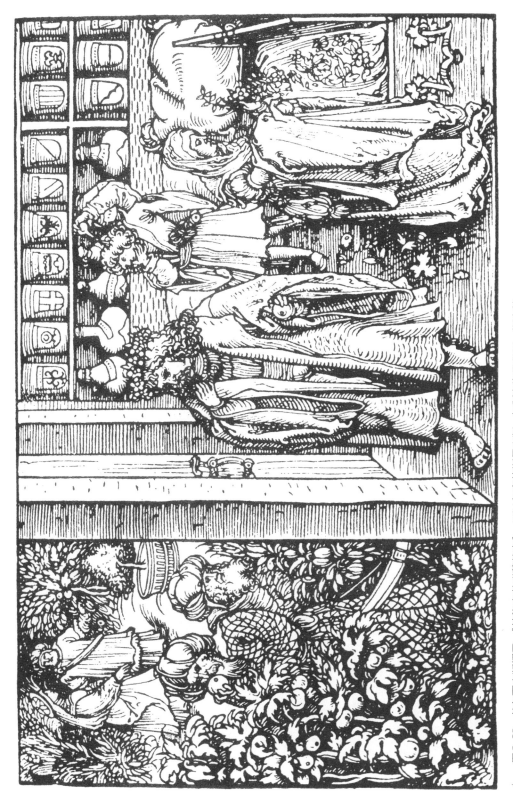

图2-29：书名页木版插图，《植物之书或草药志》，1534年奥格斯堡出版，复制自海内里希·斯泰纳。

第三章

英格兰草药志早期历史

一 《阿普列乌斯草药志》

前面已经说过一些有关《阿普列乌斯草药志》的内容，这部著作也许是首部面向英国人的南欧草药志，因为它将英国和植物系统学的历史主流联系到了一起。虽然通常情况下，手抄本草药志并不在我们的讨论范围之内，但基于上述原因，我们或许要在本章节对这部流入英国的草药志抄本进行讨论。大英博物馆收藏有一部插图版《阿普列乌斯草药志》的盎格鲁-撒克逊手抄本[1]，这个抄本或许抄录于公元1000年到诺曼征服（Norman Conquest）这段时间内，并在十九世纪时被翻译为现代英语。[2]我们在书中将引用这个版本，但需要说明的是，该草药志亟待一个更准确的新译本。

这部盎格鲁-撒克逊手抄本基本上只关注草药的功效，极少从植物学角度去描述它们。《阿普列乌斯草药志》就如同其他早期著作一样，植物仅仅被视为"单味药"：这就如同复方药中的简单成分。在十六世纪中期，杰罗姆·博克（Jerome Bock）将他的草药志描述为对"地球上被称为单味药的单个草药"进行的说明。"单味药"这个术语现在几乎已被弃用，但在绝大多数药物还处于家庭储藏室制备的年代，它却早已家喻户晓。杰奎斯[3]（Jaques）在《皆大欢喜》（As You Like It）中说："我身上的忧郁，是由许多简单组分构成的，而这些组分是从多种物质中提取出来的。"他的这种表达，至少在那个时代的人看来并不显得牵强。虽然这种意义上的"simple"一词使用现象，已经从我们日常用语中消失了，但它的对立面"复方"（compound）这个单词还保留在药剂学的语言里，从某种程度上来说，它依然出现在我们的

① 科顿·维特里乌斯（Cotton Vitellius）抄本3号。此抄本现藏大英图书馆。*

② T. O.科凯恩（T. O. Cockayne），1864，见附录二。

③ 杰奎斯是莎士比亚四大喜剧之一《皆大欢喜》中的人物。*

日常用语中。

实际上，《阿普列乌斯草药志》的南方源头可以追溯到埃斯科拉庇俄斯（Aesculapius）和喀戎（Chiron）[①]的治疗技艺。我们也知晓月亮女神戴安娜（Diana）发现了苦艾（wormwoods），她将"苦艾的能量和用其制成的药品赐给了喀戎，这个半人马第一次从这些植物中提取出了一种药剂"。另外，铃兰据说是由阿波罗（Apollo）发现的，他将这种药物赐予埃斯科拉庇俄斯治疗寄生虫。（图3-1）

① 喀戎（Chiron）是古希腊神话中的半人马。*

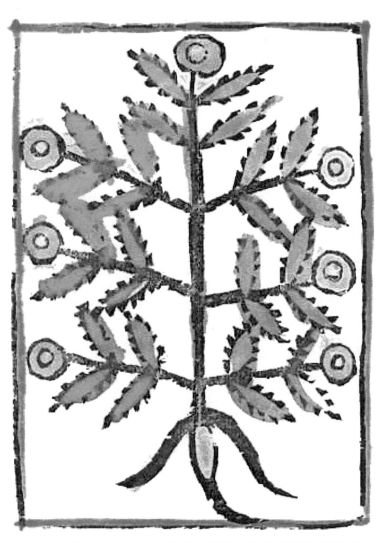

▲ 图3-1：苦艾（Artemisia），《阿普列乌斯草药志》约1481年罗马出版，画面具有同时期的手工着色。

对许多植物功效的描述都是关于咒语或护身符之类的信息，而不是药方，例如，书中建议——

> 假如某人有任何旅行的打算，那么推荐他随手带上这种艾属植物（苦艾）……这样他在旅途中就不会感到疲劳。

甚至到了二十世纪，把苦艾当作抵御旅途危险的护身符也是人人皆知的事。就在1925年，一位邮车司机行驶在通往马洛亚那蜿蜒曲折的险峻公路上，他依然会在挡风玻璃上挂一枝苦艾。

采集曼德拉草之举经常出现在古老的草药志中，阿普列乌斯兴趣盎然地描述了采集曼德拉草根部的恰当方法：

> 这种植物……有诸多显著的优点，它有益健康。你必须按照以下方法来采集它，当你接近它时，你就会明白它在夜晚完全像灯笼一样发光。当你初次见到它的地上部分，你应该立即用烙铁标记，以免它从你身边逃走。它有着了不起的强大功效，以至于当一个不洁之人接近它时，它会立马逃走。因此，就像我们之前所说，一定要用烙铁对曼德拉草进行标记，当你采掘它时，不能用铁器与其接触，而应该用象牙棍认真地来挖掘泥土。当你看到它的手脚时，就用绳子将其绑住，绳子的另一头绑在狗脖子上，使狗处于饥饿状态；接着，扔一块肉到狗面前，但又不能让它够着肉，这样凭借狗的力量将植株拔出来。据说曼德拉草威力强大，无论什么东西牵拉它，它会马上以相同的方式回应，因此一旦看见它被拔出来，就要立刻控制它并马上用手扭搓，随之将它的汁液从叶片中拧出后盛放于玻璃壶中。

草药志的作者显然接受了曼德拉草具备人类四肢这种神话观念，书中展示了阿普列乌斯的《草药志》一个早期印本对这种植物的描绘。但是，一些探讨草药的手抄本对这种植物的描绘更加

生动、夸张，正如本书所复制的十五、十六世纪草药志中的几幅
插图。（图3-2）

▲　图3-2：具备人类四肢的曼德拉草图像，《由拉丁语译为法语的健康花园》，
1499—1502年巴黎出版。

曼德拉草的恐怖性不应被视作一种久远时代的迷信说法，因
为这种恐惧完全可能会在今天还依然出现。近来，一本关于巴勒
斯坦的书①，记录了一位阿尔塔斯（Artas）的妇女被要求挖曼德
拉草的事件。她答应了去挖曼德拉草，但当她开始时，一位路过
的亲戚大叫道：

　　　　啊！你在做什么呀，你是在挖这种植物的根吗？难道
你不知道这里有一个黑色的小人？假如你一直朝下挖到他的
脚，你将会病倒在床上！

①　G. M.克劳福德（G. M.
Crowfoot）和L.巴尔登施
佩格（L. Baldensperger），
1932，见附录二。

在英国，一些与曼德拉草相关的民间传说还转移到了白泻根（white-bryony）上。《阿普列乌斯草药志》在英国的另一个手抄本是一个拉丁语版本，它可能是在诺曼征服之后五十年间的贝里圣埃德蒙兹（Bury St Edmunds）完成的，现在的学者可以通过一个复制版本来了解这个抄本。它的插图基本上遵循了该草药志一贯的风格，但有少数图像相当的写实，其中之一便是对结果实的悬钩子做过的细致研究，这与迪奥斯科里德斯的艾丽西亚·朱莉安娜抄本中同一植物的图像具有某种相似性。

二 《班克斯草药志》

最早具有明确植物学特征信息的英语印刷书，可能就是巴塞洛缪斯·安格利卡的《物性论》的译本，该书于十五世纪末由温金·德·沃德（Wynkyn de Worde）的印书社出版，以下展示的是其中一幅木版画。（图3-3）

▲ 图3-3：草本植物和树木的市刻版画，巴塞洛缪斯·安格利卡《物性论》，约1495年于威斯敏斯特出版。

然而，严格意义上来说，在英国印刷的第一本草药志其实出版于1525年，一本没有插图的四开本匿名著作。该书的标题页写有"本书由一个新问题开端，说明并讨论了草药的功效和属性，书名为草药志"，我们在书的最后一页发现了这样的信息：

理查德·班克斯（Rycharde Banckes）印刷，地址：伦敦斯托克斯附近的家禽街。

这本书或许声称是原创作品，但它更有可能源自一本探讨草药的中世纪未知抄本。此书与晚一年出版的《草药大全》非常不同，虽然这本书里没有一幅插图，但从某方面来说，它无疑是一部更好的作品。从内容和版面比例来说，描述植物的功效占用了更少的篇幅，整体而言，书中提供了更多的植物学信息。例如，在"铁线蕨"（Capillus veneris）的词条下面有如下的描述：

这种草药被叫作梅登的头发或沟繁缕（waterworte），叶子像蕨类，但更小，它生长在墙壁和石头上，叶子中间好像长有黑色的毛发。

相比之下，《草药大全》提供的信息显得贫乏：

铁线蕨正如其名，是一种草本植物。（图3-4）

▲ 图3-4：书籍标题页木刻版画，《班克斯草药志》（*Banckes' Herball*），1552年伦敦出版。

《班克斯草药志》对有些草药的功效描述并不是严格意义上的医学描述，而是充满了诗意。这本书中列出的迷迭香（Rosemary）或许最为吸引人，其中的一些值得在此引用。比如，书中指导读者：

> 拿起花儿将其制成粉末，粘在一件亚麻布衣服的右侧袖子上，这将使人感到轻松愉快……把花儿放在衣柜或书橱里，这样蛾子将不会啃噬衣物、书籍……在煮白葡萄酒时，加入迷迭香的叶子，然后用其洗脸，你将容光焕发。将叶子放在床头，你将远离所有的噩梦……倘若卖酒时将叶片放在一个酒瓶里，将会带来好运，生意兴隆……用迷迭香的木料制作盒子，嗅闻它会使你保持青春。将迷迭香放在大门口或家中，可以免遭蝰蛇和其他毒蛇咬伤。将迷迭香制成饮料，喝下之后你将不再惧怕任何毒药，它们将无法再伤害你。迷迭香非常有用，无论何时，都该在花园里种上一些并一直保留。

不同出版社出版了众多版本的《班克斯草药志》，尽管出版时不同的书名掩盖了这些书的同一性，但这一事实也证明了这部著作的流行程度。深入研究这些版本是目录学家而非植物学家的任务，所以我们在此并不打算讨论这个问题，只是会提及一些典型版本。

约翰·金奇（Jhon Kynge）在1550年或稍后出版了一本名为《关于草药特性的小型草药志，新修订和更正版》（*A little Herball of the properties of Herbes newly amended and corrected*）的书，书后添加附录以说明某些星辰和星座如何影响草药。从而根据天空中月亮的迹象，从崇高的上帝掌管的年鉴里选择最合适和最幸运的时刻和日期来采集和制备草药。医生安东尼·艾萨姆（Anthony Askham）1550年[①]二月七日写道，这本书通常被称为《艾萨姆草药志》（*Askham's Herball*），它直接源自《班克斯草药志》。相当令人吃惊的是，尽管标题页已经有所说明，但我们发现这本书里没有一丁点儿天文学知识。

---

① 这并不是印刷日期，金当时还没开始印刷，这有可能是参考历书（Almanacke）的出版日期。

《科普兰草药志》(*Copland's Herball*)可能与《艾萨姆草药志》在差不多同一时间首次出版，这不过是理查德·班克斯草药志的一个稍晚的版本，它是约翰·金出版的另一个非常相似的版本，书名也几乎相同。

罗伯特·怀尔（Robert Wyer）出版了这本书另一个无日期标注的版本，此书书名更具欺骗性：《马切尔新草药志，由拉丁语翻译为英语》(*A new Herball of Macer, Translated out of Laten in to Englysshe*)。这本书给人两方面的困惑，因为不仅仅维吉尔（Virgil）和奥维德（Ovid）的同时代有个人叫埃米利乌斯·马切尔（Aemilius Macer），他写过有关植物的拉丁语诗歌，而且还有一个中世纪的草药学家，他可能是十世纪人，其真实名字据说叫奥杜（Odo），但是他以"马切尔·弗洛里杜斯"（Macer Floridus）或"埃米利乌斯·马切尔"为笔名。

奥杜的著作《论草药的功效》(*De viribus herbarum*)于1477年在那不勒斯第一次出版，作者在这个版本里用拉丁语诗歌描述了八十八种草药、香料等植物的功效。《马切尔新草药志》似乎没有任何理由使用古典时期或中世纪时期马切尔的名字作为书名；除了替换些许词语之外，这本书与1525年版的《班克斯草药志》几乎完全相同。（图3–5）

▲　图3-5：书名页，奥杜《论草药的功效》，1496年日内瓦再版（1477年首版）。

另一个极为相似的版本以《利纳克雷医生编马切尔草药志》
（Macers Herbal. Practysyd by Doctor Lynacro）为书名出版，它也
没有标明出版日期，和马切尔一样，利纳克雷这个名字也是借用
的，出版人跟随当时的风尚，给书籍取一个好听的名称以图增加
销量。

三　《草药大全》

　　在早期的英语草药志中，享有盛誉的并非任何版本的《班克
斯草药志》，而是彼得·特雷维瑞斯（Peter Trèveris）在1526年首
版、又在1529年再版的《草药大全》（The grete herball）。（图3-6）

▲　图3-6：书籍标题页
木刻版画，《草药大全》，
1526年伦敦出版。

近来人们在牛津大学皇后学院发现了这本书的一页修订校样，夹杂在1526年的一份合同里，因而这就可以让我们一窥四百年前这本书真实的制作情况。《草药大全》并未声称自己是原创作品，在其索引之后有一个说明："这部全面的草药志就此收尾，它是由法语翻译为英语的。"这本书基本上源自我们之前提到的那部法国《草药大全》，《草药大全》拙劣地临摹了《德语草药志》首次出版的一系列图像。（图3-7）

▲　图3-7：睡莲（Nenufar），《草药大全》，1526年伦敦出版。

《草药大全》的引言部分，虽然写得不如《德语草药志》中相同部分那么流畅、有文采，但我们也在此将其部分地引用，这样读者可以清楚地了解那时草药学家的实用主义观念，还可以认识到四元素理论的深远影响：

全能的上帝，天地万物的创造者，我们向他致以永远的崇敬和祈祷。人在本质上也脱离不了四种元素和四种性质的形成和影响，如果人少了这些元素，就会导致整个人变得衰弱并引发疾病，但是万物的创造者、仁慈的上帝赐予人类（他以自己的样子创造）伟大而温柔的爱，为了他所爱人类的生存与健康，上帝命令地球上的所有事物都要服从于人类。人类同样由四种元素构成，具有四种性质，如果这四种元素中的任何一种过多或比其他元素更占优势，将会使人的身体遭受极大的伤害或疾病。永恒的上帝赐予人类巨大的恩惠，以各种具有功效的草药来治疗人类的各种疾病和衰弱，这些草药是通过影响上述所说四元素的变化过程，以及改变对健康不利的腐败、有毒的空气来使人恢复健康的。人们不健康或无节制的饮食习惯（即暴饮暴食），这些行为都会给人造成很大的机体衰弱和导致病症，草药也可以对其产生疗效。由于在医生缺乏的乡村，病人们需要长途跋涉到城镇的诊所就医，因而乡村里的患者很难得到救治康复。手足情深促使我将上帝的这些恩赐书写下来，告诉人们如何采用花园里的植物和田野中的野草来治疗疾病，其治疗效果与药房昂贵的配制药剂是一样的。

作者紧接着在索引之前的结论部分，对整部草药志进行了总结性的阐述：

　　将这本高贵的著作献给那些值得尊敬的读者和实践者，我恳请你们利用自己的智慧，关注全能的上帝对万物的掌控和运作，上帝将神圣的恩典赋予他那淳朴的造物——人类，以使人类能完美掌握和理解此书涵盖的所有草药和树木之功效。[①]

用二十世纪的观点来审视《草药大全》，它包含许多古怪之处，特别是与医学问题相关的方面。比如，洗澡显然被认为是一种古怪的行为。我们从权威的盖伦那里得知，"许多人因用冷水洗澡后回家而死"。饮水似乎也被认为几乎同样有害，我们被这样告知："梅斯特·艾萨克（Mayster Isaac）说过，人们不能在上帝安排的青春期喝过量的水。"那个时期，人们比现在更倾向用拳头来解决分歧，这反映在各种"由鞭打引起的黑斑和淤青，尤其是出现在面部"的治疗方法上。（图3-8）

尽管《草药大全》的出版时间并非在中世纪，但它完全具备中世纪的特征，而书中大量治疗忧郁症的药方或许暗示了中世纪糟糕的生活条件。书中告知我们：

　　为了让人愉快地吃饭，可以将马鞭草（vervayne）四片

① 这个引用源自1526年版本，但是之后所有的引用源自1529年版本。

The noble experyence of the vertuous handy warke of surgery/practysyd & compyled by the moost experte mayster Iherome of Bruynswyke/borne in Straesborowe in Almayne/ the whiche hath it fyrst proued/and trewly founde by his awne dayly exercyninge. ¶ Item there after he hath authoryzed and done it to vnderstande thrugh the trewe sentences of the olde doctours and maysters very experte in the scyence of Surgery/As Galienus/Ipocras/Auicenna/Gwydo/Haly abbas/Lanckfrancus of mylen/Iamericus/Rogerius/Albucasis/Placetinus/Brunus/Gwilhelmus de saliceto/& by many other maysters whose names be wrytten in this same boke. ¶ Here allo shall ye fynde for to cure & hele all wounded membres/and other swellynges. ¶ Item yf ye fynde ony names of herbes or of other thynges wherof ye haue no knowlege/ that shall ye knowe playnly by the potecarys. ¶ Item Here shall you fynde also for to make salues/plasters/powders/oyles/and drynkes for woundes. ¶ Item who so desyreth of this scyence the playne knowlege let hym oftentymes rede this boke/and than he shall gette perfyte vnderstandynge of the noble surgery.

▲ 图3-8：头部问题治疗图例，《草药大全》，1540年再版。

叶子和根放到酒里面，将酒水洒在就餐场所的各处，人们就会感到愉快。

马兜铃（Aristologia）的烟可以使患者感到非常愉悦，它也能"驱散所有厄运和家中的所有麻烦"。牛舌草（Bugloss）和艾蒿（mugwort）可以带来欢乐，书中建议在房间的门下面放一些小的艾蒿，这样的话"住在房里的人就不会有烦恼"①。书中还告诉读者如何用大麦和水制作大麦茶，如何洗漱喉咙，以及辨别

① 这个说法的法文出处是"Homme ne femme ne pourra nuire en ceste maison"。

麝香的优劣。此外，书中还给出了治疗诸如健忘和恐惧的药方，以及染发和染甲。（图3-9）

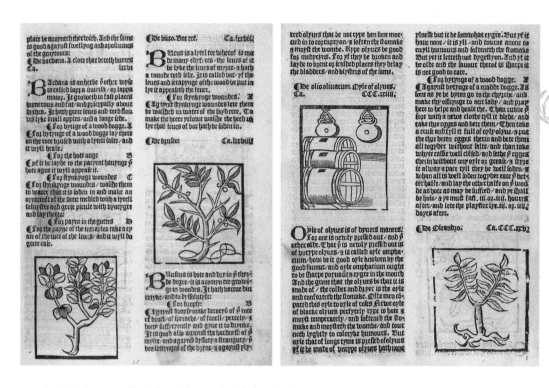

▲　图3-9：草药图例组图，《草药大全》，1526年伦敦出版。

海里的物产被认为具有非凡的力量，例如珊瑚和珍珠，前者被描述为：

> 可以在海里一些地方发现石头类的东西，它尤其是生长在海里坑洼和满是洞穴的山丘上，就像胶质一样黏在石头上生长。

作者还提到：

> 有人说红色珊瑚可以使房屋躲避闪电、雷声和暴风雨的袭击。

珍珠被认为在医学上有很大的价值，有利于心脏虚弱，推荐病人"用玫瑰糖调和珍珠粉"，即使是最为苛刻的人都会对这个药方感到满意。草药志中也记录了许多旅行者的故事，例如，我们发现了一个令人毛骨悚然的关于磁石的描述：

> 磁石是一种可以吸引铁的坚硬石头，人们可以在大海沿岸发现磁石，这里的磁石状若山丘，这些山丘可以吸引船只上的铁钉，它们通过将铁钉吸出而将船只破坏。

书中用一幅图展示了这个场景，图中有一座尖峰，一艘船被撞成了碎片，一个人已经掉入水中，另两人则奄奄一息。

《草药大全》中治疗各类疾病的很多药方会使现代读者感到震惊，药性之烈，已经达到让人恐惧的程度，这更适合在曾经更加野蛮的时代来使用。它们应了这样一句话："当时地球上的人真强大。"但是很显然，十六世纪的人与他们的前辈观点相当一致，正如我们在"白嚏根草"（whyte elebore）条读到的那样：

> 旧时人们普遍将其入药，就像我们使用squamony一样，那时候人的身体比现在强壮，更能忍受嚏根草的烈性，但现在的人体质更虚弱。

在《草药大全》中，希腊神话和基督教都占有重要位置。就像阿普列乌斯的草药志中所说的那样，戴安娜发现了苦艾，而后她将这种植物赠与了半人马；但在疯狗咬伤人的事件中，书中建议受害者在采取任何治疗方法之前，要先向圣母玛利亚祈求"一旦你被狗咬伤，应该前往教堂向圣母献祭并祷告，以获得帮助并治愈伤病，然后用一块新布来擦拭伤口"等。《草药大全》中非常多的药物至今仍在被使用：甘草和薄荷被推荐用于治疗咳嗽，鸦片酊、天仙子、鸦片和莨菪用于麻醉，橄榄油和熟石灰用于烫伤，墨鱼骨用于牙齿美白，硼砂和玫瑰水用于美肤。

① 魔噬花学名为 *Succisa pratensis*，又名英国山萝卜，一种常见于欧洲的川续断科魔噬花属植物。*

这本书中还颇有趣味地讲述了英国植物的早期名称，如报春花被称为"Prymerolles"或"圣彼得草（saynt peterworte）"；据说魔噬花（Devylles bytte）①"被这样叫是因为它的根是黑色的，茎上有咬痕，有人认为是魔鬼嫉妒这种植物的功效因此噬咬它的根以进行破坏"；浮萍被称为"水中的豆子"（Lentylles of the water）或"青蛙足"（frogges fote），延龄草被形象地称为"普雷斯特蚯蚓"（prestes hode），酢浆草被称为"哈利路亚"（Alleluya）或"杜鹃鸟的肉"（cuckowes meate）。

这部草药志最值得注意的特征之一是为了保护民众，揭露"造假"药材的制作方法以"避免你在购买时被骗"。当保密还是药剂师惯用的手段时，这本书成为自久远的希腊草药师以来的一个伟大进步；就像我们在先前的章节指出的那样，未经过专门训练的生手，胡乱医治会给患者招致来可怕的疾病和意想不到的威胁，轻信的民众受此警告只能避而远之。

▲　图3-10：象牙（Yvery），《草药大全》，（左）：1529年伦敦出版；（右）：1541—1542法文本。

另一部出版于1527年的著作《草药水蒸馏大全》(*The vertuose boke of disyillatyon of the waters of all maner of Herbes*)，它的插图与《草药大全》相同，这部书是布伦瑞克的杰罗姆（Jerome of Brunswick，此人也被称为希罗尼姆斯·布伦瑞克，Hieronymus Braunschweig）所著《单味药蒸馏技艺之书》(*Liber de arte distillandi de Simplicibus*)的英文版。（图3-11）这本书的出版人

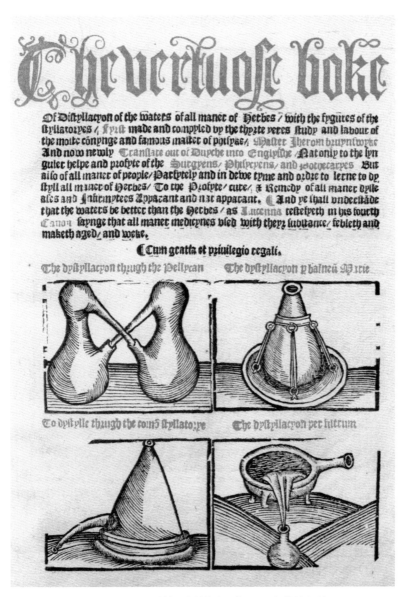

▲　图3-11：书籍标题页插图，《草药水蒸馏大全》，1527年伦敦印刷。

劳伦斯·安德鲁（Laurence Andrew）在序言中告诉我们，他着手翻译本书是：

> 出于对祖国本能的热爱，这本书用其他语言写成、缺乏译者又无利可图，但国家需要我做这件事。

他接着又说：

> 饶是如此，还敬请读者朋友眷顾，为了您的健康、慰藉和学识，仔细阅读、反复回味您这本独特的蒸馏之书。让我们了解这些生长在我们身边的常见草药有多么高效且非凡的疗效，知晓上帝赐予了我们多宝贵的健康良药，让我们怀着崇敬之情利用它们，并感恩神圣的造物主。

或许就像这个序言中所期待的那样，这本专著几乎全是蒸馏方法和药物指导的内容，但是文中偶尔会有些许有价值的植物描述，比如，槲寄生的叶片据说是"既非纯绿，也非纯黄"。书的尾页告知我们，这本书印刷于：

> 永承主之恩典……黄金十字标志的……弗莱特大街。

第四章

十六、十七世纪的植物学复兴

一 德国的草药志

在科学的历史上，一个草药学家群体被授予了"德国植物学之父"的荣耀称谓：布伦菲尔斯、博克、富克斯和科尔都斯，他们的作品大部分出现在十六世纪前半叶。

这四位先驱中最早的一位是奥托·布伦菲尔斯（Otto Brunfels），他的姓氏源自父亲的家族，其父是一位修桶匠，而这个家族来自美因茨附近的布伦菲尔斯。不同的研究权威将他的出生年代划定在1464年至1490年之间。布伦菲尔斯长大后成为天主教加尔西都会教士，但在数年之后，他转信了路德宗。自1521年逃离修道院以来，布伦菲尔斯在经历了奔波流浪和断断续续的布道生活后，定居于斯特拉斯堡（Strasburg），并在那里的学校当了九年老师。布伦菲尔斯撰写了多种神学著作，在1534年去世之前不久，他最终将注意力转向了医学，成为伯尔尼（Bern）的一名乡镇医生。（图4-1）

草药志历史的新纪元或许可以追溯到1530年，在这一年，

▲ 图4-1: 奥托·布伦菲尔斯（Otto Brunfels）画像。

《植物写生图谱》（*Herbarum vivae eicones*）的第一部分由斯特拉斯堡的肖特（Schott）出版了。（图4-2）这部著作通常被叫作"布伦菲尔斯草药志"，但是更公正地讲，它应该与画家汉斯·魏迪兹（Hans Weiditz）的名字联系在一起，魏迪兹负责为此书绘

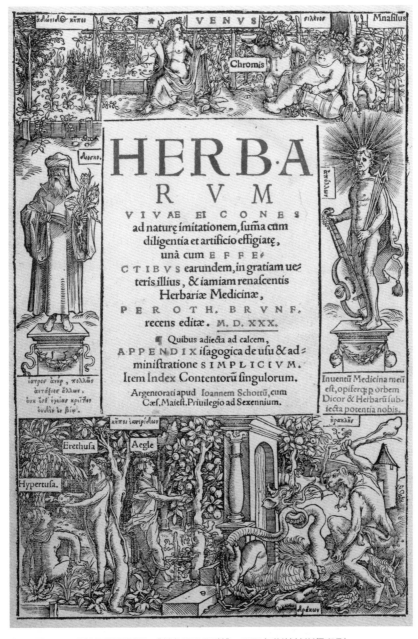

▲　图4-2：书籍标题页插图，《植物写生图谱》，1530年斯特拉斯堡印刷。

制插图，正如书名所说这些绘图是真正还原了自然。书中的植物
插图根据它们的真实形态绘制而成，并没有遵循更早时期草药志
中的传统——直接临摹前人作品，而不参考植物本身。《植物写
生图谱》中的木版画例子出现在本书组图中（图4-3、4-4）。我
们将在之后的一个章节中讨论最近的一个新发现，它为研究魏迪
兹的作品提供了线索。

▲ 图4-3:（左）: 聚合草
（*Symphytum officinale*）、（右）:
绿花铁筷子（Helleborus
viridis），《植物写生图谱》卷
I，1530年斯特拉斯堡印刷。

▲ 图4-4:（左）: 拳
参（*Bistorta officinalis*）、
（右）: 欧洲变豆菜
（*Sanicula europaea*），《植
物写生图谱》卷I，1532
年斯特拉斯堡手工上色。

显然，《植物写生图谱》中的图像远远优于该书的文字部分。布伦菲尔斯的植物学知识主要来自马纳达斯（Manardus）或其他某个意大利作者的研究，他们投身于鉴别意大利半岛那些被迪奥斯科里德斯描述过的植物。当布伦菲尔斯尝试采用同样的方法考察斯特拉斯堡地区以及莱茵河左岸的植物区系时，就不可避免地遇到许多困难，发现诸多矛盾之处。他并不了解植物的地理分布，也没有意识到不同的区域会有不一样的植物区系；而八百多年前的泰奥弗拉斯特就已经指出，亚洲各地区都拥有自己独属特征的植物，出现在这一区域的一些植物不会再出现在另一个区域。

当我们了解到上述事实时，布伦菲尔斯的失败就显得更加令人吃惊了。有个例子反映出布伦菲尔斯的局限性，他认为自己需要为包括白头翁（Pasque-flower）在内的优美木版画向读者道歉，因为这种草本植物既没有拉丁语名称，也未被药剂师使用过。这种植物的尴尬处境，导致它被布伦菲尔斯摒弃并称其为"无用的植物"。（图4-5）

图4-5：欧白头翁（*Pulsatilla vulgaris*），《植物写生图谱》卷1，1532年斯特拉斯堡手工上色。

Pimpernuß.

Von Erdberen. cap. clxx.

▲ 图4-6:(上):欧洲省沽油(*Staphylea pinnata*);(下):草莓属植物(*Fragaria* sp.),博克《新草药志》,1546年斯特拉斯堡出版。

杰罗姆·博克在其拉丁语著作中自称希罗尼穆斯·特拉格斯(Hieronymus Tragus),虽然他的植物学著作在时间上稍晚于布伦菲尔斯,但他们都是同时代人。

博克出生于1498年,被父母认定应该去修道院,但事实证明他并不适合过修道士的生活。后来,他通过大学课程考试,受到巴拉汀·路德维格伯爵(Count Palatine Ludwig)的眷顾而获得茨韦布吕肯(Zweibrücken)一个学校的教职,还得到了伯爵花园管理员的职位。在其赞助人去世后,他搬到了霍恩巴赫(Hornbach)并成为一位路德宗牧师和从业医生,他将自己的业余时间投入植物学。然而,最终宗教改革反对派将他驱逐出霍恩巴赫,他历经困苦磨难,直至遇到拿骚–萨尔布吕肯的菲利普伯爵(Count Philip of Nassau–Saarbrücken),处境才开始好转。博克先前治愈了伯爵严重的疾病,所以伯爵在自己的城堡里为他提供庇护和赞助,博克最终得以返回霍恩巴赫,在那里一直担任传教士,直到1554年去世。

博克的重要著作是《新草药志》(*New Kreütter Buch*),该书于1539年由文德尔·瑞赫(Wendel Rihel)在斯特拉斯堡出版。这本书的第一版并没有插图,但是出版于1546年以及之后的其他版本包含了许多木刻版画。(图4-6、4-7、4-8)

虽然该书的一些插图是基于布伦菲尔斯和富克斯草药志的图像而作,但是此

▲ 图4-7：人、动物、树市图例，博克《新草药志》，1556年斯特拉斯堡出版。

De Tribulo aquatico. Cap. CIII.

Waſſernuß.

TRIBVLI TERRE-
ſtris mentio, ad aquaricum
nos deducit, qui non ubiq́;
locorum, uerum in nonnul-
lis duntaxat foſſis aquam
continentibus, piſcinis &
lacubus prouenit, quemad
admodum Theophraſtus
libro quarto cap. xi (in quo
multis & elegātiſſimis uer-
bis hiſtoriā Tribuli aquati-
ci ob oculos poſuit, quæ in
gratiam ſtudioſorum rei
herbariæ ſubijciemus) me-
minit. Proinde neminem eſ
ſe puto qui non concauas,
leues, nigras & aculeatas,
tribusq́; corniculis aut acu
minibus conſpicuas nuces
Tribuli aquatici uiderit.
Folia huius corniculatæ nu
cis uſu a uidere mihi nondū
cōtigit, depicta in chartau-
di, in qua tota planta hanc,
quā iuxta appoſuimus fa-
ciem repræſentabat. Deſcri
ptio eius apud Dioſcori-
dem extat luculenta, libro
quarto cap. xvi. necnon
apud Theophraſtum, quæ
ita ſe habet.

GG v

▲ 图4-8: 欧菱（*Trapa natans*），博克《论植物》，1552年斯特拉斯堡出版。

EFFIGIES HIERO
NYMI TRAGI
ANNO ÆTATIS
SVÆ 46

▲ 图4-9: 戴维·坎德尔刻制的杰罗姆·博克肖像画，博克《草药志》，1551年斯特拉斯堡出版。

书其他的插图则由戴维·坎德尔（David Kandel）专门绘制并刻版，我们可以在本书博克肖像画（图4-9）中发现他的姓名首字母（右下方的"K"）。

然而，人们对博克著作的首要印象并不是其书中的图像，而是他那值得称赞的朴素生动的德语描述。此外，他还记录了自己观察到的植物生长方式和位置，就这个特征而言，他的这本书展示出现代植物志采用的某些写作方法。他用自己的双眼来观察身边的世界，而不是依靠那些过去的经典权威，他那卓越的观察力常常令人吃惊。

例如，他切开欧洲蕨（two-headed eagle）的根茎后，发现呈现在眼前的只有截面的脉络系统。博克坚定自主的思想使他拒斥迷信活动，例如用苦艾"耍把戏和做仪式"。这也促使他进行了一次认真的尝试，以获取有关蕨类种子的真相。（图4-10）

迪奥斯科里德斯和之后的作者已经指出，蕨类植物并没有果实或者种子，然而在博克的时代，乡民普遍认为蕨类的种子是在夏至日前夕的午夜结出的，但是采集种子会有危险伴随，除非举行某种迷信的仪式。这里也许可以摘引十六世纪译本里博克的观察记录：

我连续四年在圣约翰日之夜（我们将其用英语称为夏至日前夕），寻找欧洲蕨（Brakes）在晚间结出的种子，实际上，我在黎明破晓前发现了它的种子①，细小的黑色种子如同罂粟花种子。以下是我采集这些种子的方式：在欧洲蕨下方铺上七片平整的树叶……做完这一切后，我摒弃了所有的咒语、漫步、魔法、巫术和妖术，只要两三个诚实的人陪同并带上啤酒。

经历了如此艰辛之后，博克发现在有关蕨类种子存在与否的问题上，迪奥斯科里德斯是错误的，而乡民是对的。可惜的是，博克没能再往前迈进一步：除夏至日前夕之外，是否可以在其他时候发现蕨类种子，但很显然，他并没有想过这种可能性。博克在科学上的谨慎和实验中的天赋，从他对柳树种子的观察上就能清晰地体现出来。他说自己并不知晓"柳树的毛絮"是否总是能代替种子，但他知道柳絮的确是一种替代物，因为他从"柳絮"中成功种植出了相同种类的柳树。

奥托·布伦菲尔斯在鼓励博克撰写他的草药志方面值得我们特别称道。布伦菲尔斯在晚年为了参观博克的花园和收藏品，他步行跋涉四十英里从斯特拉斯堡前往霍恩巴赫。从那时起，布伦菲尔斯就不断督促博克要打消顾虑，任重道远，并劝他收集材料好好写作，为祖国做贡献。

① 蕨类植物并无像有花植物一样的种子，博克发现的应该是蕨类叶背面的孢子，因为当时并无"孢子"这个术语，而原文单词为"sede"，即中文"种子"，此处尊重原文将其仍译为"种子"。*

▲ 图4-10：欧洲蕨（*Pteridium aquilinum*），博克《草药志》，1546年斯特拉斯堡出版。

莱昂哈特·富克斯（Leonhart Fuchs）是第三位德国植物学之父（图4-11、4-12），虽然他更年轻一些，主要的作品也晚杰罗姆·博克三年出版，但他们却是同时代人。富克斯1501年出生在巴伐利亚的韦姆丁（Wemding），他几乎还是孩童的时候就成了埃尔福特大学的学生，据说他十三岁就被录取入学。在做了一段时间老师后，他又回归自己的研究，这时他就职于英戈尔施塔德大学，在那里他主要致力于古典学，成为一名文科硕士。此后，他将自己的注意力转移到医学方面并获得了博士学位。在英戈尔施塔德大学时，富克斯受卢瑟（Luther）作品的影响成功转变为改革宗信仰（Reformed Faith）者。[1]

① 产生16世纪宗教改革初期的新教概念。*

▲ 图4-11: 莱昂哈特·富克斯42岁肖像油画，海因里希·富尔默尔1541年绘制。

富克斯早先在慕尼黑（Munich）做了一名从业医生，但在1526年，他回到英戈尔施塔德大学，成为一名医学教授。1526年，他被任命为图宾根大学教授，在任职期间，富克斯拒绝了比萨大学以及丹麦国王聘其为医生的邀请。很显然，不管作为医生还是老师，他都很受欢迎，尤其是在1529年成功地治疗了一种横扫德国的严重流行病后，从此声名远扬。一本抵抗瘟疫医药说明和祷告的小册子于十六世纪后半叶在伦敦出版，这表明他的名声已经传到英格兰。这个小册子的标题是《最博学的医学大师、博士莱昂哈德·富克斯医生有价值的实践，在天灾降临我们的艰难时刻雪中送炭，用以医治所有患病的善良忠实之人，包括老年人和年轻人，病人和希望免除传染病风险的人》。

在工作之外，富克斯还抽时间完成了一部植物学杰作，这部书于1542年出版于巴塞尔的伊辛格林（Isingrin），书名为《植物志论》（*De Historia Stirpium*），这是一部拉丁语草药志，

▲　图4-12：莱昂哈特·富克斯肖像《新草药志》（*Den Nieuwen Herbarius*）荷兰文版，1545年巴塞尔出版。

书中探讨了大约四百种德国植物和一百种国外植物，接着在第二年又出版了德文版，书名为《新草药志》（*New Kreüterbuch*）。在提倡学问方面，富克斯显然比他的两位前辈更胜一筹，比如，他对古典作者们的植物命名法进行了批判性的研究。富克斯的草药志在插图方面可以媲美，甚至赶超布伦菲尔斯的草药志，尤其在描述物种数量方面极大地超越了前者。但我们必须要知晓的是，富克斯之所以能够利用博克和瑞士博物学家格斯纳的作品，是因

为当这些著作出版时，富克斯的草药志仍在创作中。（图4-13）

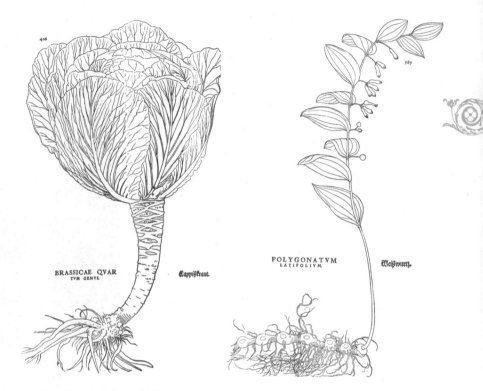

▲ 图4-13:（左）: 甘蓝（*Brassica oleracea var. capitata*）、（右）: 多花黄精（*Polygonatum multiflorum*），富克斯《植物志论》，1542年巴塞尔出版。

《植物志论》开篇的序言不仅有趣，而且以一种非常纯粹优美的拉丁语写成。令富克斯愤愤不平的是，连医药从业者都忽视对草药的研究，他爆发的愤怒之情，或许可以按照字面翻译如下:

　　国王和贵族们对观察植物的研究一点也不上心，然而，这些植物都是由不朽的上帝所创造，甚至连我们当下的医生对此都是畏畏缩缩，我们几乎不可能从一百个人当中找出一个，哪怕只具有一点准确植物知识的人，这难道不让人感到惊讶吗?

富克斯对自己的工作的确是自乐在其中，每一个研究他的草药志的人都能真切地感受到他的这种热情，富克斯在序言中的说辞更进一步印证了这一点，字里行间流露出他满腔的热情：

> 然而，我无须解释为何要详述获得植物知识时的快乐和喜悦，这是因为漫步于各种花草簇拥点缀的树林、高山和草甸，然后再最优雅地专注观察和凝视这些植物，人人都知晓生活中没有什么比这更令人愉快和喜悦了。如果人们可以再多了解一点这些植物的功效和性能，那么这种愉快和喜悦就会多很多。

富克斯以字母顺序组织他的书，他并没有尝试采用植物的自然分类，故而，他的草药志在植物分类史上并不重要。

富克斯《草药志》中的木版画具有第一流的水准。其中一些版画尤其值得关注，它们是描绘某些美洲植物最早的一批欧洲图像，比如，笋瓜和玉米（图4-14组图）。相比文本，富克

▲ 图4-14：（左）：笋瓜（*Cucurbita maxima*）、（右）：玉米（*Zea mays*），富克斯《植物志论》1542年巴塞尔出版。

斯书中插图对之后的著作影响更大，受影响者如伦伯特·多东斯（Rembert Dodoens）的《草药志》（*Cruydeboeck*，1554）、威廉·特纳的《新草药志》（*New Herball*，1551—1568）、亨利·莱特（Henry Lyte）翻译的《新草药志》（*Nievve Herball*，1578），吉恩·博安（Jean Bauhin）的《通用植物志》（*Historia Plantarum Universalis*，1651）以及所罗门·申茨（Salomon Schinz）的《植物知识指南》（*Anleitung zu der Pflanzenkenntniss*，1774）。

这些著作中的大多数插图都复制自富克斯的图像，有些甚至直接采用富克斯实际使用过的印版来印刷。杰罗姆·博克、克里斯蒂安·伊哲洛夫（Christian Egenolph）、雅克·达莱汉普斯（Jacques d'Aléchamps）、雅各布·西奥多鲁斯（Jacob Theodorus，Tabernaemontanus）、约翰·杰勒德（John Gerard）、佩特鲁斯·尼兰特（Petrus Nylandt）等人的草药志，以及阿玛图斯·卢西塔努斯和约翰内斯·卢利乌斯（Johannes Ruellius）对迪奥斯科里德斯手抄本进行评注的著作也使用了富克斯书中的图像。不仅富克斯1542年出版的《植物志论》中的大型版画被大量借用，就连他为1545年出版的八开本草药志制作的更小图版也被借用了。

法兰克福的出版商克里斯蒂安·伊哲洛夫，虽然他不将自己视为植物学作者，但我们还是需要在此对他提及一下，因为他的名字与多种广泛流通的插图书籍联系在一起。他书中所用版画绝大多数是从布伦菲尔斯或其他人那里盗取而来，这些图甚至没有被用于一本新出版的草药志，而是首先被附录于旧《德语草药志》的一个版本中，这本书由尤卡里乌斯·罗斯林（Eucharias Rhösslin）博士扩充修订并以《土地上所生草药全书》（*Kreutterbuch von allem Erdtgewachs*）为书名发行，该书的书名页展示见本书图4–15。

伊哲洛夫明显是一个敏锐的商人，他擅长出版拥有华丽插图的书籍，借此吸引公众的关注。在罗斯林的《草药全书》中，不仅有植物，也包含各种混杂的事物，比如，珊瑚通过一幅项链插图得以呈现，此外还有许多关于鸟兽的有趣小图。（图4–16）

▲　图4-15：书名页，罗斯林《草药全书》，1533年法兰克福出版

之后出版的与其文本相似或相关的、或是没有正文的许多版本，都是通过他的印刷社发行的。罗斯林去世之后，这些版本由西奥多·多斯滕（Theodor Dorsten）编辑，再之后，由伊哲洛夫的女婿亚当·朗尼切（Adam Lonitzer）负责。本书在图4-17复制了多斯滕编辑的拉丁语草药志书名页。这个时期没有哪部植物学著作可以像这个系列一样获得如此大的成功，这个系列在法兰克福各个出版社发行了超过一百年，甚至在如此之长的时间里这些著作依旧保持着生命力。其中有一个版本名为《亚当·朗尼切草药志》（Adam Lonicers Krauter Buch），这本书于1783年在奥格斯堡出版，准确地说，它出现在首版问世二百五十年之后。

然而，伊哲洛夫的成功是在同时代反对者的批评声中取得的。富克斯在1542年的《植物志论》序言中毫不留情地指责了法兰克福这些出版物中出现的植物学错误，他犀利的指责可以翻译如下：

　　在现存的所有草药志当中，没有哪本书中比得上出版商伊哲洛夫反复出版的那些书——出现那么多愚蠢的错误。

▲ 图4-16：（上）：书中介绍的植物榕叶毛茛（*Ranunculus ficaria*）、（中）：用项链展示珊瑚的插图、（下）：书中点缀的大象插图，罗斯林《草药全书》，1533年法兰克福出版。

BOTANICON,

CONTINENS HERBARVM, ALIORVMQVE

Simplicium, quorum ufus in Medicinis eft, defcriptiones, & Iconas ad uiuum effigiatas : ex præcipuis tam Grecis quàm Latinis Authoribus iam recens concinnatum. Additis etiam, quæ Neotericorum obferuationes & experientiæ uel comprobarunt denuo, uel nuper inuenerunt.

AVT. THEÓDERICO DOR-
ftenio Medico.

Cum Gratia & Priuilegio Cæfareo.

FRANCOFORTI, Chriftianus Egenolphus
excudebat.

▲ 图4-17: 书名页，多斯滕《植物志》(*Botanicon*)，1540年法兰克福出版。

对此说法，富克斯还列举了一些实例。

然而，不得不承认的是，尽管这些草药志的内容差强人意，但是伊哲洛夫及其继任者们出版的这些书，依然向广大民众有效地传播了植物知识。这种影响甚至扩散至德国以外，在大英博物馆有一部1536年版的精美草药志[1]，书籍用黄金印模冲压装订，印有亨利七世的女儿、萨福特公爵夫人玛丽的纹章。公爵夫人可能从其父那里继承了对草药志的品位，正如我们在之前已经提到，亨利七世曾经购买过一本由安东尼·瓦拉德（Anthoine Verard）翻译的《健康花园》。

① 此书现藏于大英图书馆。

德国植物学之父的第四人是名气相对较小的瓦勒留·科尔都斯（Valerius Cordus，1515—1544，图4-18），他是一位能力非凡的博物学家，可惜英年早逝，否则他有可能会成为十六世纪最为知名的草药学家之一。他的父亲尤里修斯·科尔都斯（Euricius Cordus）是一位医生、植物学家和作家，因此瓦勒留是在学术氛围中成长起来的。他十六岁时从马尔堡大学获得学士学位，之后辗转各地求学，从学生变成老师，后来在维滕伯格大学里注解迪奥斯科里德斯的作品。瓦勒留广泛游历各地以研究植物，其间拜访了他那个时代的许多学者。众所周知，他在图宾根（Tübingen）生活过一段时间，毋庸置疑的是，他与莱昂哈德·富克斯的私人关系相当密切。

VALERIUS CORDUS
Medicus excellens.

▲ 图4-18：瓦勒留·科尔都斯肖像版画。

瓦勒留·科尔都斯一直期待去往植物的原生地，看看古人笔下记载的植物，为了实现这一心愿，他花了两年时间待在意大利，其间他参观了帕多瓦、博洛尼亚、佛罗伦萨、锡耶纳和其他城镇。在1544年夏末，他和两三个伙伴一起游历了罗马。这次旅途非常考验他们对北部气候的适应能力，他们一行人遭受了疟疾的困扰。在超高的气温下，他们穿越荒凉危险的乡村地带，暴晒和疲劳带来了可怕的恶果。科尔都斯被一匹马踢伤，这导致病情恶化，同伴克服了极大的困难将他送往罗马，但他不幸在当年九月末于罗马去世。人们是如此怀念他：

> 他的精神被天穹接受，
>
> 而那归属于大地之物则支撑着伟大罗马。
>
> mens ipsa recepta est coelo, quod terrae est,
>
> maxima roma tenet.

瓦勒留·科尔都斯生前没有出版过一本植物学著作，然而，在他去世之后，格斯纳用他遗存的手稿编辑出版了《植物志》（*Historia stirpium*），格斯纳还利用听过瓦勒留讲座的一个学生的笔记，编辑了一本瓦勒留评注迪奥斯科里德斯作品的书籍。《植物志》是一部极为重要的著作，书中那卓越的植物描述尤为精彩。瓦勒留似乎直接观察了活生生的植物，以研究植物本身为目的做观察，而不只是将植物当作治疗中使用的单味药品。

不过，他的确对医学有着显著的贡献，当他在旅途中经过纽伦堡（Nuremberg）时，他向当地医生展示了一部医学药方谱，内容主要选自早期草药志。有一段时间里，这部谱录以手抄本的形式在萨克森（Saxony）被传阅，直到后来在城镇委员会的安排下经过测试和检验，其价值才得到了肯定。1546年，该著作以《纽伦堡药典》[①]（*Pharmacorum...Dispensatorium*）的书名在纽伦堡正式出版发行。据说，这是第一部由官方权威出版机构发行的药典性质著作。

① 本书作者感谢药物学会的 T. E. 沃利斯先生向她展示了这本珍稀的1934年出版的精美复制版本，以及这本著作各种版本的介绍性书目，参见附录2. L. 温克勒（Winckler, L.）。

图4-19：雅各布·西奥多鲁斯肖像画。

在这一时期，或许值得一提的还有巴特贝格察伯恩（Bergzabern）的雅各布·西奥多鲁斯，约1520—1590，图4-19），他是以塔伯纳蒙塔努斯（Tabernaemontanus）之名而为人所知的草药学家。他与其他德国植物学之父保持着密切的联系，年少时便是奥托·布伦菲尔斯的学生，之后，又成为杰罗姆·博克的学生，他称后者为"我亲爱的大师"。同这两位大师一样，西奥多鲁斯也是一位新教徒，他以医学为职业，又将植物学研究与其结合起来。西奥多鲁斯计划撰写一部草药志，他为此投入巨大，但这部作品所消耗的精力还是远远超出了预期，这部著作最终在完成三十六年之后才得以出版，这还要感谢普拉廷·弗雷德里克（Palatine Frederick）三世伯爵以及法兰克福出版商尼古拉斯·巴瑟斯（Nicolaus Bassaeus）的慷慨赞助。

这部名为《新草药志》（*Neuw Kreuterbuch*）的著作于1588年和1591年出版，1590年版本的插图不附带任何文字并以《植物图谱》（*Eicones Plantarum*）的书名出版。《新草药志》拥有大量整版插图，并附有一些引人注目的木版画装饰，书名页宣称书中描述了三千种植物。（图4-20）

这部著作流行了很长一段时间，晚至1731年发行的一个版本就是明证。书中的插图大多数并非原创，而是借用博克、富克斯、多东斯、马蒂奥利、克卢修斯和德·洛贝尔等人的著作。由西奥多鲁斯收集的这些木版画，数年之后才在英格兰为人所熟知，出版商约翰·诺顿（John Norton）获得了这些版画印版并在1597年将其用于制作《杰勒德草药志》第一版的插图。

▲ 图4-20：卷首页，雅各布·西奥多鲁斯《新草药志》，1588年法兰克福出版。

作品不应该被忽视的另一人，是十六世纪德国草药学家小约阿希姆·卡梅隆（Joachim Camerarius the Youger，1534—1598，图4-21）。他的父亲是坎默迈斯特（Kammermeister），或称卡梅隆（Camerarius）以代替利勃哈德（Liebhard）这个家族姓氏，卡梅隆是一名著名的哲学家，他也是梅兰克森（Melanchthon）的朋友和传记作者。小卡梅隆出生于1534年，他很小的时候就对植物学感兴趣，后来在维滕伯格大学以及其他大学进行研究工作。他还游历过匈牙利和意大利，在意大利待过一段时间，并在博洛尼亚获得了医学博士学位，也在比萨与安德里亚·切萨皮诺相熟。最终，小卡梅隆返回德国并在他的出生地纽伦堡定

▲ 图4-21：小约阿希姆·卡梅隆肖像版画，巴塞罗缪·基利安约1650—1700年刻制。

居，他在那里修建了一座花园，保存着从纽伦堡商人和其他国家通讯者那里获得的稀有植物。

小卡梅隆出版了马蒂奥利《草药志与植物概要论》（*Kreuterbuch De Plantis Epitome*）的一个版本，但他的主要作品是出版于1588年的《医生与哲学家花园》（*Hortus Medicus et Philosophicus*）。本书在图4-22、4-23复制了这部著作中的植物图像。小卡梅隆是一个优秀的观察者，他在旅行中获得了许多其著作中植物生长地的信息。

Ocimoides fruticosum. Pag.109.

▲ 图4-22：林地蝇子草（*Silene fruticosa*），卡梅隆《医生与哲学家花园》，1588年法兰克福出版。

Althæa Thuringica. Pag.12.

▲ 图4-23：欧亚花葵（*Lavater thuringiaca*），卡梅隆《医生与哲学家花园》，1588年法兰克福出版。

二　低地国家的草药志

在十六世纪，草药志在低地国家发展得极为繁荣。这不仅是因为荷兰植物学家的热情和活跃，更是因为人们对学问本身的慷慨和热爱，这在安特卫普著名出版商克里斯多夫·普朗坦（Christophe Plantin，约1520—1589，图4-24）身上体现得尤为突出。

▲　图4-24：克里斯多夫·普朗坦肖像油画，鲁本斯作于1612—1616年。

普朗坦一生贯穿了1514年到1588年，因而他经历了成果丰硕的"草药志时代"。普朗坦祖籍法国都兰（Touraine），他在卡昂（Caen）学习了印刷和书籍装帧工艺。到1550年，他和妻子珍妮·利维埃（Jeanne Rivière）定居安特卫普，在这里他以书籍装帧和其他皮革制作为生，直到意外获得一份委托，从此改变了他的整个生命轨迹。

菲利普二世的秘书要向西班牙王后寄送珍贵的宝石，他命普朗坦制作一个皮革小箱子来运送宝石，当箱子制作好的那个晚上，普朗坦就将箱子送到焦急等待的秘书那里。在去的路上他运气不佳，遇到了一群戴面具的醉汉，他们正在寻找一个与他们有积怨的基萨拉琴演奏者，误以为普朗坦正在搬运一个装乐器的包裹，其中一人向他刺了一剑，普朗坦被严重刺伤。虽然他后来康复了，但不得不面对一个事实，自己不再有力气从事书籍装帧的重活，因此决定转向他同样精通的印刷领域。

尽管厄运和磨难使这个小人物陷入绝望，但就像他的座右铭——"精神与毅力并存"，他成功开创的事业在印刷出版史上获得了独一无二的地位。1576年，他在一所毗邻星期五市场（Marché du Vendredi）的建筑里创立了自己的印书社，印刷活动在这所建筑里一直持续到十九世纪中期以后。普朗坦获得了巨大的声望，以至于萨沃伊公爵和法国国王都向他示好，邀请他将印刷设备从安特卫普搬迁到他们的领地内，但都被普朗坦婉拒了。

分析普朗坦成功的秘诀并不那么容易，或许部分是因为他对人的判断直觉，以及他的交友能力，这些使他可以聚集起一个无与伦比的工作团队。他个性中的冷酷无情也是一个影响因素，我们可从他写于1570年十二月的一封信件中看出这一点，这封信与他的四个年长的女儿有关：

> 从四、五岁一直到十二岁，（她们）都要帮我们阅读需要印刷的作品，无论提供的稿子用什么样的笔迹和语言写成。

因此，并不会使人感到吃惊的是，他的长女在结束这种折磨人的学徒期之后被派往巴黎，以便她可以从皇家书写大师那里学会一种优雅的书法，不过她在十二岁时因视力损伤被送回了家。

普朗坦的一个女儿嫁给了简·莫雷图斯（Jean Moretus），这个女婿是普朗坦主要的助理和继承者，由莫雷图斯开始的印刷产业传承了八代，一直到爱德华·莫雷图斯（Édouard Moretus）该公司才终结。1876年，安特卫普市政府从爱德华·莫雷图斯那里收购了普朗坦公司，这一年恰好距离克里斯多夫·普朗坦创建出版社整整三百周年。

这家出版社事实上从创建者和他的早期继任者开始就保持着原样未变，它现在以普朗坦－莫雷图斯博物馆（Musée Plantin-Moretus，图4-25）的形式得以保存。该建筑是一座环绕式的矩形庭院，建筑物在比例和细节装饰上都美感十足，这使人立马感受

到普朗坦曾经的雄心壮志, 在其迷人的十四行诗《这个世界的欢愉》(*Le Bonheur de ce Monde*)中, 曾对此这样形容:

这是一个舒适、干净和美丽的居所。

曾经的图样、家具和窗帘, 以及印刷用的印版、字模和铸造字模的火炉, 甚至连旧时的账簿和修改的校样现在依然可以看到, 所有这些东西都被原状保存。来普朗坦-莫雷图斯博物馆参观绝对是一个将想象力带回文艺复兴晚期的选择, 当印刷业经历了早期的筚路蓝缕, 现在它被当成一种艺术进入受人礼敬的时代。

比利时第一位闻名世界的植物学家是伦伯特·多东斯（1517—1585，图4-26），他是普朗坦的同时代人，1517年出生于马林（Malines），求学于鲁汶大学并访问了法国、意大利和德国的大学及医学院，最终获得了医师资格。1574年，多东斯受到马克西米利安二世皇帝（Emperor Maximilian II）邀请成为维也纳宫廷御医。事实上，他的朋友克卢修斯已经受雇于此，多东斯也许受其影响接受了这个职位。之后，他继续在维也纳为马克西米利安二世的继任者鲁道夫二世皇帝（Rodolf II）担任宫廷御医。此外，多东斯在科隆和安特卫普待过一段时间之后，于1582年受邀来到莱顿大学担任医学教授职位，三年之后，他在莱顿去世。

▲　图4-26：伦伯特·多东斯肖像石版画，1850年西蒙诺和托维制作。

多东斯对植物学医药方面的兴趣，促使他撰写了一部草药志，为了给该书配插图，他得到了富克斯八开本著作中所用插图的雕版使用权，多东斯的这本草药志也加入了许多新的版画插图。1554年，他以《草药志》（Cruydeboeck）为书名将书交由冯·德·洛（Van der Loe）在佛兰德斯地区出版。（图4-27）该草药志的文本部分，并不像人们时常猜想的那样翻译自富克斯的著作，尽管多东斯的确在一定程度上难免受到这位德国草药学家的影响。几乎在佛兰芒语首版出现的同时，一部书名为《植物志》（Histoire des Plantes）的法文版也发行了，该版本由卡罗卢斯·克卢修斯（Carolus Clusius）翻译，此人自己的著作我们将马上讲到。多东斯监督了该书的出版，因此有机会为其做了一些增补工作。《草药志》是通过莱特的译本在英格兰为人所熟知的，我们将在本章后面部分对此进行讨论。

▲ 图4-27：书名页，多东斯《草药志》，1554年安特卫普出版。

1563年，这部草药志最后的佛兰芒语版本由冯·德·洛出版，该版本由多东斯亲自负责。克里斯多夫·普朗坦出版了多东斯后期所有的著作，其中包括他编辑的选集，如1583年出版的《六卷本植物志》（*Stirpium historiae pemptades sex*，图4-28）与他之前的著作相比，在《六卷本植物志》中多东斯更像是一位植物学家，明显少了一些医生的形象。要准确评价多东斯的植物学贡献特别困难，他与两位年轻同胞克卢修斯和德·洛贝尔之间，彼此互相分享各自的观察结果，并允许彼此在著作中随意使用这些观察结果和各自的图像。如果要准确衡量每个人的贡献大小，这将是个吃力不讨好的任务。

▲　图4-28:（左）刺山柑（*Capparis spinosa*）、（右）：三叶银莲花（*Anemonoides trifolia*），多东斯《六卷本植物志》，1583年安特卫普出版。

卡罗卢斯·克卢修斯（Jules–Charles de l'Escluse，1526—1609年，图4-29）他更常被称为查尔斯·德·莱克鲁斯（Charles de l'Écluse）或克卢修斯（Clusius），1526年出生于当时隶属佛兰德斯的阿拉斯（Arras），他和多东斯一样，在莱顿大学度过了人生最后的时光。

克卢修斯年轻时在多所大学求学，之后去往蒙彼利埃，成为当地植物学家、医生纪尧姆·朗德莱特（Guillaume Rondelet）门下的学生。朗德莱特也在不同时期分别接收了费利克斯·普拉特（F. Platter）、德·洛贝尔、皮埃尔·佩纳（Pierre Pena）、

吉恩·博安、雅克·达莱汉普斯（Jacques d'Aléchamps）和约翰·德斯穆兰斯成为他的学生。

朗德莱特作为一名植物学家被人们铭记，不仅仅是因为他那些存世的著作，更是因为他当老师的天赋被传为佳话。不过他惰于写作，口头讲述才是他天生的表达方式，在这方面他可以同苏格拉底相媲美，他俩的外表还真有几分相似。克卢修斯极为感激朗德莱特，这不仅因为后者治愈了他严重的疾病，也因为朗德莱特让他坚定了自己对植物学的热爱，在克卢修斯后来漫长的漂泊生涯中，植物学成了他最重要的爱好。在蒙彼利埃时期之后，据说克卢修斯又去了欧洲各地，有时候他从事写作或为朗德莱特、多东斯和普朗坦翻译作品；另一些时候，他又为达官贵人的儿子当家庭教师。

糟糕的健康状况一直困扰着他，但这只是他的麻烦之一。他的家族因为信仰改革宗而遭到宗教迫害，他的一位至亲惨遭火刑焚烧；其父亲的财产被充公，他倾其所有援助父亲，自身则陷入极度贫困。的确，克卢修斯遭受的不幸可能会击垮绝大多数人，但是他挺了过来，他孜孜不倦地著书，以及无论走到哪里都结交博学之士，他从事业和友谊中得到了快乐。克卢修斯年轻时师承梅兰克森（Melanchthon），及至年老，斯卡利格（J. J. Scaliger）又成为他的知己。克卢修斯多次前往英格兰，与菲利普·悉尼爵士（Sir Philip Sidney）和弗朗西斯·德雷克爵士（Sir Francis Drake）交好，也从他们那里获得了来自新大陆的植物。

克卢修斯多才多艺，声名远扬，当时很少有人能超越他，他也因此获得了"令人钦佩"的克莱顿（Crichton）[①]这样的好名声。他除了掌握植物学知识，也精通希腊语、拉丁语、意大利语、西班牙语、葡萄牙语、法语、佛兰德语、德语，还涉猎法律、哲学、史学、地理学、动物学、矿物学、钱币学和铭文。他的语言天赋为植物学传播做出极大贡献，他除了将伦伯特·多东斯的佛兰芒语草药志翻译为法语之外，还将加西亚·德·奥尔塔（Garcia de Orta）的葡萄牙语著作以及克里斯托瓦尔·阿科斯塔

① 令人钦佩的"克莱顿"原指苏格兰著名的博学者詹姆士·克莱顿（James Crichton, 1560-1582），他因为擅长各种语言、艺术和科学而为人们所称赞，在他去世后，人们就以令人钦佩的"克莱顿"赞称那些和他一样具有多种天赋的人。*

（Christoval Acosta）和尼古拉斯·莫纳德斯（Nicolas Monardes）的西班牙著作翻译为拉丁语，这些我们将在稍后讨论。

　　克卢修斯声称自己的第一本原创植物学著作，始于他和两个学生在西班牙和葡萄牙的一次惊险的考察活动，他们在这次考察中带回了两百个植物新种。他将对这些植物的描述以《西班牙稀有植物的观察描述》（*Rariorum Aliquot Stirpium per Hispanias Observatarum Historia*）为书名，在1576年由普朗坦出版。

　　这本书制作了一些木刻版画（图4-30组图），但令一些书目学家困惑的是，在克卢修斯的西班牙植物志等待出版时，其中一些插图也被插入多东斯的著作，由此看来，低地国家这些植物学家的关系的确是亲如手足。

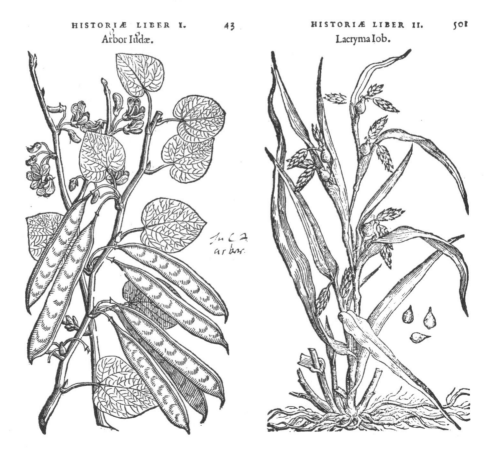

▲　图4-30：（左）南欧紫荆（*Cercis siliquastrum*）、（右）薏苡（*Coix lacryma-jobi*），克卢修斯《西班牙稀有植物的观察描述》，1576年安特卫普出版。

在克卢修斯处于人生低谷的时候，伦伯特·多东斯给了他家的温暖，克卢修斯深受感动并如是写道：

长久的友谊使我们亲如一家。

此外，他也略微提及多东斯先前使用了他的插图，他继续写道：

朋友之间，无论拥有什么都应当慷慨分享。

克卢修斯的慷慨大方并不仅仅是嘴上说说而已，他还将其贯彻到了实际的生活中；在他父亲去世之际，他放弃了自己的特权，将本应由自己继承的瓦特内斯勋爵头衔转给了他的弟弟。

1573年克卢修斯应马克西米利安二世皇帝邀请来到维也纳，之后，他在此地待了大约十四年之久，其间被聘请管理宫廷花园。他从维也纳出发去考察奥地利和匈牙利的山区，1583年在一本书中描述了这些地区的植物，本书也包括大量从维也纳到君士坦丁堡的各种东方植物。他在晚年成为莱顿大学的教授，那时，他将自己有关西班牙和匈牙利的植物区系，以及其他作品汇编成《珍稀植物志》(*Rariorum plantarum historia*) 一书于1601年出版。在克卢修斯这部伟大著作的序言中，他以按捺不住的喜悦之情，讲述了自己对地球不同地区植物的观察，感叹丰富的植物令人喜悦。他讲到植物学上的发现给自己带来的快乐，就如同发现了巨大的宝藏。而后在七十六岁老病交加时，他满足地将这些知识传递给了年轻一代，期待他们可以充满激情，取得同样的甚至更大的成就。

当我们开始探究克卢修斯对科学的贡献时，就会发现他的原创性工作是植物的描述而非植物分类。据说他将人们所知植物的数量增加了超过六百种，他思维发散的特点使他的植物学研究范围并没有像绝大多数早期的学者那样——仅仅限制在开花植物。他的《珍稀植物志》附有一本《真菌志》(*Fungorum historia*)，这是关于菌类的首部出版专著。莱顿大学图书馆保存的一份手稿显示，克卢修斯对真菌分类进行了充分的研究，这份手稿包含了八十多页的真菌水彩绘图。近期，一本有全面注释的卷本出版发行，它包含了印刷版和手稿版《真菌志》的影印内容，这充分证明克卢修斯应该被尊为真菌学的开创者。

这部著作手稿的绘图异常精美（图4-31），具有令人惊讶的现代风格，这些画作是一位画家在克卢修斯的指导下创作的，而这位画家则是他的好朋友及赞助人巴龙·波尔迪萨·德·巴提亚尼（Baron Boldiszár de Batthyány）雇佣来的。这位匈牙利贵族是一位狂热的植物爱好者，他甚至曾释放了一名土耳其囚犯，而释放的条件就是这名囚犯需要为他提供产自其祖国的美丽花卉。

克卢修斯在园艺方面着力颇多，由于他将马铃薯引进到德国、奥地利、法国和低地国家而受到人们特别的称赞。他通过与地中海及近东地区的联系，将许多物种引入园艺栽培，其中就包括各种的毛茛、银莲花、鸢尾和水仙，以及其他的球茎和块茎植物。他是球茎植物栽培的主要开创者，这类植物的栽培在荷兰历史上产生了相当显著的影响。他被朋友法国王后玛丽·德·布里曼（Marie de Brimen）称为"这个国家所有美丽花园之父"，对于这个称号，他当之无愧。

克卢修斯主持了莱顿大学植物园的修建计划和筹备工作。近来，为了永久保存人们对这座建筑设施的记忆，人们将毗邻该植物园的一块土地精确地复原为克卢修斯花园1594年的样貌。在这个植物园内，他按照植物学的方式组合植物，而不是按照在植物应用范围内严格的医学用途。这实际上符合了这样一个事实：克卢修斯虽然是一位持有医学从业执照的人员，但他并不是一位从业医生，他比绝大多数草药学家更少地关注植物学的医学方面，而更多是出于对植物本身的兴趣而对其进行研究，并没有痴迷于试图匹配植物与古代学者们提到的单味药。

克卢修斯无论是作为一名植物学家，还是一个集中体现他那个时代植物学发展状况的人，他都很懂得回报身边的熟人，只要

Sin uofi nemorum Fungi. B.

Amplus nemorum Fungus. C.

ferreis clavis, aut putrilaginofis locis: nifi fortè
fub perniciofis arboribus, & circa ferpentum
latibula crefcant.

AMPLVS NEMORVM FVNGVS. C.

IISDEM locis reperitur aliud Fungi genus
planum, quod interdum in tantam ampli-
tudinem excrefcit, ut lancem implere queat.
Id aliquando prorfus album, nonnunquam
fupernè maculis nigris & rufis diftinctum, in-
fernè album & nigris ftrijs exaratum, pediculi
inferiore parte nigra.

VVLGARES PERNICIO-
SI FVNGI.

EXILES PERNICIOSI FVNGI. D.

PASSIM ifti nafcuntur, in agris, pratis,
hortis, & veteribus ædificijs, qui facilè à
fuperioribus dignofci poffunt, ut & reliqua ge-
nera. Horum autem,
     Quidam funt exiles, in rotunditate oblon-
giufculi, & præalti galericuli inftar concavi,
colore flavo præditi.
     Alij ampliores, albi, aut cineraceis fufcifve
interdum maculis notati, infernè aut in cavi-
tate nigri. Sunt & plani ut acetabula, nonnulli
etiam parmis fimiles.

Exiles perniciofi Fungi. D.

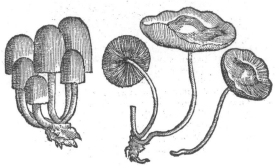

FVNG

▲　图4-31:《真菌志》中的菌类插图，克卢修斯《珍稀植物志》，1601年安特卫普
出版。

对克卢修斯从事的事业和研究越了解，你就越是能感受到他的重要性。

　　这三位低地国家植物学家中的最后一位，就是我们现在提到的马赛厄斯·德·洛贝尔（Mathias de L'obel，1538—1616），他于1538年在里尔（Lille）出生，1616年在英格兰逝世后葬于海格特公墓。本书图4–32展示的是他七十六岁时的肖像。他其中一本著作卷首插图有一个银白杨图案作为"标志姓氏的纹章"，传

▲　图4–32：马赛厄斯·德·洛贝尔肖像铜版画，弗朗索瓦·德拉拉姆于1615年刻制。

统上，德·洛贝尔的名字源自银白杨（abele-tree），人们用他的名字来为山梗菜（*Lobelia*）命名，因而这个名字有一个奇怪的历史：它从一种植物名字转换为一个人的名字，然后又被转换为另一种植物的名字。

德·洛贝尔在蒙彼利埃师从纪尧姆·朗德莱特，我们从后者遗赠给德·洛贝尔的植物学手稿中，可以看出他对德·洛贝尔的赏识。1559年德·洛贝尔来到英格兰，正值伊丽莎白女王统治的繁荣时期，他在这里度过了一段和平安稳的时光。德·洛贝尔以一种极尽溢美的措辞向女王献上了一部书，之后不久，他返回低地国家，成为威廉一世（Willaim the Silent）的御医，在成为总督助理之前他一直担任这一职务。几年之后，德·洛贝尔又回到英格兰并在这里度过余生。德·洛贝尔在英国似乎很受欢迎，他受邀管理了卓什勋爵（Lord Zouche）的哈克尼（Hackney）药用植物园，并最终获得了国王詹姆士一世授予的植物学家头衔。德·洛贝尔因为对英国植物学所做的贡献而受到人们的铭记，有超过八十种原产英国的植物由他"首次记录"，这其中包括梅花草（*Parnassia palustris*）、颠茄（*Atropa Belladonna*）、水鳖（*Hydrocharis Morsus-ranae*）和欧洲慈菇（*Sagittaria sagittifolia*）。

德·洛贝尔主要的植物学著作是《新植物备忘录》（*Stirpium adversaria nova*），这是与皮埃尔·佩纳（Pierre Pena）合作出版于1570年的著作。（图4-33：左）令人吃惊的是，尽管已有多位研究者积极努力，但我们对佩纳仍然知之甚少，人们推测佩纳很早就不再对植物学的医学方面感兴趣。为了简便起见，我们在谈到他们的合著和其中包含的重要理论思想时，将遵从一贯的做法，将其置于德·洛贝尔名下；然而，我们并非要排除佩纳在他们联合思想中起到同等，甚至占优势地位的可能性。我们希望，未来的研究者或许可以将这两位植物学家间的关系梳理清楚。

不同于克卢修斯，德·洛贝尔的拉丁语写作被描述为"生涩且近乎野蛮"，但是，他书中的内容对其粗野的写作风格做了充分的调和。在德·洛贝尔代表作的书名中，单词"adversaria"大

▲ 图4-33：（左）：书名页，德·洛贝尔《新植物备忘录》，1570年伦敦出版；（右）：书名页，德·洛贝尔《植物志》，1576年安特卫普出版。

致具有"备忘录"的意思，即使现在法国南部的植物学家，仍然对这本书充满兴趣，因为该书准确描述了蒙彼利埃地区的植物区系。而且，这本书中提出的植物分类体系为德·洛贝尔赢得了荣誉，这一分类思想的主要特点是他通过植物的叶片特征来区分不同的植物组群。我们现在称之为双子叶植物纲和单子叶植物纲，就来自于他当时的一个大致区分。他的分类体系细节，我们将在之后的章节讨论。

1576年，《新植物备忘录》得到扩充，以《植物志》（*Plantarum seu Stirpium Historia*，图4-33：右）的名称再版，这本书也被翻译为佛莱芒语，1581年再以《草药志》（*Kruydtboeck*）的名称出版。在佛莱芒语草药志出版后不久，普朗坦将书中的版画以图册的形式出版，不含文字部分，书名为《植物图谱》（*Plantarum...icones*），虽然这些版画也被用在了多东斯和克卢修斯的草药志中，但依现在看来，两千多幅图像按照德·洛贝尔的方式分组是最合理的。林奈时常提及这本图册，它的木版画在英格兰也为人所熟知，它们后来被再次应用到1633年和1636年约翰逊的《杰勒德草药志》版本当中。

本书卷首插图的原画，来自一位荷兰画家安德里亚·冯·奥斯塔德（Adrian van Ostade）在1665年绘制的作品。我们或许可以大胆猜测，画中正在做研究的医生，其身旁摊开的这本草药志可能就是由荷兰植物学奠基者的"三兄弟"之一所写。

1670年，这是我们所关注时间段的最后一年，佩特鲁斯·尼兰特（Petrus Nylandt）的《荷兰草药志》（*Nederlandste Herbarius*）在阿姆斯特丹出版。有趣的是，这本书遗存了草药志的古旧样式，书中包含了许多十六世纪熟悉的木版画。

三　意大利草药志

在文艺复兴时期，意大利植物学家进行了开创性的工作，其重要性绝不可被低估，古典文化的复兴源于意大利，意大利的植物学家会率先对希腊生物学文献进行研究就不足为怪了。甚至在十五世纪末以前，意大利的出版社就出版了迪奥斯科里德斯和泰奥弗拉斯特的著作，不仅有拉丁语版本，还有起初的希腊语版本。意大利的植物学家在鉴定古典学者描述的植物方面处于优势地位，这是由于他们自己的植物区系，与迪奥斯科里德斯和泰奥弗拉斯特所了解的希腊和其他地中海地区的植物区系具有相关性。因此意大利人不会像居住在阿尔卑斯山北部的那些植物学家一样曲解这样一个事实：他们要将自己家乡的植物强行安套在古典文本描述的植物上。

文艺复兴晚期重要的评论家和草药学家之一——皮埃兰德雷

▲ 图4-34：皮兰德雷亚·马蒂奥利肖像油画，约1533年莫雷托·达·布雷西亚绘制。

亚·马蒂奥利（Pierandrea Mattioli，1501—1577，图4-34）。1501年，马蒂奥利出生于锡耶纳，是一位医生的儿子，他早年的生活是在父亲行医的威尼斯度过的。家里希望马蒂奥利学习法律，但他继承了父亲的喜好，这促使他远离法律而转向医学，在辗转几个不同的小镇行医后，接着相继成为阿列杜克·斐迪南（Archduke Ferdinand）和马克西米利安二世皇帝的医生。1577年，马蒂奥利死于瘟疫，这次瘟疫的可怕程度，我们可以从瘟疫对文艺复兴植物学家这一少数群体的巨大影响中感受到。

我们之前提到莱昂哈特·富克斯拥有远播英格兰的医学声望，正是因为他成功应对了一次瘟疫。加斯帕尔·博安（Gaspard Bauhin）在巴塞尔从医时，目睹了其中三次灾难性的疫情爆发；他的哥哥吉恩·博安在里昂担任官方防疫医生时，有过一次可怕经历：那次瘟疫杀死了五千多人的性命。除了马蒂奥利，还有另外两位知名的草药学家康拉德·格斯纳和亚当·扎鲁赞斯基·冯·扎鲁赞（Adam Zaluziansky von Zaluzian），他们也在不同国家的瘟疫中丧命。

马蒂奥利的杰作是他的六卷本《迪奥斯科里德斯评注》（*Commentarii in sex libros Pedacii Dioscoridis*），这部书是他利用毕生业余时间逐渐推进和完成的，首版在1544年问世。它被译成多种语言，出现了一系列版本。这部书的成功是显而易见的，据说早期版本就被卖掉32000册。这本书的名称不能完全对应书中内容，因为书中包含了马蒂奥利对已知所有植物的描述。早期版

本的插图较小（图4-35组图），但之后出版
于布拉格和威尼斯的版本就拥有精美的大幅
插图（图4-36、4-37）。

外交官亨利·沃顿爵士（Sir Henry
Wotton）最广为人知的是他关于波希米亚王
后伊丽莎白的生动诗篇，他在1637年的遗嘱
条款中，表达了他对《迪奥斯科里德斯评注》
的重视，这个条款如是写道：

> "我将《迪奥斯科里德斯评注》留
> 给我们最尊贵善良的玛丽皇后（亨丽埃
> 塔·玛丽亚，英王查理一世的妻子），这
> 部书的植物图像着色自然（图4-36），
> 文字则是由马蒂奥利采用最好的意大利
> 托斯卡纳（Tuscany）语言翻译，尊贵的
> 皇后陛下也来自那里。她曾乐意参与我
> 的个人研究，对此我深感荣幸，借这部
> 书我谨表谢意与忠诚。"

马蒂奥利发现和记录了一定数量的新植
物，特别是在提洛尔（Tyrol）发现的植物。
但是，在他第一次描述的植物中，绝大多数
并不是他自己发现的，而是他与其他人交流
所得。例如，他曾在土耳其记录了一个由外
交官布斯贝克（Busbecq）和他的医生夸克
尔本（Quakelbeen）所做的观察。布斯贝克
在一封信中提到，他为马蒂奥利保存了一些
植物学绘图，他先前也给马蒂奥利送去大量
的标本。而且，在布斯贝克从伊斯坦布尔收
集到的手稿里，有两份迪奥斯科里德斯的抄

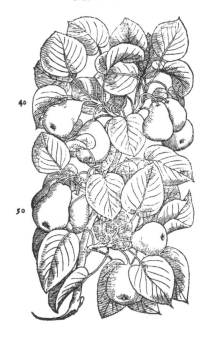

▲ 图4-35：（上）：西洋梨（*Pyrus
communis*），（下）：燕麦（*Avena
sativa*），马蒂奥利《迪奥斯科里德斯评
注》，1554年威尼斯出版。

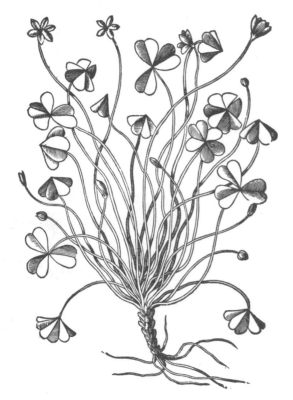

TRIFOLIVM ACETOSVM.

▲ 图4-36：酢浆草属植物
（*Oxalis* sp.），马蒂奥利《迪奥斯
科里德斯评注》，1565年威尼斯
出版。

MALVS.

▲ 图4-37：苹果（*Pyrus malus*），
马蒂奥利《迪奥斯科里德斯评注》，
1565年威尼斯出版。

本。[1]他将这些交给了马蒂奥利，后者在1565年的《迪奥斯科里德斯评注》序言中就提及这些借阅资料。

[1] 这两个抄本都不是艾丽西娅·朱莉安娜抄本，马蒂奥利似乎并不知道这个抄本。

另一位慷慨帮助马蒂奥利的通信者是卢卡·吉尼，和马蒂奥利一样，他也构想了一部涉猎广泛的植物学著作，但他允许马蒂奥利将自己的材料纳入《迪奥斯科里德斯评注》。在马蒂奥利写给阿尔德罗万迪的一封书信中，展示出前两位草药学家之间亲密的友谊，信中马蒂奥利写及吉尼的去世使他三魂丢了七魄。

之后的一位意大利植物学家是1567年出生于那不勒斯的法比奥·科隆纳（Fabio Colonna），他更常见的称呼是法比乌斯·科隆纳（Fabius Columna，1567—1650，图4-38），他也从迪奥斯科里德斯那里得到了启发。他的父亲杰罗姆（Girolamo）是著名的文学家且拥有一个藏书达两千五百卷的图书馆，还收藏古代的图像、钱币和雕像。

科隆纳从事法律专业，同时也精通语言、音乐、数学和光学。他告诉人们，他对植物的兴趣源自自身遭受的癫痫病，因为他很难获取有效的医治药方，于是在尝试了各种毫无效果的方法后，不得不转向医学的源头——迪奥斯科里德斯。

▲　图4-38：法比乌斯·科隆纳，可能是他的一幅自画像，《艺格敷词》1616年罗马出版。

之后，他深入研究并鉴定出缬草（valerian），这种草药曾被迪奥斯科里德斯推荐用来治疗癫痫病，通过服用这种植物，科隆纳治疗好了自己的病症。但是，一名现代作者说出了更接近事实的情况：科隆纳身体的康复并非得益于任何药物的治疗，而应该是因为他潜心于植物采集，长期在户外并进行了大量运动，他对植物采集的兴趣也使得他的注意力从身体疾病方面转移开来。

科隆纳使用缬草的经历使他确信古人列举的植物知识大多数时候差强人意，因此，他着手撰写一部可以将这些知识讲清楚的著作。他在1592年出版的《植物检验》（*Phytobasanos*，意思为植物检验标准），以及他的第二部著作《艺格敷词》（*Ekphrasis*）[1]在文字描述和插图方面都达到了很高的水准（图4-39组图）。

① Ekphrasis 译作"艺格敷词"，这是一个西方古典修辞学术语，原指以口语形象生动地描述事物使听众获得身临其境的感觉。科隆纳此部植物书籍以此为名，旨在以文字与图像对植物进行直观精细的描述。*

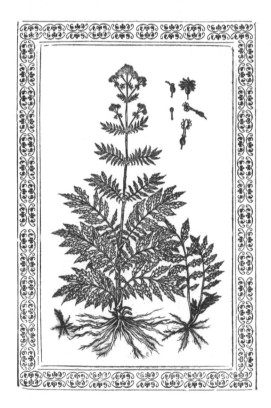

▲　图4-39:（左）：缬草（*Valeriana officinalis*）、（右）：罗布麻属植物（*Apocynum* sp.），科隆纳《植物检验》，1592年罗马出版。

在这里我们要略微提及以下一类著作，它们是特定区域的植物学描述，而非严格意义上的草药志。其中之一就是弗朗西斯科·卡尔佐拉里（Francisco Calzolari）的《巴尔多山之旅》

（*Viaggio di Monte Baldo*），维多利亚时代园丁喜爱的蒲包花（Calceolaria）就是为了纪念卡尔佐拉里而以他的名字命名的。他的这本小书首版于1566年，是无数早期地方植物志中的一种，这本书固然很重要，但我们在此不能继续细聊它的历史。

虽然同样是研究一个特定的区域，但另一部更具雄心的同类著作则是普洛斯彼罗·阿尔皮诺（Prospero Alpino，1553—1617）的《论埃及植物》（*De plantis Aegypti*），这本书于1592年在威尼斯出版。该书作者是一名医生，他陪同威尼斯领事乔尔乔·埃莫（Giorgio Emo）一起去往埃及，阿尔皮诺充分地利用了这次机会研究植物学。据说他是第一位提及咖啡的欧洲作家，称曾在开罗见过这种植物。（图4-40组图）普洛斯彼罗·阿尔皮诺最终接任了欧洲最古老的植物学教授职位——1533年由威尼斯共和国在帕多瓦大学创立。他用埃及植物丰富了所在大学的植物园，这个植物园创建于1542年，它是现存植物园中历史最悠久的。

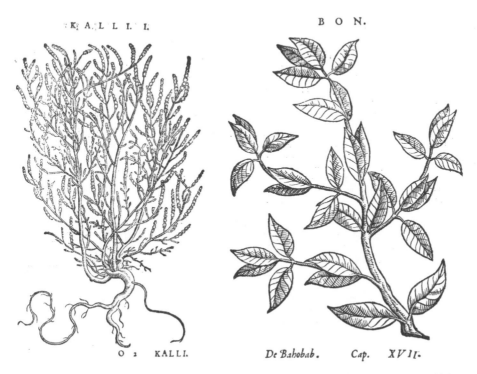

▲　图4-40:（左）: 盐角草（*Salicornia europaea*）、（右）: 小粒咖啡（*Coffea arabica*），普洛斯彼得·阿尔皮诺《论埃及植物》，1592年威尼斯出版。

在此，有一段逸事体现了植物学上的延续性，帕多瓦植物园有一棵棕榈树，它曾激发了歌德（Goethe）的植物变形理论，在以后的岁月里，他还将这棵树的叶子干燥后作为喜爱之物进行珍藏，这棵棕榈树（图4-41）在阿尔皮诺担任大学教授时就长在植物园里，如今它仍在此地欣欣向荣。

▲　图4-41：帕多瓦植物园的"歌德棕"（又名欧洲矮棕），1897年莱比锡出版。

有一幅确信是阿尔皮诺的肖像画，据说这幅画是他的朋友莱安德罗·巴萨诺（Leandro Bassano）所作（虽然没有证据），这幅画作现在藏于帕多瓦植物学研究所，本书在图4-42对其进行缩小复制。

另一位值得一提的意大利学者是乌利塞·阿尔德罗万迪（Ulisse Aldrovandi，1522—1605），尽管他没有出版过什么重要的著作。1550年，阿尔德罗万迪在博洛尼亚建立了一个规模庞大的自然博物馆，这或许是欧洲最古老的自然博物馆。阿尔德罗万迪在罗马遇到纪尧姆·朗德莱特，并在他的影响下收集鱼类标本，这些标本成为这所博物馆最初的基础藏品。马赛厄斯·德·洛贝尔、吉恩和加斯帕尔·博安兄弟都参加过阿尔德罗万迪的植物学讲座。他收集植物长达五十年，经常和朋友们自由交流，因此他对科学发展的影响相当重要。他的图书馆藏书现在仍然存放在博洛尼亚大学，书卷上镌刻着真情流露的铭文：

▲　图4-42: 普洛斯彼罗·阿尔皮诺肖像油画，源自一幅归为莱昂德罗·巴萨诺的绘画。

　　乌利塞·阿尔德罗万迪和朋友们。

在我们简要的历史梳理中，还需要提及另外一位十六世纪的意大利植物学家卡斯托·杜兰特（Castor Durante），这倒不是因为他的作品本身具有多少价值，而是由于它被广泛地传播。杜兰特是一名医生，他以华丽的拉丁语韵文形式汇编并出版植物学著作。他最著名的作品是《新编草药志》（Herbario Nuovo），于1585年在罗马出版（图4-43）。

HERBARIO
NOVO
DI CASTORE DVRANTE
MEDICO, ET CITTADINO ROMANO.

Con Figure, che rappresentano le viue Piante, che nascono in tutta Europa
& nell'Indie Orientali, & Occidentali.

Con Versi Latini, che comprendono le facoltà de i semplici medicamenti.

Con Discorsi, che dimostrano i Nomi, le Spetie, la Forma, il Loco, il Tempo, le Qualità, & le
Virtù mirabili dell'Herbe, insieme col peso, & ordine da vsarle, scoprendosi rari Secreti,
& singolari Rimedij da sanar le più difficili Infirmità del corpo humano.

CON DVE TAVOLE COPIOSISSIME, L'VNA DELLE HERBE,
& l'altra delle Infirmità, & di tutto quello che nell' Opera si contiene.

Con aggionta in quest'vltima impressione de i discorsi à quelle Figure, che erano nell'Appendice,
fatti da GIO: MARIA FERRO Spetiale alla Sanità.

DEDICATO
AL CLARISS.MO· ET ECCELL.MO SIG.R
FRANCESCO TRAVAGINO·

IN VENETIA, M. DC LXVII.
Presso Gio: Giacomo Hertz.
CON LICENZA DE' SVPERIORI, E PRIVILEGIO.

▲　图4-43：书名页，杜兰特《新编草药志》，1667年威尼斯再版。

某一个德语版的《健康花园》（*Hortulus sanitatis*）似乎译自杜兰特的作品，但人们对这本书的出处完全不清楚。作者采用了令人愉悦的非科学化写作方式，我们或许可以引用他对"伤心之树"（Arbor tristis）的描述展示一下。辅助文字的插图展示了在月亮和群星之下，有一棵具有人形躯干的树。（图4-44）就像他在《健康花园》中采取的植物描述一样，这段文字如此写道：

ARBOR MALENCONICO

▲　图4-44: 伤心之树，杜兰特《新编草药志》，1667年威尼斯再版。

关于这棵树，印度人讲了一个故事，曾经有一位非常美丽的少女，其父派瑞塞特周（Parisataccho）有权有势。这个少女爱上了太阳，但是太阳弃旧从新，嘲笑她，因此她选择了自杀。按照当地的习俗，她的身体被焚烧，但从灰烬中长出这棵树来，这就是为什么这棵树的花一见到太阳就剧烈缩小，它从不会在太阳下盛开。但是到了晚上，这棵树就会变得赏心悦目，它可爱的花朵将树身装饰一新，并且这些花朵会释放出美妙的芳香，这是其他树木不会有的。然而，一旦有人用手触碰这种植物，这种甜蜜的气味立马就会消失。无论这棵树在晚上多么漂亮，无论它的花朵在晚上多么芳香四溢，一旦太阳在早上升起，不仅花朵会凋谢，而且所有的枝条看起来就如枯死状。

四　西班牙和葡萄牙草药志

十六世纪时，西班牙语版本的迪奥斯科里德斯草药志和葡萄牙犹太医生阿玛图斯·卢西塔乌斯（Amatus Lusitanus）的评注第一次印刷出版。西班牙人和葡萄牙人在植物学上有着特殊的贡献，他们就像旅行者一样，在冒险精神的指引下寻找遥远岛屿上的植物，并对其进行记录。在十五世纪时，葡萄牙王国建立了欧洲与印度之间的联系，1498年达·伽马（Vasco da Gama）通过海路到达了马拉巴尔海岸的卡利卡特（Calicut），此后的一百年或更长时间里，欧洲与东方的贸易几乎完全掌握在这个国家手中。果阿杜拉达（Goa Dourada）又称"黄金果阿"，在1510年落入阿尔布克尔克（Albuquerque）[①]之手，之后这座城市成为葡属印度的首都。

1534年，医生加西亚·德·奥尔塔从塔霍河（Tagus）航行来到果阿，此次航行长达六个月。他曾经在不止一所的西班牙大学学医，并在里斯本大学担任讲师，对于印度所需职位，他可以应付自如。奥尔塔在果阿行医非常成功，从而积攒了大量的财富。他的一位诗人朋友卡蒙斯（Camoens）还曾向他致以一首十四行诗。奥尔塔积累了长达二十五年的东方药物使用经验之后，撰写了一部名为《印度的单味药、麻醉药和药用之物对谈录》[（*Coloquios dos simples, e Drogas he cousas medicinais da India*），以下简称《对谈录》] 的葡萄牙语著作，这本书于1563年在果阿出版，成为最早在印度出版的欧洲书籍之一。

这本书在植物学史上有着特殊的地位，因为它是以对话的形式写成，奥尔塔在一定程度上代表接受古典学者教导的阿拉伯学者，但他并不是简单追随这些古典学者，而是代表着由阿维森纳[①]和中世纪阿拉伯医生修改和扩充的医学立场；另一方面，他的对谈者倾向于希腊学者（Hellenists）的观点，对谈者放弃了所有中间世代的医学经验，而将希腊人视为唯一的权威。奥尔塔在这个远离西班牙的国家安居，他毫无顾忌表达了自己的观点，更

① 阿尔布克尔克全称"阿方索·德·阿尔布克尔克"（Afonso de Albuquerque），葡萄牙舰队司令，他在1510年的果阿之战中击败当地政权，占领果阿城。*

① 阿维森纳（980—1037），伊斯兰医学家，著有《药典》。*

明确在《对谈录》中写道：

> 实际上，我在西班牙的时候，我并
> 不敢说任何有违盖伦或希腊人的话。

《对谈录》较早向人们展示了众多的东
方物产，比如丁子香、肉豆蔻的种皮和种仁、
姜黄、肉桂、阿魏和槟榔。虽然这本书有着
实用主义的目的，但是我们偶然也会遇到一
些纯粹的植物学内容。比如，书中简要描述
了一种具有敏感叶子的植物［似乎是一种酢
浆草科植物感应草（*Biophytum sensitivum*）］，
书中还提到了罗望子（tamarind）叶片的闭合
方向。《对谈录》的确很值得研究，幸运的
是，这本书有一个现代英文译本。

奥尔塔自己的著作并没有安排插图，但
1578年在布尔戈斯（Burgos）出版的《论
东印度的药物及其植物》（*Tractado de las
drogas y medicinas de las Indias Orientales con
sus Plantas*）中出现了插图，这本书的文字
部分差不多就是《对谈录》的一个西班牙文
译本。本书在图4-45组图中展示了其中的一
幅插图。一位名叫克里斯托瓦尔·阿科斯塔
（Christoval Acosta）的布尔戈斯当地人负责
了这本书的出版，他热衷于旅行，曾远游至
印度，在这里他与奥尔塔相熟。《对谈》和
阿科斯塔的论著均经由克卢修斯翻译的拉丁
文译本得到了广泛传播，克卢修斯为奥尔塔
的著作绘制了一些新的图像。曾经属于克卢
修斯的一本《对谈》保存至今，书上有手写

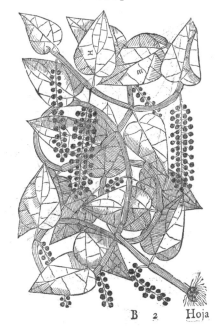

▲　图4-45:（上）：书名页、（下）：胡椒
（*Piper nigrum*），奥尔塔《论东印度的药物及其
植物》，1578年布尔戈斯出版。

IMPRESSOS EN SEVILLA EN CASA DE
Hernando Diaz, en la calle de la Sierpe.
Con Licencia y Priuilegio de su Magestad.
Año de 1569.

▲　图4-46: 书名页，莫纳德斯《三卷本》，1569年塞维利亚出版。

的拉丁语注释，虽然笔迹微小，但是字体清晰优美。

葡萄牙人为我们带来了东印度的植物知识，而西班牙人则让我们第一次接触了新世界的植物学。1493年出生于塞维利亚（Seville）的尼古拉斯·莫纳德斯在一本小册子里记录了一些最早的新发现，这本小册子分为上下册，分别出版于1569年和1571年，并在1574年出版了更加完整的版本。这本书第一部分的书名页，见于本书图4-46。1577年，这本书由约翰·弗兰普敦（John Frampton）翻译为英文版本，我们在此引用的这个英文版本，要么在书名页将这本书称为莫纳德斯的《三卷本》（*The three Bookes*），要么给它冠以一个更加生动的名字——《来自新世界的好消息》（*Joyfull newes out of the newe founde worlde*）。

莫纳德斯指出，亚里士多德学派知晓不同地区的植物之间存在差异，他接着说道：

我们西班牙人发现了新的地域、王国和省份，它们给我们带来了新的药物和新的治疗方法。

这本书的译者评论道：

现在莫纳德斯和其他人将药物从西印度带到西班牙，通过每天流向英格兰的贸易，这些药物又从西班牙流入英格兰。

由此，我们认识到英格兰和西班牙之间存在着密切的贸易联系。约翰·弗兰普敦自己就在西班牙从事商贸，他向"爱德华·迪尔先生"（Edward Dier，他是"我的心灵对我而言是一片天地"的作者）的献词中，开头是这样写的：

> 我要从西班牙返回到我一直深爱的家园英格兰，现在我不用再承受从前生意上的辛劳，我要克服懒惰，将时间花费在对祖国有益的事情上：我要着手翻译莫纳德斯医生的三卷本书籍……

弗兰普敦译本里生动的植物描述令人愉悦，我们现在对此已经很熟悉了。他这样描写向日葵（sunflower），或将其称作"太阳之心"：

> 这是一种笔直的花卉，它开出最大的花朵，这是我所见的花卉中最为特别的一种，它的花朵比大号的浅盘或餐盘还要大，色彩丰富，它在花园中展现出惊人的美丽。

在莫纳德斯的一本印刷书中，出现了最早的烟草图像（图4-47），弗兰普敦将其替换为一幅更好的图像，这幅图大约是同时期由皮埃尔·佩纳和德·洛贝尔出版的（图4-48：右）。莫纳德斯也许一直都没能区分出烟草和古柯（coca），因为他告诉读者，当黑人和印度人吸入烟草点燃的烟气后：

▲ 图4-47：烟草（*Nicotiana tabacum*），莫纳德斯《书之第二部分》1571年塞维利亚出版。

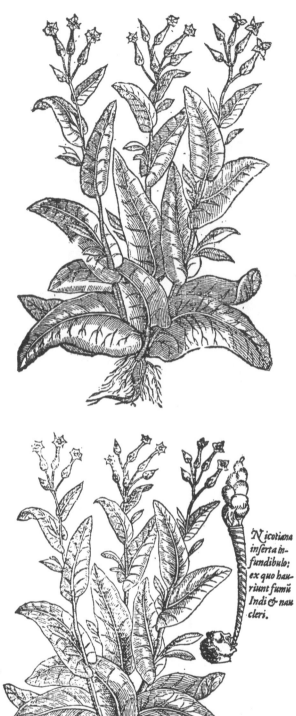

Nicotiana
inserta in-
fundibulo:
ex quo hau-
riunt fumũ
Indi & nau-
cleri.

▲　图4-48:（上）：烟草，莫
纳德斯《来自新世界的好消息》，
1596年伦敦再版;（下）：烟草，
德·洛贝尔《新植物备忘录》，
1570年伦敦出版。

可以保持精力，不会感到疲倦，他们可以继续劳作。人们吸食烟草获得了很大的快感，虽然他们不会疲倦，但是会沉迷于此。吸食烟草可以带来很大的影响，因此主人惩罚吸烟者，他会将烟草焚烧，这样他们就不能再吸了。

在二十世纪，《来自新世界的好消息》作为"都铎译丛"中的一本被再版。

西班牙人因其对墨西哥印第安人药典的兴趣和重视而著称于世，其中有一本由菲利普二世的御医埃尔南德斯（Hernandez）在1615年出版的作品，从这本书里我们很清楚地看到西班牙医生将许多墨西哥名称的草药纳入他们自己的《药典》（materia medica）。对本土文化的这种兴趣，其实在莫纳德斯出版开创性著作之前就已经出现了。梵蒂冈图书馆保存了一部插图草药志手稿，这部书是由两个阿兹特克人于1552年在墨西哥圣克鲁斯岛罗马天主教学院完成的，其中一人叫马丁·德·拉·克鲁兹（Martin de la Cruz），他被描述为"一个印第安医生，并没有学习过理论，仅仅是从实践经验中习得知识"。另一个人是胡安·巴迪亚努斯（Juannes Badianus），他将这部作品翻译成拉丁语，该译本被称为《巴迪亚努斯草药志》（*Badianus herbal*），现在美国出版了一个复制版本可供学者使用。

五　瑞士草药志

在瑞士众多博学之人当中，声名最显赫者之一便是康拉德·格斯纳（Konrad Gesner，1516—1565，图4-49），他1516年出身于苏黎世一个贫穷的制皮工匠之家。

格斯纳对植物学的兴趣，首先是受到他母亲的一位叔叔的影响，此人是一位新教牧师。当格斯纳还是个小男孩的时候，这位长辈就在他的花园里教格斯纳认识植物的名字，这个花园虽然比

▲ 图4-49: 康拉德·格斯纳肖像版画，复制自剑桥大学植物学学院。

较小，但是种满了各种各样的植物。格斯纳后来被送去巴黎求学，这里有藏书丰富的图书馆，他还积极联络众多学者，这些都促使他博览群书。或许是因为阅读得太过浅显，格斯纳在晚年对此深深自责。

但是，兴趣广泛是他天生素养的一部分，他或许可以将广泛涉猎做到极致。在苏黎世进行了一段时间的教学工作之后，格斯纳前往巴塞尔，进行更加系统性的医学学习。与此同时，他依靠编纂一部希腊语和拉丁语字典来养活自己。由于在一段时间内担任洛桑大学的希腊语教授职，他的学业也因而中断了。在此之后，他又转向医学研究，在洛桑大学时还编纂了包含一部希腊语、拉丁语、德语和法语的植物名录。

格斯纳非常感激自己瑞士家乡的小镇，那里多次为他提供"游学奖学金"，因而他可以在法国和其他地方进行学习。等到他获得博士学位后，他与家乡苏黎世的联系就更加密切了，他先后被苏黎世聘为哲学教授和博物学教授，并担任后一职位直到五十岁那年，不幸因瘟疫而逝世。

相较于评注型的学问，格斯纳更以百科全书式的才华著称于世，他被称为那个时代的普林尼。他撰写了书目学和语言学方面的著作，同时也撰写了医学、矿物学、动物学和植物学方面的著作。他生前出版的植物学作品并不太重要，但在逝世时，他已经为一部通用植物志的撰写准备了大量的材料，他打算将其作为他《动物志》（*Historia animalium*）的一个配套作品。他已经为这本书收集了1500幅植物绘图，这些图像大多数都是原创的，还有一些则是先前的木版画，尤其是属于富克斯的那些作品。这项收集工作取得了很大的进展，其中一些图像已经绘制在木版上，有些甚至已经刻制成雕版。

在格斯纳去世前不久，他将自己的全部收藏和手稿托付给了他的朋友卡斯帕·沃夫（Kaspar Wolf）用于准备出版工作。沃夫似乎也很忠诚地执行了格斯纳的遗志，但由于沃夫那糟糕的健康状况，总体来说，这项任务让他心有余而力不足。沃夫仅仅成功地将其中一部分木版画作为西姆勒（Simler）的《康拉德·格斯纳年表》（Vita Conradi Gesneri）附录而出版（图4-50）。最终，他将所有东西都转售给了小约阿希姆·卡梅隆（Joachim Camerarius），此人将格斯纳很多图像带到公众面前，但他也只是间接使用了这些图像，即将其与自己的版画一起插入他撰写或编辑的著作当中。

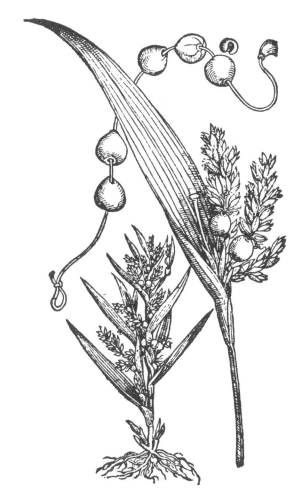

Lachryma Iob. à D. Kentmano Gesnero communicata.

▲ 图4-50：薏苡（*Coix lacryma-jobi*），西姆勒《康拉德·格斯纳年表》，1566年Tiguri出版。

格斯纳去世大约两百年后，他的绘图和木版成为目录学家克里斯托夫·雅各·特鲁（Christoph Jacob Trew）的藏品，在十八世纪中期，特鲁图书馆的这批版画中有一部分由施密德（Schmiedel）出版，尽管晚了这么久，也算是尽可能地完成了格斯纳的遗愿。特鲁的格斯纳藏品最终由埃朗根大学收藏，这批材料除了施密特出版的那些图像外，还有许多其他图像和众多信件。在长达一个多世纪的时间里，这批藏品为世人所忽视，不过最近埃朗根大学图书馆重新找到了其中的一部分，并对其进行了保护性的研究。总而言之，希望格斯纳的这批遗物最终有望被修复并出版。

格斯纳的信件清晰地表明，他对植物学的兴趣是出于纯粹的科学追求。如果他将自己更多的成果印刷出版，他将会成为一名熠熠生辉的新物种发现者，因为我们从他的图像中可以看出，他所熟悉的许多植物现在都被认为是德·洛贝尔、加斯帕尔·博安以及其他人首次描述。

在格斯纳众多的科学通信者之中，有一位颇具才华的年轻人，那就是他的学生吉恩·博安，生于1541年，比格斯纳小25岁。当博安仅只有十九岁左右时，他们俩就已经相熟。我们可以通过格斯纳的言辞风格看出来，他对吉恩·博安的评价，格斯纳在给他的信中称"吉恩·博安是一个学识渊博、无与伦比且充满希望的年轻人"，又称其为"博学多才的年轻人"。

吉恩·博安是法国医生老吉恩·博安（Jean Bauhin the Elder）的儿子，其父祖籍法国亚眠（Amiens），老吉恩·博安通过阅读伊拉斯谟（Erasmus）拉丁语版本的《新约》而转变为新教教徒，他因为改变信仰而遭受宗教迫害，于是举家逃到瑞士避祸。他的两个儿子吉恩和加斯帕尔就出生在瑞士，兄弟俩都继承了其父的衣钵。博安家族看上去确实有很强的医学传统，因为这个家族前后有六代人，在持续两百年时间里不断有家族成员成为医学从业者。

吉恩·博安在巴塞尔大学学习一段时间之后，他去了图宾根，师从莱昂哈德·富克斯学习植物学并客居在他家。他从图宾根前往苏黎世，陪同格斯纳去阿尔卑斯山进行过几次短途考察。之后，他只身一人到更远的地方考察，在蒙彼利埃大学期间去过里昂，在那里他结识了雅克·达莱汉普斯，并协助后者开展《综合植物志》（*Histoira generalis Plantarun*）的编写工作。博安开始全面投入此项工作，但由于宗教信仰问题，他面临重重困难，最后不得不离开法国。

吉恩·博安的主要植物学著作《普通植物志》（*Histoire universelle des plantes*）是一个雄心勃勃的工程，但是他在生前并未见到它的出版。在他去世七年之后的1619年，他的女婿切勒（Cherler）出版了《普通植物志》的初步大纲；1650年，这部杰作以《通用植物志》（*Historia plantarum universalis*）的名称问世，由查伯瑞（Chabrey）编辑。这部作品计划的体量很大，描述了五千种植物。（图4–51）

▲ 图4-51: 书名页，吉恩·博安《通用植物志》，1650年伊韦尔东出版。

比吉恩·博安更有名的弟弟加斯帕尔·博安（Gaspard Bauhin，1560—1624，图4-52）出生于1560年，小他近二十岁。加斯帕尔是一个羸弱胆怯的孩子，他直到五岁才可以清晰地说话，但这些缺陷似乎在他的成长中逐渐消失了。加斯帕尔曾在巴塞尔、帕多瓦、博洛尼亚、蒙彼利埃、巴黎和图宾根求学，他本打算访问德国的其他城镇，但由于其父糟糕的健康状况而不得不返回巴塞尔。在巴塞尔，他从费利克斯·普拉特（Felix Platter）手中接过了自己的博士学位，之后数年，他被聘为解剖学和植

▲　图4-52：加斯帕尔·博安肖像版画，J.T.德·布里制作，加斯帕尔·博安《解剖学大观》，1605年法兰克福出版。

物学教授，1614年普拉特去世之后，他接任了医学教授职位。

　　加斯帕尔受到兄长榜样性的鼓舞，他计划将自己所了解的所有系统植物学的知识都收罗进一部作品中。他早期广泛的考察为这个任务打好了基础，因为他不仅广泛进行观察和采集，而且还与全欧洲最杰出的植物学家建立了联系。他制作的标本集汇集了大约四千种植物，其中包含了来自遥远国家的物种，这些标本今天仍旧收藏在巴塞尔大学。他除了直接承担这个大项目的研究工作外，还进行了相当多的评论和编辑工作，这些工作对他的计划也有帮助。他编纂了马蒂奥利《评注》和雅各布·西奥多鲁斯草药志的新版本，并出版了一部评论达莱汉普斯《综合植物志》的作品。

博安兄弟俩的植物学事业有着明显的相似性。加斯帕尔主要研究工作的核心部分从未问世，但其子在他去世多年之后，将其中的一部分拿出来出版了。然而，加斯帕尔比吉恩更加幸运，他在生前看到了自己三卷重要的初步研究成果出版：1596年的《植物学条目》（*Phytopinax*）、1620年的《植物学大观序论》（*Prodromos theatri botanici*）和1623年的《植物学大观登记》（*Pinax theatri botanici*）。本书在图4–53复制了《植物学大观序论》中的马铃薯图像，这种植物至今仍保留着加斯帕尔·博安命名的双名形式——*Solanum tuberosum*。

.Solanum tuberoſum eſculentum.

▲　图4-53: 马铃薯（*Solanum tuberosum*），加斯帕尔·博安《植物学大观序论》，1671年巴塞尔再版。

1623年出版的《植物学大观登记》是加斯帕尔·博安的主要著作，在那个时候，由于不同作者给同一个物种的命名各不相同，以及古人对草药多样化的鉴别描述导致植物的命名和同物异名现象达到了极为混乱的状态。加斯帕尔·博安的《植物学大观登记》与它的书名相符（Pinax对应的希腊单词为πίναξ，其意思为"记录"或"登记"），因为书中包含了完整的、井然有序的植物名称索引，这使得植物名称摆脱了混乱而引入秩序，因此加斯帕尔·博安享有"植物学立法者"的美誉。

　　《植物学大观登记》收录了大约六千种植物，多年来都被认为是一部经典之作。罗伯特·莫里森（Robert Morison）、约翰·雷（John Ray）和皮顿·德·图内福尔（Pitton de Tournefort）都极大地保留了书中的命名法。1730年，仍在乌普萨拉大学的林奈收到了一本第二版的《植物学大观登记》，这本书是他为一名医学生讲授植物学课程的报酬。很显然，从那时起，林奈就经常使用这本书，他还在这本书的页面边沿添加了大约三千条批注。就这样，加斯帕尔·博安的著作继续参与现代植物学发展。

六　法国草药志

　　文艺复兴早期，法国最著名的植物学家是让·吕埃尔（Jean Ruel，1474—1537），他更常被称为乔安尼丝·鲁埃利乌斯（Joannes Ruellius），他是一名医生和巴黎大学的教授，主要贡献是在植物学分类方面的研究，突出贡献是在1516年将迪奥斯科里德斯的草药志翻译为拉丁语，马蒂奥利在其《评注》中还参考过该书。1536年，让·吕埃尔还出版过一本亚里士多德学派类型的综合性植物学专著《论植物的本质》（*De Natura stirpium*，图4-54）。

　　在十六世纪和十七世纪初的文艺复兴晚期，乍看上去，法国似乎并没有对草药志的发展做出太大的贡献。然而，我们必须记住的是，在纪尧姆·朗德莱特主持下的蒙彼利埃大学植物学，实

De Natura ſtir-
PIVM LIBRI TRES,
Ioanne Ruellio authore.

Cum priuilegio
REGIS.

PARISIIS
Ex officina Simonis Colinæi.
1 5 3 6

▲ 图4-54：书名页，让·吕埃尔《论植物的本质》，1536年巴黎出版。

则是欧洲顶尖的学派；另外，吉恩和加斯帕尔·博安以及出版商克里斯多夫·普朗坦虽然后来分别加入瑞士和荷兰国籍，但他们都出身法国。大多数用其他语言出版的重要草药志很早就出现了法语版本，有时候它们会以一种修订的形式出现。比如，安东尼·杜·皮内特（Antoine du Pinet）翻译了马蒂奥利的《评注》；由杰弗罗伊·利尼科（Geofroy Linocier）撰写的《植物志》（*L'Histoire des plantes*）一书，其中部分内容来自马蒂奥利和富克斯的著作。

比皮内特和利尼科的名气都要大的草药学家雅克·达莱汉普斯（1513—1588，图4-55：左），1513年出生于卡昂，他后来在蒙彼利埃大学学医，之后在里昂行医一直到1588年去世。

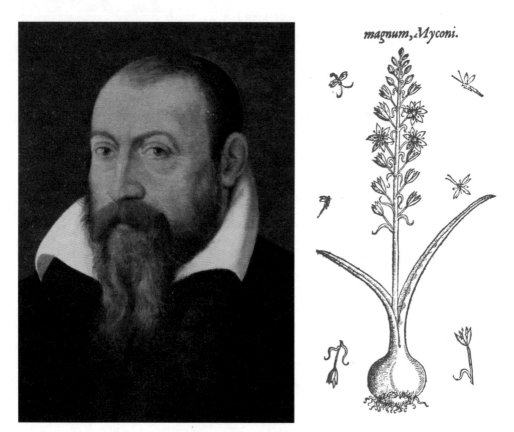

▲　图4-55：(左)：雅克·达莱汉普斯肖像油画，皮埃尔·埃斯克里奇绘制于16世纪；(右)：虎眼万年青（*Ornithogalum magnum*），达莱汉普斯《综合植物志》，1586年里昂出版。

1586年7月，达莱汉普斯的《综合植物志》（*Historia generalis plantarum*）在里昂出版，这部著作形成了十六世纪后期多数植物学的框架，它通常也被称为《里昂植物志》（*Historia Plantarum Lugdunensis*），该书书名页并未提及达莱汉普斯的名字，虽然吉恩·博安和让·德斯穆兰斯（Jean Desmoulins）也是这部著作的重要作者，但有证据表明，达莱汉普斯才是这部书的资深作者。（图4-55：右）

七　英格兰草药志

文艺复兴时期，英国草药学家的先驱威廉·特纳[1]是一位医生兼牧师，人称"英国植物学之父"。他是一个来自诺森伯兰郡莫佩思（Morpeth）的北方人，可能出生于1510—1515年之间。特纳在现名为剑桥大学彭布罗克学院的地方接受教育，该学院在生物学家中享有特别声誉，因为在一百多年之后，十七世纪英国最伟大的植物学家之一尼希米·格鲁也是这个学院的学生。

威廉·特纳像那个时期许多草药学家一样，他与宗教改革运动保持着密切的联系。他支持剑桥大学的讲师尼古拉斯·里德利（Nicholas Ridley）和休·拉蒂默（Hugh Latimer）这些朋友的观点，他的一生都在口诛笔伐地为改革宗信仰做斗争。在亨利八世时期，他的著作遭到封禁，他本人也遭受了一段时间的监禁。但是，当爱德华六世掌握王权时，他又时来运转，虽然等待晋升的时间漫长而沉闷，但他总算掌管了威尔斯教区。由于在驱逐前教区司铎时遇到困难，导致特纳耽误了许久时间才获得房产，他在狭小拥挤的临时住房里哀叹道：

> 我的房间里充满了小孩的哭声和噪音，我根本无法继续看书写作。

[1] 特纳生平的叙述摘引自B. D.杰克逊（B. D. Jackson），参见附录二。

在玛丽一世统治时期，特纳又变成了流亡者，威尔斯教区之前的司铎又官复原职。然而，随着伊丽莎白登上王位，这两位司铎的角色又颠倒了过来，特纳回到了威尔斯，被他称为"篡位者"的竞争对手再次被驱逐。但是他的成功也是暂时的，1564年，他因为不信奉国教又被冷落一旁。特纳参与争端的方法极度猛烈，他似乎已经成为上司的眼中钉。巴斯和威尔斯的主教曾经写道自己被——

　　　威尔斯司铎特纳医生所拖累，他在布道台上的行为太过轻率：特纳总会搞砸所有的事情，他总会不合时宜地提及所有的资产问题，而不是谨慎地对待它。

基督教义绝不是特纳唯一关注的事情，爱德华六世统治时，他在费拉拉（Ferrara）和博洛尼亚获得了医学学位，他是摄政者萨默塞特公爵（Duck of Somerset）的医生。特纳由于自己的宗教观念而遭到英格兰的驱逐，其间游历了意大利、瑞士、荷兰和德国的许多地方，游历中最大的收获之一就是他有机会在博洛尼亚师从卢卡·吉尼学习植物学，特纳将其描述为在意大利遇到的一位"大师"。特纳在欧洲大陆结识的另一位学者是康纳德·格斯纳，他在苏黎世拜访了格斯纳，他们俩一直保持着亲密的朋友关系。此外，特纳也与莱昂哈特·富克斯保持着通信联系。

特纳最早的植物学著作是1538年出版的《新草药之书》（*libellus de re herbaria novus*），接着在十年之后，他又出版了一本小书《草药师和药剂师使用的草药之希腊语、拉丁语、英语、荷兰语、法语名称及其俗名》（*The names of herbes in Greke Latin Englishe Duche and Frenche with the commune names that Herbaries and Apotecaries use*），这两部珍稀的著作现在都有了复制本。在《草药名称》的序言中，特纳告诉我们他计划编纂一部拉丁语草药志，他的确已经在撰写了，但是他克制着没有出版这本书，这是因为：

医生们建议我先不要急于用拉丁语撰写这本书，等我亲眼看到英格兰那些草药生长最丰富的地方时再说。英格兰这么多不寻常且有效的草药是其他国家所没有的，也许我应该在草药志里赞颂我们国家这一伟大的荣耀。这些医生劝告我暂缓用拉丁语撰写这本书，直到我来到英国西部，在我一生中，我都从未见过这样的地方，我听说这里是整个英格兰最富饶的地方，这里遍布自然中各种奇特和美好的造物，比如各种矿石、植物、鱼类和金属。基于以上原因，所以在这个问题上我听从了医生们的建议。

　　特纳解释当他等着完成他的这部草药志时，有人建议他出版这本罗列了植物名称的小书。他补充说：

　　因为人们认为我所写的植物就是我亲眼所见的，故而当药剂师需要对症的草药时，他们就无须多言了，我就可以向他们指出在英格兰、德国和意大利那些生长着这些草药的地方，这样或许就节省了劳力和花销。

　　特纳的代表作《草药志》分为三部分依次出版，第一部分于1551年出版于伦敦，1562年前两部分合起来在科隆出版，这一阶段还处于玛丽一世的统治时期，特纳正被流放在外；1568年第三部分与之前的部分合起来出版。第一部分的书名为《新草药志》（*A New Herball*，图4-56：右）书中包括植物的名称、有效程度、同一种类的自然分布地，本书由萨默塞特·格雷斯勋爵的医生威廉·特纳编纂，这个书名在之后的出版中被沿用。这部书的大部分插图同样源自1545年出版的富克斯八开本著作。

　　特纳这本草药志的完整版献给了伊丽莎白女王，这给特纳的生活增加了一些光彩，顺带着也给这位杰出的女士本人带来了几分荣光。据这位医生回忆道，伊丽莎白女王在某次以一种可被谅解的骄矜之情和些许的恭维中，用拉丁语与他进行了交谈，特纳

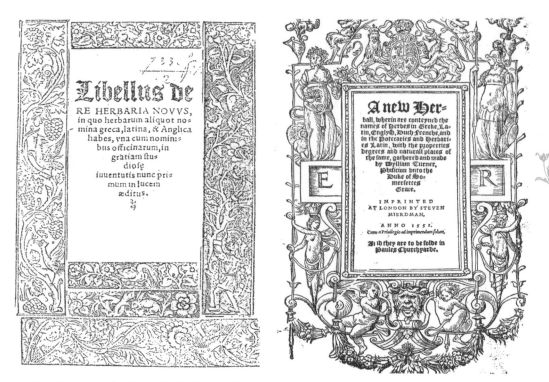

是这样记载的：

> 十八年前或更早时候，我在塞默塞特勋爵家里就真切地感受到你用拉丁语展示出来的博学（那时你已成为他的医生）。你用拉丁语优雅地和我交谈，很令人开心，因为我虽然在英格兰、德国还有其他地方长途旅行和巡游，但我从没有和高贵文雅的女士用拉丁语交谈过，你的拉丁语说得如此娴熟、得体和标准，我已经很久没有遇到过你所展现的这种优雅了。

有人暗讽特纳的书"满是野草和杂草（尽管有些博学之士称它们是珍稀的草药），极其不适合献给这样一位君主"，对此特纳进行了自我辩护——如果我们认可他对当时知识状态的描述，就会发现当时急需这样一本用英文书写的草药志。特纳解释道，当他还在剑桥大学时，他就努力学习植物的名称，但是"当时的草药书对此如此忽视"，他甚至从医生那里都不能获得这方面的信息。特纳声称自己的草药志具有相当大的原创性，用他自己的话说就是，如果人们——

　　阅读了鄙人草药志的第一部分，并将其中所记录的植物与马蒂奥利、富克斯、博克和多东斯在他们第一版草药志中所记载的植物进行比较，或许很容易就能察觉到我是在传授关于特定植物的事实，而以上所提及的这些作者或者完全不知道这些，或者在这些方面犯了很大的错……因此正如我从他们那里学到了一些东西，他们可能也会从我这里学到了一些东西，这或许可以从他们出版的第二版著作中得到证实。我不愿意像某些人一样，跑到市场里大呼有一匹马丢了，并且告诉人们这匹马所有的标记和特征，然而他从未见过这匹马，即使见到了也不认识：因此我去到意大利和德国的不同地区亲自观察了解这些草药。

　　特纳的草药志有多处都显露出他那独立的性格，这似乎比他独立的思想更加突出。他充满激情地与自己视为科学中的迷信事物进行斗争，就如同积极投身宗教论战。人形曼德拉草的传说在他的笔下受到了批判，正如他指出的那样：

　　曼德拉草的根是伪造出来的，将其制作得像一个木偶和神像，装进盒子里在英格兰售卖，它拥有像人一样的毛发，除了一些愚蠢的伪装细节再没有其他东西，看起来是那么的不自然。它们完全是狡猾的骗子用来欺骗穷人的把戏，以愚弄他们的智商、夺取他们的钱财。我曾多次从地里挖出过曼德拉草的根，但从未见过那种被小贩们放在盒子中贩卖的样子。

OROBANCHE.

然而，特纳绝不是第一个抵制曼德拉草迷信观念的人，在1526年的《草药大全》中也有明确地驳斥：

> 因为大自然从未将人类的形体赋予一种草药。

此外，在更早时期的一些著作中也有这种否认迷信的说法，但都被人们给忽视了，而且这种骗局流传甚久，因为我们仍可以在十六世纪末的《杰勒德草药志》中发现这种说法。

特纳热衷于讽刺同时期人著作中的迷信观念，如果他能够在任何有争议的问题上发现他们是错的，而他敬仰的古代学者是正确的话，就会特别开心，比如，他花了很大的精力来讨论马蒂奥利的一个观点，这个观点与泰奥弗拉斯特以及迪奥斯科里德斯的观点相左，即列当（broomrape）可以仅仅依靠它有危害的样子，而不通过任何物质性的接触就可以杀死其他植物。特纳声称这个观点违背合理性、权威性和实践经验，他指出马蒂奥利书中描绘的图像是错误的，图像遗漏了根部，这才是列当真正危害其他植物的器官。（图4-57组图）他扬扬得意地总结道：

> 根据我的实践经验可知，列当幼苗会从主根生出许多细小的根须……借以抓住生长在其周围植物的根。因此，马蒂奥利没能轻易驳倒泰奥弗拉斯特这些具备扎实知识的古代权威。

▲ 图4-57：（上）：曼德拉草、威廉·特纳《新草药志》，1551年伦敦出版；（下）：琉璃苣，列当（*Orobanche* sp.），马蒂奥利《迪奥斯科里德斯评注》，1554年威尼斯出版。

尽管特纳尊重古典时期的植物学家，但他也意识到他们知识中的疏漏，在他的草药志第三部分，的确记录的是那些"没有被古老的希腊语和拉丁语草药志提到过"的植物。

特纳的草药志按照字母顺序编排植物，书中并没有显露出他对植物间相互关系的任何兴趣。在特纳看来这些植物就是独立的个体，本质上也是"单一的"。人们通常认为英国植物系统学可以追溯到他的著作，这本书首次科学记录了不少于二百三十八种英国本土植物。植物并不只是特纳研究的唯一对象，当我们意识到他还研究过鸟类、还曾为格斯纳的《动物志》提供关于英国鱼类的信息时，那么他的植物学成就便显得更加突出了。

1578年，在特纳的草药志第一部分面世二十七年之后，多东斯于1554年由安特卫普出版的《草药志》英文译本在伦敦发行，这个英文译本直接译自克卢修斯的法文译本，英文译本由亨利·莱特（Henry Lyte）翻译。此人大约在1529年出身于一个具有古老血统的家族，他是这个家族的第十三代子孙，这个家族至今仍然繁荣昌盛，它在现代的代表性后裔有《与我同在》（*Abide with me*）的作者雷夫·H. F. 莱特（Rev. H. F. Lyte）和历史学家亨利·麦克斯韦-莱特（Henry Maxwell–Lyte）。

莱特译著的名称为《新草药志或植物志》（*A Nievve Herball, or Historie of Plantes*）囊括了各种草药和植物的全部论述和完美描述：它们繁杂多样的种类，它们不寻常的图像、样式和形态；它们的名称、性质、应用和功效；一般应用于医学的植物，它们不仅生长在我们英格兰土地上，而且还生长在国外。（图4-58）本书第一版由国王的御医、博学的伦伯特·多东斯医生采用荷兰语或日耳曼语完成；现在由亨利·莱特先生依据法文版首次翻译为英文版。在莱特自己拥有的克卢修斯版本里，他交替使用红色和黑色墨水，标注了大量细小工整的笔记，书名页写有"亨利·莱特教我说英语"，这本书现在保存于大英博物馆。①

① 此书现存大英图书馆。*

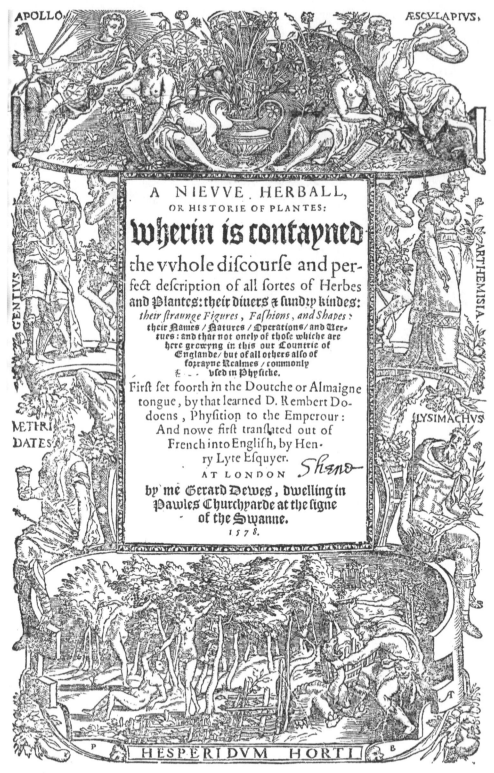

APOLLO.

ÆSCVLAPIVS.

A NIEVVE HERBALL,
OR HISTORIE OF PLANTES:

wherin is contayned
the vvhole difcourfe and per-
fect defcription of all fortes of Herbes
and Plantes: their diuers & fundzy kindes:
their ftraunge Figures, Fashions, and Shapes:
their Names / Natures / Operations/ and Uer-
tues: and that not onely of thofe whiche are
here grewyng in this our Countrie of
Englande / but of all others alfo of
fozrayne Realmes / commonly
uted in Phyficke.

First fet foorth in the Doutche or Almaigne
tongue, by that learned D. Rembert Do-
doens, Phyfition to the Emperour:
And nowe firft tranflated out of
French into English, by Hen-
ry Lyte Efquyer. Sheno

AT LONDON

by me Gerard Dewes, dwelling in
Pawles Churchyarde at the figne
of the Swanne.
1578.

GENTIVS

METRI
DATES

ARTHEMISIA.

LYSIMACHVS

HESPERIDVM HORTI

▲　图4-58：书名页，莱特译多东斯《新草药志或植物志》，1578年伦敦出版。

该书证明了莱特并不只是一名机械的翻译者，他对这部草药书进行了注释和修正，其间参考并引入德·洛贝尔和特纳的著作。在这本书的开头，有一首很长的打油诗来"称赞这部作品"，从诗的其中一节可知，多东斯在《植物志》的英文译本完成之后，将一些额外的材料加入《新草药志》。该诗提到此事的诗句如下：

辛勤如斯，首构架纲；

惟其勇也，译介是书；

待其功就，契同原典；

无增蛇足，不减本意；

其作新解，俱关原旨；

多氏襄助，新补篇章；

扩增新译，超越旧典。

《新草药志》中使用的插图同样主要源自克卢修斯翻译的法文版本，书中绝大多数图像最终都源自富克斯的著作，但多东斯还是在此基础上增添了一些新的图版（例如山萝卜漏芦[①]，图4-59）。

在莱特译著出版的第二年，艾蒙德·斯宾塞（Edmund Spenser）的《牧羊人月历》（*Shepheardes Calender*）问世了，其中《四月》的抒情牧歌赞颂了伊丽莎白女王，诗中的

Rha. Reubarbe.

▲ 图4-59：山萝卜漏芦（*Rhaponticum scariosum*），莱特译多东斯《新草药志或植物志》，1578年伦敦出版。

① 原书原名为Reubarbe，给出的学名*Centaurea rhaponticum*为1753年林奈的命名，现已修改为*Rhaponticum scariosum*，其英文俗名为 Giant Scabiosa（巨型山萝卜），现拟中文命名为山萝卜漏芦。*

一节列举了一系列的花卉：

> 到来时，
> 请带着石竹花和紫色的楼斗菜，以及吉丽花；
> 请带着康乃馨和香石竹；
> 在大地上播种黄水仙，
> 还有黄花九轮草、驴蹄草以及惹人爱的百合花；
> 漂亮的三色堇（Pances）和桂竹香（Cheuisaunce），
> 用开花的美丽薄荷来搭配。

通常，斯宾塞这些花卉的典故具有传统的和文学化的意向，这似乎也表明他自身对植物并无特别的兴趣，在他诗歌的其他部分也确实没有提到这么多植物。现在，当我们返回莱特的草药志时，就会发现斯宾塞首次提到的五种花卉，它们的名字出现在了这本草药志的十六个页面之内。此外，这里面还出现了三色堇和桂竹香，以我的观点来看，桂竹香或许就是斯宾塞笔下的"Cheuisaunce"。也许，我们做一个不算离谱的猜测，斯宾塞自己是在无意中瞥了一眼《新草药志》，之后就用了一组迷人的植物名称，可见他也受到这本书插图的影响。我们在此复制了其中一页插图（图4-60），这幅插图描绘了康乃馨（Carnations）、吉丽花（Gillofers）① 和"香石竹"（Soppes in wine）②。

有一种情形或许可以让斯宾塞更容易接触到《新草药志》，他曾经向菲利普·悉尼（Philip Sidney）爵士的妹妹彭布罗克伯爵夫人玛丽·赫伯特（Mary Herbert）女士献上了诗歌，而斯宾塞住的地方离亨利·莱特（他曾向伊丽莎白女王献上了自己的草药志）还不算太远——"从寒舍到莱特家就在您威严的萨默塞特郡范围之内"。我们可以通过雅克·列·穆瓦纳（Jacques Le Moyne）向玛丽女士献上《香榭丽舍大街》（*La Clef des Champs*）这一实情来推测她对花草的喜爱，这似乎说明她很可能得到过一本莱特的草药志，而斯宾塞也许恰好看到了这本书。

① 16世纪之前，所有康乃馨和石竹均被称为"吉丽花"（Gillofers）。*

② Soppes in wine 直译为"葡萄酒引子"，实际是指香石竹，传统上香石竹花瓣是葡萄酒的调辣味料，故有此俗名。*

Of Gillofers. Chap.viij.

The Kyndes.

VNder the name of Gillofers (at this time) diuerse sortes of floures are contayned. Wherof they call the first the Cloue gillofer whiche in deede is of diuerse sortes & variable colours: the other is the small or single Gillofer & his kinde. The third is that, which we cal in English sweete Williams, & Colminiers: whereunto we may well ioyne the wilde Gillofer or Cockow floure, which is not much vnlike the smaller sort of garden Gillofers.

Vetonica altilis.

Carnations, and the double cloaue Gillofers.

Vetonica altilis minor.

The single Gillofers, Soppes in wine, and Pinkes, &c.

The Description.

1 THe Cloue gillofer hath long small blades, almost like Leeke blades. The stalke is round, and of a foote and halfe long, full of ioyntes and knops, & it beareth

图4-60：康乃馨和石竹（Gillofers），莱特译多东斯《新草药志或植物志》，1578年伦敦出版。

▲ 图4-61：含杰勒德肖像版画的书名页，杰勒德《草药志或通俗植物志》，1636年伦敦出版第三版。

亨利·莱特之后，接下来就是英国最知名的草药学家约翰·杰勒德（1545—1612，图4-61），但我们必须承认的是，他几乎不配享有所得到的荣誉。杰勒德（他的名字应该被更准确地拼写为没有尾字母"e"，他的草药志书名页采用了Gerarde的拼写）是一位理发师外科医生（Barber-Surgeon），但他的精力似乎主要投放在了园艺方面。有二十年时间，他在伦敦时尚的霍尔本（Holborn）拥有一座著名的花园（这在当时是一种时尚），同时他也监管着伯利勋爵（Lord Burleigh）在斯特兰德的花园，以及赫特福德郡（Hertfordshire）的西奥博尔德斯花园。1596年，他出版了一份在霍尔本所栽培植物的名录，这份名录的独特之处在于，它是有史以来第一个公开出版的关于单个花园植物种类的完整目录。

然而，杰勒德更大的一部作品《草药志》或《通俗植物志》（*The Herball or Generall Historie of Plantes*）给他带来了殊荣，这部书由约翰·诺顿（John Norton）于1597年出版（图4-62），但这部书的成书方式暴露出作者几乎没有诚信可言。诺顿似乎委托了某个叫普利斯特（Priest）的医生将多东斯在1583年出版的六卷本《植物志》最终版本翻译为英文。但是，该书在翻译完成之前，普利斯特就去世了。杰勒德采用了普利斯特的译稿并将其全部完成，他将多东斯的内容编排方式改换为德·洛贝尔的样式，之后再以自己的名义将其出版。杰勒德在他的草药志开头有致读者的评论，但这仅仅只是一个蓄谋已久的谎言：

▲ 图4-62：书名页手工着色对比图，杰勒德《草药志或通俗植物志》首版，1597年伦敦出版。

普利斯特医生是我们伦敦的一个同行，我听说他翻译了多东斯著作的最新一个版本，并计划出版此书；但是由于他的离世，翻译中断了，他的译稿同时也丢失了。

这部草药志体现了那个时代的特征，书中用了许多序言来作装饰，其中由斯蒂芬·布拉德维尔（Stephen Bredwell）书写的一段文字表明，杰勒德的言辞明显前后不一致，他确实是由于疏忽才使得这段文字遗留在了书中。布拉德维尔这样写道：

Battata Virginiana siue Virginianorum, & Pappus.
Potatoes of Virginia.

▲ 图4-63：马铃薯，杰勒德《草药志或通俗植物志》首版，1597年伦敦出版。

普利斯特医生竭尽所能，翻译了多东斯作品尽可能多的内容，而为自己赢得了身后的荣耀。杰勒德大师完成了最后的工作，这同样很重要，因为他以多种方式让整部作品更适合我们英国的国民。

这部草药志是一个大部头著作，书中采用清晰的罗马字体印刷，当我们将其与特纳或莱特的黑体字页面比较时，这种罗马字体使得此书更具现代感。书中包含了一千八百幅木刻版画，其中只有极少一部分是新制的图版，我们在本书复制了其中一幅马铃薯图像（图4-63），这可能是第一幅发表的马铃薯图像。这种植物的早期历史模糊不清，杰勒德相信马铃薯产自弗吉尼亚（Virginia），这仅仅是对马铃薯认知混乱的错误之一。

这部草药的几乎所有插图印版，都是雅各布·西奥多鲁斯在1590年出版《植物图谱》（*Eicones plantarum seu stirpium*）时使用过的。不幸的是，杰勒德的植物学水平看起来不足以使他能够以恰当的描述来搭配这些木刻版画，因此印刷商求助德·洛贝尔来修改杰勒德所犯的错误。据德·洛贝尔自己的话说，他修改了很多地方，但是仍不能如其所愿，这是因为杰勒德变得不耐烦，仓促地叫停了德·洛贝尔的修订工作，杰勒德给出的部分理由是德·洛贝尔忘掉了他的英文。很显然，经历了这次风波之后，两位植物学家的关系似乎变得多少有些紧张。

当我们从书中证据意识到杰勒德不可能是一位诚信的作者时，其作品的价值必然会不可避免地大打折扣。"大雁树""藤壶树"以及"树木生出大雁"这些他时常被人引用的描述，消解了人们将其视为一位科学家仅有的一丝敬意，倒不是因为他持有一种在当时广泛流行的荒谬观念，而是由于他完全罔顾了实情，将上述荒谬现象描述为自己亲眼所见的确凿事实。为了解释大雁的产生原因，他在书中给出了一幅图像，然而这幅图并不是一幅新图。（图4-64）杰勒德讲述树木

Britannica Conchæ anatiferæ.
The breede of Barnakles.

▲ 图4-64：藤壶雁的孵化图，杰勒德《草药志或通俗植物志》首版，1597年伦敦出版。

事实上是结出了贝壳，贝壳张开并孵化出藤壶雁，据说这发生在苏格兰北部和奥克尼群岛（Orchades），但他又坦率地声明自己对此并没有一手的知识，然而却继续评论道：

> 但是我们双眼所看到的、双手所触摸到的事物，我们就应该说出来。在兰开夏郡有一个小岛叫作福德斯岩堆，在这里曾发现过一些老旧破损的船只残骸，有一些残骸历经海难而被冲到对岸，其中有一棵腐朽的老树躯干也被冲到这里，在这棵树上发现了一种泡沫，这种泡沫适时会产生一种贝壳，形似贻贝，但是更严格地来说，它的颜色发白；贝壳里有一个形似用丝绸精心编织的花边样东西，当它聚合在一起时具有发白的颜色；它的一个末端固着在贝壳里面，就像牡蛎或贻贝；另一端固着在一个粗糙团块的基部，这个团块适时形成一只鸟的形态；当形态完美成形时，贝壳的裂口就会打开，首先出现的是此前提及的花边状组织或细线，紧接着出现一只悬挂在外的鸟腿。随着它不断生长，它将贝壳撑开到一定的程度，直到最终从贝壳中全部长出来，此时鸟儿仅仅通过鸟喙悬挂在树上，很短时间之后，它们就完全发育成熟了，然后掉落到海里。在海中，它们生长羽毛，聚集成一大群，藤壶雁体型比野鸭大而比鹅小。

我们将杰勒德对待藤壶雁故事的态度与威廉·特纳进行一番有趣的比较，后者在大约五十年前就记录过此事，特纳并未以借口来保证这个故事源于自己的亲身经历。但他还是接受了这个故事，因为这是他从自认为杰出的权威那里引用的，特纳尊重这些权威，这也是他最为显著的特点之一。

他的解释翻译如下：

> 当船上的木桅杆、木板或桁杆在海上腐朽到一定的时间后，此时上面首先会出现大量真菌，终有一天在这些腐木

上面可能会隐约可见鸟的形态，之后这些形态长出羽毛，最终它们活过来并飞走。除了所有在英格兰、爱尔兰和苏格兰的港口工人经常见到，现在这个事件对于任何人来说都是难以置信的，著名的历史学家吉拉尔德斯[①]（Gyraldus）证实白额黑雁（Bernicles）正是这样产生的。但是，因为老百姓的话似乎很难让人相信，而这件事情过于稀奇，我也不太相信吉拉尔德斯……于是我征求了一位爱尔兰神学家屋大维（Octavian）的意见，此人为人诚实，通过我时常的考验，他是值得相信的。我询问他是否认为吉拉尔德斯在这件事情上值得相信，他拿起自己传道的福音书起誓说，吉拉尔德斯对这种鸟产生的报道绝对是真实的，他曾目睹这些已经成型但仍娇小的幼体，甚至还触摸了它们。假如我在伦敦待上一两个月，他会将饲养的一些正在生长的雏鸟带给我。[②]

市面上流传有许多大雁树传说的变体，赫克托尔·波伊提乌（Hector Boethius）在他的十六世纪苏格兰编年史中记录了其中的一种。和杰勒德传说的一样，他记录的大雁是从浮木中产生的，他写道：

> 在（浮木）的孔穴中生长着微小的蠕虫，它们会先长出头和脚，最后会长出羽毛和翅膀。最终，当大雁生长到大小合适的尺寸且有足够数量时，会像其他鸟儿一样飞入天空。[③]

早在十三世纪，大阿尔伯特就观察到藤壶雁像其他鸟类一样是从卵中孵化的，他通过这个事实已经驳斥了此传说，当我们意识到上述事实，那么接受大雁树传说的草药学家如此轻信就更令人吃惊了。大阿尔伯特在这个问题上，就像他在其他主题上一样，都是超前于他那个时代的。令人眼前一新的是，法比奥·科隆纳在1592年出版的《植物检验》中断然地否定了这一传说的真实性。在杰勒德去世之后出版的新版杰勒德草药志也否定了这一

① 拉丁语全名为Giraldus Cambrensis，也被称为威尔士的杰拉德（Gerald of Wales，1146—1223），他是坎布里亚−诺曼布雷肯副主教和历史学家。*

② "特纳讨论鸟类……最早由威廉·特纳医生在1544年出版"，剑桥大学A.H.埃文斯（A.H. Evans）编辑，1903，p.27。（原始的文字存于Avium pr cipuarum…Per Dn. Guilielmum Turnerum…Coloni excudebat Ioan. Gymnicus, 1544）

③ 赫克托尔·波伊提乌："他创作的苏格兰历史……不久之后由约翰·白伦顿（Johne Bellenden）大师翻译为我们的通俗语言，并由托马斯·戴维森（Thomas Davidson）于1536年在爱丁堡出版。"（《世界地理志》第14节）

传说，然而时间已经近至1783年，这个传说又出现在最后一个版本的老伊哲洛夫草药志当中，这部书以《亚当·朗尼切草药志》而知名。当我们将毫无根据的谣言称为胡说八道时，我们的交谈中可能还残留着神话的影子。

在超过一代人的时间里，杰勒德草药志的第一版一直独领风骚，直到开始广为流传某个叫约翰·帕金森（John Parkinson，1567—1650）的人即将撰写一部新的草药志将其代替，才打破这一局面，而杰勒德最初出版人的继任者们将承担第二版的出版工作。1632年，这位出版继任者委托伦敦著名的药剂师和植物学家托马斯·约翰逊来承担这一工作，并要求他务必在当年内完成这项任务。约翰逊很显然成功地完成了这项艰巨的任务，他甚至还添加了全面公正的历史介绍。约翰逊在他对现代编辑方法的学术预期中想起了加斯帕尔·博安，例如，约翰逊有一个标记文本的体系用以区分他对杰勒德描述所做的更改或重写程度。

约翰逊的新版本拥有一套2766幅的木刻版画组合，这些雕版先前被普朗坦用于植物学书籍出版。因而，这个改编版本的草药志比杰勒德自己编辑的版本水平更高。（图4-65组图）

虽然约翰逊以作为杰勒德的编辑而最常为人所铭记，但实际上他独自创作的植物学著作也特别重要。他出版了自己从1629年起开始的植物采集考察报告，这是最早尝试记录英格兰和威尔士所有植物及其生长位置的报告。基本可以确定的是，他本打算与好朋友古德耶（Goodyer）合作完成这项写作计划，出版一部文图并茂的植物志，但因为他的英年早逝而未竟所愿。实际上，直到十八世纪这一类型的著作才出现。

我们对约翰逊的个人经历知之甚少，他和任何人的密切接触信息都很受关注，因此令人高兴的是，我们偶然间发现一封来自亨利·沃顿（Henry Wotton）爵士的信件：这封信是写给"致我最爱且博学的朋友，药剂师约翰逊先生，家住伦敦市斯诺山"，沃顿询问哪里可以购买：

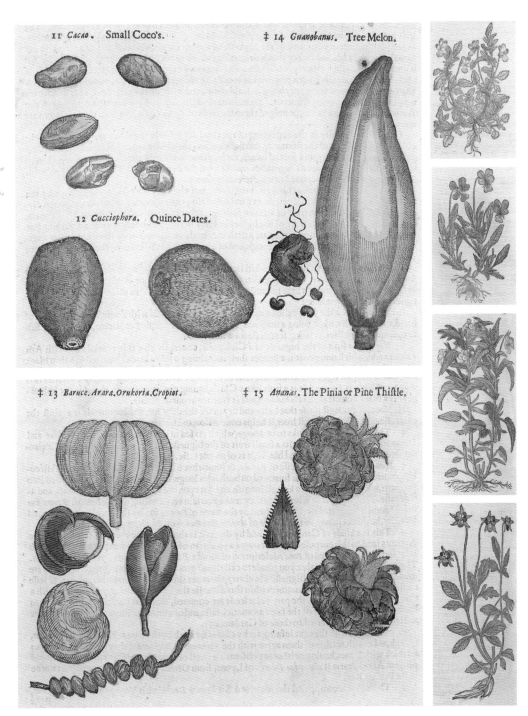

▲　图4-65：草药图例，约翰逊编辑的杰勒德《草药志或通俗植物志》，1636年重印（1597年首次出版，1633年修订）。

一本你编修的那本装订精美又结实的杰勒德草药志：接下来，我或许就要花钱来购买各种颜色的石竹花，将它们种在我花园一隅，或者任何可以芳香满园的植物。

在内战①中，约翰逊为保皇党而战，他在参加贝辛庄园（Basing House）的防守任务时被击中而战死。人们是这样评价约翰逊的：

作为士兵，他死守要塞，展现了突出的英勇果敢和指挥能力；作为卓越的草药学家和医生，他在英国家喻户晓。

▲ 图4-66：约翰·帕金森肖像版画，《植物学大观》，1640年伦敦出版。

约翰·帕金森（图4-66）是本书所讨论时间段里要介绍的最后一位英国作者。虽然帕金森在某些方面是草药学家衰退的代表人物，但他还是真正地隶属于这个谱系。与杰勒德一样，他也在现今伦敦中心地带经营一座著名的花园。除了杰勒德在霍尔本、帕金森在朗埃克地区的花园之外，这一时期伦敦其他著名的花园还有约翰·斯拉特斯坎特（John Tradescant）在朗伯斯区的花园，以及塔格夫人（Mistress Tuggy）在威斯敏斯特区的花园，人们称赞后者培养的康乃馨、石竹花和类似的花卉质优而样繁。

帕金森被查尔斯一世授予了草药学家的头衔，他因为早期的两本著作而为人们所铭记，这两本书与其说是草药志，不如说是园艺书籍。他在1629年出版的一本名为《尘世天堂里的阳光花园，栽种各种令人愉悦花卉的花园，这些花卉均可在英国生长……还包括正确的种植时序、保育方法，以及它们的用处与功效》（paradisi in sole paradisus terrestris，简称《天堂花园》），词组 "paradisi in sole（阳光花园）"与作者的名字（Parkinson）一语双关。帕金森将这本书献给了亨丽埃塔·玛丽亚（Henrietta Maria）皇后，并恳求她可以接受这本"可以说话的花园"，这本书现在已经有了复制本。（图4-67组图）

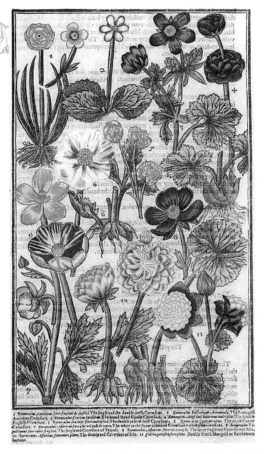

▲ 图4-67: 市刻版画着色图，约翰·帕金森《天堂花园》，约1629年伦敦出版。

这部著作的前言完全不认同人类只能逐渐获取科学知识的观点，帕金森这样说道：

上帝，天地间的造物者，最初创造了亚当，并用自然万物的知识来启示他（这种知识在诺亚乃至之后他的子孙时期相继衰落）。亚当能够依据数种特征为全部有生命的造物命名，毫无疑问，他也具备专门的知识用来辨别哪些植物和水果适于食用或治病、哪些又能被实用或观赏。

在那个时代，相较于对大量栽培植物进行记录并多少提及它们的用处，详细地指导一座花园的种植和管理是更为重要的事情。这部著作采用了当时已经没有很大优势的全版面木版插图，每一幅版面都展现好几种植物，本书图4-68是选自其中的一幅图像。这些图像部分是原创的，还有部分取自克卢修斯、德·洛贝尔和其他人的著作。

▲　图4-68：各种灌市果实插图，帕金森《天堂花园》，1629年伦敦出版。

在这本书之后，帕金森出版了一部更宏大的作品，该著作广泛收录植物，书名为《植物学大观：植物的剧场，或扩增版草药志》（ *Theatrum botanicum the theater of plants or an herbal of a large extent*，图4-69组图）。依据《植物学大观》序言中的描述，作者最初的想法仅仅是想增补"单味草药园"清单以扩充他上本书的描述部分，后来这个计划拓展到范围更广的自然界，但作者依然保持了主要的医学兴趣。

▲　图4-69：书名页（右为手工着色图），《植物学大观》，1640年出版。

　　尽管帕金森的时代相对较晚，但他的想象力时常受到中世纪精神的影响。他擅长对珍奇罕见之物进行探讨，比如独角兽角，并认为这是一种可以治愈许多身体疾病的物品，他这样描述独角兽："生活在遥远而辽阔的荒原上，出没于最为凶猛野性的兽类之间。"然而，尽管帕金森的草药志偶尔会出现这类信息，但比起杰勒德和约翰逊草药志却体现出某种进步。帕金森利用了博安的《植物学大观登记》，因而他可以详细地给每一种植物命名，他的书中也穿插了许多德·洛贝尔的手写笔记，不过他采纳的植物分类大纲明显要比德·洛贝尔的差一些。（图4-70组图）

① 原文用学名为 *Meconopsis cambrica*。*

帕金森首次记录了一些最为有趣的英国本土植物，例如，他最早记录了威尔士罂粟（*Papaver cambricum*）①、洋杨梅（*Arbutus unedo*）和杓兰（*Cypripedium calceolus*）。英格兰如今拥有丰富的草药志，我们或许可以将十六世纪时特纳在剑桥大学的哀叹，同1690年该大学圣约翰学院学生亚伯拉罕·德·拉·佩美（Abraham de la Pryme）日记里的记录两相对比一下：

在我成为大学一年级新生时，我通过自己的适当学习和努力，在没有任何人指导或帮助的情况下，仅仅通过那些草药志，我就学习了所有关于草药、树木和单味药物的知识，

▲　图4-70：植物图例，《植物学大观》，1640年伦敦出版

因此我只要瞥一眼就能识别出任何植物。

　　在帕金森时代之后，我们进入非常不一样的新纪元，这一时代最知名的植物学家就是罗伯特·莫里森和约翰·雷，但他们的主要作品出现在了本书专门研究所选的时间段之后。因为他们是现代意义上的植物学家，而非草药学家，所以我们将不再打算对他们的著作进行任何讨论。

　　当莫里森和雷正在推进植物系统学之时，1628年出生的意大利人马尔塞洛·马尔皮基（Marcello Malpighi）和1641年出生的英国人尼希米·格鲁正在创建植物解剖学的科学根基。他们的著作也同样超出了本书的讨论范围，在此我们点到为止，以展示十七世纪后半叶这门科学上的重要变革。由这个时代开始，随着新研究领域的开辟，草药志的重要性持续衰退，虽然能归入草药志标题的书籍到了十九世纪仍在产生，但是它们的黄金时代已经终结了。

八　植物标本的起源

在植物学复兴的早期，它的发展速度慢于现实所需，这是由于当时没有一位草药学家使用简单方便的干燥压制标本，将其作为记录和交流植物发现的新方法，这些标本也是对生长于不同地点和特定季节的植物之间进行比对的基础。

今天的我们对标本习以为常，让人很难想象的是，一直到十六世纪初，制作这些标本还并不是植物学工作常态的一部分。我们知道从很早的时候开始，人们就在偶然间通过压制法保存单独的植物，而且现存一个十三世纪有关保持干燥花朵颜色的方法，这就表明进一步的研究也许可以将标本的起源向前追溯到更加久远的过去。然而，就我们目前可以找到的证据而言，意大利植物学家卢卡·吉尼似乎是文艺复兴时期标本制作技艺的唯一创始者，而后，这种技艺通过他的学生们传遍欧洲。有人提出，在中世纪乃至更早的时代，诸如莎草纸、羊皮纸等纸张的价格高昂，使得植物压制变得不那么现实；但是，另一方面又有人指出这种说法并不令人完全信服，因为薄的木片或者片状的织物差不多也可以用于压制标本。我们似乎只得将植物标本出现较晚、且从单一中心扩散归因于一个令人羞愧的事实：人类的创新思维不足，而模仿思维却很普遍。

卢卡·吉尼是博洛尼亚大学的植物学教授，他也曾在比萨大学工作过一段时间。他并没有出版过什么著作，我们现在只知晓他是一位教师及通信者。据记载，他于1551年将一批用胶粘在纸上的干燥植物送给了马蒂奥利，大约在同一时期，他拥有三百来份压制的植物标本，然而这些现在已经遗失的标本，似乎在1551年之前保存了很久一段时间，因为现存最古老的证据显示，他的学生盖拉尔多·西博（Gherardo Cibo）显然早在1532年就开始收集标本。这个仍旧萦绕在干燥植物收集史早期阶段的谜团，希望将来的研究者可以将其突破。

第一个在印刷品中提及植物标本的人似乎是阿玛图斯·卢西

塔纳斯（Amatus Lusitanus），他在自己1553年出版的有关迪奥斯科里德斯作品的评注中，提到一个英国人约翰·福尔克纳（John Falconer），这个人正合他的心意，拥有一批干燥植物的藏品。阿玛图斯指出这批标本以"卓越的技艺"缝制并粘贴在一本书中，因此我们或许可以推断他在之前并没有见过植物标本集。1562年威廉·特纳也提到了同样的藏品，他称其为"福尔克纳大师的书籍"。特纳在其他地方将福尔克纳称为博学的英国人，虽然这些人"拥有比各类意大利人和德国人更加丰富的植物知识，后两类人会在印刷的草药志和单味药书中展现自己的知识"，但这些英国人并没有出版过什么著作，由此可以证明特纳提及的是一个植物标本集，而不是一本印刷的书籍。

福尔克纳曾游历意大利，他也有可能直接或间接地从吉尼那里学会了植物标本制作的技艺。吉尼的三位学生特纳、阿尔德罗万迪和切萨尔皮诺在十六世纪中期也制作了植物标本集，而阿尔德洛万迪似乎是第一个将干燥植物标本收集设为目标的人，他志在囊括全世界的植物。人们很快就意识到植物标本作为遥远国度植物图像来源的价值。马蒂奥利还提到，在描绘植物标本之前应将其进行浸泡，以使其恢复它们的自然形态。

迄今为止，我们提到的植物标本要么是意大利的，要么是英国的，其他的早期标本例子还有瑞士康拉德·格斯纳的，以及卡斯帕·拉岑贝格（Caspar Ratzenberger）的藏品，后者在1556年开始拥有一个植物标本集，当时他还是维滕伯格大学的一名学生。吉安·吉罗（Jehan Girault）的标本集现在还收藏在巴黎，它的历史可以追溯到1558年。在欧洲不同的城市里，至今仍保存了超过二十份最早从十六世纪就开始制作或已经成形的植物标本集。

最近新发现一个标本集，经过充分研究证明是由菲力克斯·普拉特（Felix Platter）制作的，此人是巴塞尔一名杰出的医生，活跃于1536—1614年。由他写于1554年的日记可知，他曾在蒙彼利埃大学学习过，并收集"常见植物，用纸张精心的压制"。普拉特的老师纪尧姆·朗德莱特可能从吉尼那里学会了干燥植物的技术，普拉特的植物标本集长期下落不明，有人推测它已经被损毁了。一位研究植物标本集的历史学家在四十多年前如此悲叹地写道：

> 普拉特的植物标本集里有些什么植物、数量又是多少？我们无从知晓。

然而，现在一个令人振奋的发现是，有人在伯尔尼大学的藏品中找到了这个八开本大小的植物标本集。这些卷本虽然可能只有不到最初收藏数量的一半，但还是有多达八百一十三种来自于瑞士、意大利、法国、西班牙和埃及这些地域的植物。这些干燥的植物被保存得很好并且排布有序，其中一些仍旧保持着极好的颜色。普拉特肯定认识到了颜色记录的必要性，这是因为，在一些风铃草（campanula）的标本中，植物的花冠在干燥中变为褐色，普拉特就用剪下的翠雀花效仿以代替原花而解决了这一难题。

普拉特的植物标本集本身就很有意思，一些人认为这个标本集具备更大的相关价值，米歇尔·德·蒙田爵士[①]（Michel, Seigneur de Montaigne，图4-71）在1580年途经巴塞尔的时候，饶

MICHEL SEIGNEUR DE·MONTAGNE

▲ 图4-71: 米歇尔·德·蒙田爵士肖像版画，《蒙田随笔集》，1725年巴黎再版。

[①] 米歇尔·德·蒙田爵士（1533—1592），法国著名思想家、哲学家，著有《随笔集》三卷，对后世影响较大。*

有兴趣地检阅过这一标本集，也恰好在那一年，他的《随笔集》（*Essais*）第一版问世。普拉特的"单味药之书"（Livre de simples）显然是蒙田一个新的消遣之物，他在旅途中写道：

> 他发现了一种可以将植物完全自然地粘贴在纸上的技艺，这是如此清晰，以至于植物最小的叶片和纤维都可以原样呈现出来，这种技艺代替了其他那些依据植物色彩进行描绘的方法。

令他吃惊的是，翻动页面时植物标本并不会掉下来，而实际上其中一些标本已有二十年之久。

仅通过口口相传来制作植物标本集的方法，持续了七十多年，直到1606年阿德里安·斯皮格尔（Adrian Spieghel，1578—1625，图4-72）的《草药绪论二卷》（*Isagoges in rem herbariam Libri Duo*）出版，这种局面才被打破，由此人们可以从印刷品中获得制作干燥植物标本的详细指导。斯皮格尔是布鲁塞尔人，他最终在帕多瓦大学获得了教授席位。他在植物学通用专著《草药绪论二卷》中，说明了压制标本的方法：

▲ 图4-72：阿德里安·斯皮格尔肖像版画，1645年阿姆斯特丹出版。

> 在逐渐增加的重量之下，将植物压制在优质纸张之间，需要注意的是，植物需要每日进行检查和翻转；当植物干燥后，将其放置在次一级的纸张上，用不同型号的毛笔给标本刷涂一种特制的胶，同时给出了这种胶的配方；此时将植物转移到白色的纸片上，再将亚麻布覆盖在植物上面，缓缓地

摩擦直到标本固定到纸上；最终将标本单页夹在纸张之间或一本书里，使其受压，直到胶变得干燥。

斯皮格尔意识到植物标本具有极大的重要性，他认为在制作植物标本方面的投入值得高度赞扬。他自己将这类收藏称之为"冬季花园（Hortus hyemalis）"，其他早期的作者则称其为"鲜活草药志（lebendig Kreuterbuch）""写生植物标本集（Herbarius vivus）"或是"干燥的花园（Hortus siccus）"。据现在的作者所知，单词"Herbarium"采用现代的意思首次出现在印刷品上，是1694年皮顿·德·图内福尔出版的《植物学要素》（*Eléments de botanique*）。

在英格兰，晚至十七世纪后半叶，植物标本集还不是很常见，直到塞缪尔·佩皮斯（Samuel Pepys）见到了约翰·伊夫林（John Evelyn）的标本集，佩皮斯似乎并不知晓这类收藏，他总是对任何好奇的事物充满了求知的欲望。塞缪尔·佩皮斯在1665年十一月五日写道：

> 我经由水路前往福特福德，在此地我拜访了伊夫林先生……他向我展示了他的植物标本集，植物叶片被放置在可以使几种植物保持干燥的书册之中，标本颜色保持得很好，看上去比任何草药志插图都要漂亮。

1763年，米歇尔·阿当松（Michel Adanson）从方法论上列举了他认为推动植物学发展的四个原因，他将"植物标本集"（他也将其称为"甚至在冬天都有生机的花园"）尊为令人鼓舞的几个原因之一，另外三个原因分别是："君主和大人物的保护""令人愉悦的旅行"和"植物园的建立"。

我们很幸运，可以在一位十六世纪药剂师代表人物皮埃尔·库特（Pierre Quthe）那幅引人共鸣的肖像画中看到，在他的身旁有一部打开的植物标本集，这幅画作是同时期的弗朗索瓦·克卢埃（Francois Clouet）为他的这位朋友而作（图4-73）。

 图4-73: 皮埃尔·库特和他的植物标本集，弗朗索瓦·克卢埃绘制的肖像画。

九　亚里士多德植物学的复兴

　　亚里士多德植物学的主题，几乎不在草药志书籍的讨论范围之内，但同时它又不能与草药学家们的植物学泾渭分明地划分开来。我们已经提到过，中世纪大阿尔伯特发展了亚里士多德和泰奥弗拉斯特的研究传统，到文艺复兴时期，这方面的研究和草药植物学又开始得以恢复。

　　在亚里士多德植物学发展这条路线上，第一本重要的著作是让·吕埃尔在1536年出版的《论植物的本质》（*De Natura stirpium*）。但就目前简要的概述而言，我们暂且略过这本著作，

ANDREA CESALPINI ARETINO, DOTTISSIMO
FILOSOFO, E BOTANICO INSIGNE, ARCHIATRO
DI CLEM. VIII. PRIMO DISCUOPRIT. DELLA
CIRCOLAZ. DEL SANGUE NEL CORPO UMANO.
nato nel MDXIX. morto in ROMA il di 23. Fbb. MDCIII.
Dedicato all' Ill:e Rev:e Mons: Diodato Andrea de Conti
di Bivignano Patrizio Aretino Vescovo di S. Sepolcro &c.
Preso da un Ritratto antico esistente nel Museo del Giardino Botanico di Pisa.
G. Zocchi del.   F. Allegrini inci: 1760.

▲　图4-74: 安德里亚·切萨尔皮诺肖像版画，朱塞佩·佐
奇1765年作于佛罗伦萨。

直接跳到1583年，该年意大
利学者安德里亚·切萨尔皮
诺（1519—1603，图4-74）完
成了一部伟大的著作《论植物
十六卷》（*De plantis libri XVI*）。
这部著作有一部分与草药志紧
密相关，因为其中绝大部分专
注于植物的描述。林奈显然仔
细研读过这本书，因为在其藏
本书页空白处写满了他命名的
植物属名。

　　然而，《论植物十六卷》的
荣誉并非因为它的植物描述部
分，而是因为它是第一本包含
有亚里士多德学派植物学原理
阐述的著作。切萨尔皮诺在植
物研究方面的优势在于，他以
一种训练有素的思维来研究他
关注的主题。他学到了古希腊
思想的精华，即如何思考，这无论在当时还是现在都是科学工作
者的必备技能。然而，他自身素养方面的缺陷给其工作带来了不
利影响，由于切萨尔皮诺过于推崇古典学，导致他沉浸于亚里士
多德学说过度的字面理解和照本宣科之中。他对植物学首要的实
质性贡献是强调植物繁殖器官的首要地位，在其植物分类系统中
也重点强调这一观点，对此我们将在之后的章节讨论。

　　与切萨尔皮诺在某些地方有共同之处的植物学家是波希米亚
学者亚当·扎鲁赞斯基·冯·扎鲁赞（1558—1613），他的知名
作品《草药方三卷》（*Methodi herbariae libri tres*）于1592年在布
拉格出版。这本书开创了一种通用的植物学调查方法，这种调查
有意义的地方在于，展示了一种通向现代科学立场的路径，作者

呼吁不再将植物学仅仅视为医学的分支，而是一门独立的学科。他在这个观点上的评论可以翻译如下：

> 人们习惯于将医学与植物学联系在一起，然而科学研究要求我们应该将其彼此分开进行思考，因为事实上在每一种技术中，理论和实践都需要被拆分开，它们在被合并之前，应该依照各自的次序进行单独的研究。基于这个原因，所以在植物学（作为自然哲学的特定分支）与其他科学联系到一起之前，为了使植物学可以自成体系，就必须将其与医学分离，解除捆绑。

之后，法国有一位关注植物学原理的学者居伊·德·拉·布罗斯（Guy de la Brosse），他是路易十三的医生，在1628年出版了一本名为《论植物的本质、功效和应用》（*De la Nature, Vertu, et Utilité des Plantes*）的著作，并将其献给了"卓越而崇敬的红衣主教里谢利厄阁下"。如果德·拉·布罗斯知道自己的著作被归为亚里士多德植物学，必定会感到震惊，因为他自己经常抨击古典权威，然而他却深受亚里士多德学派观念的影响，甚至在他反对他们的时候。这本著作展示了他对一些不确定主题的关注，诸如单个物种的变异个体、植物的敏感性和它们的灵魂本质等。

虽然德·拉·布罗斯的著作内容极为混杂，其中包含了大量幼稚的猜想，但是他有时候隐隐预示了今天的理论生物学，这门学问就像系统植物学一样，也是源自古希腊思想的启发。

第 五 章

植物描述艺术的演变

早期的草药学家进行创作的主要目的之一，可能是帮助读者鉴别各种药用植物，然而直到十六世纪，草药志中的图像常常还是墨守成规，书中的描述也多有不足之处，在植物名称确定上，仅仅依靠草药志的帮助，这几乎是不可能完成的任务。这种想法本身就说明，真实植物的知识是通过口口相传来传播的，草药志实际上仅仅是被当作参考书来使用，读者可以从书中学习那些已为人所知的草药治疗效果。假如这个猜想是正确的，它或许可以解释：在植物学复兴早期，植物描述的艺术为何还处于非常原始的状态。

当我们转向亚里士多德学派，就会发觉泰奥弗拉斯特的作品包括了某种植物的描述，虽然按照现代的标准来看，它们看上去稍微有些初级，但仍然是卓越的，就算和那些初次印刷的草药志相比，它们也要好上很多。中世纪的亚里士多德派学者大阿尔伯特，他在描述花朵时也展示出显著的独创性，他所关注的许多细节，今天的许多作者甚至都会忽视掉。比如，在对琉璃苣花朵的描述中，他区分出了绿色的花萼、带有叶舌状附属物的花冠、五枚雄蕊和中央的雌蕊，尽管他显然并不清楚这些结构的功能。（图5-1）他观察到百合的花朵缺少花萼，但是花瓣自身呈现出由绿

▲ 图5-1：琉璃苣（*Borago officinalis*），《植物写生图谱》卷I，1532年斯特拉斯堡手工上色版本。

色向白色的渐变。他还注意到罂粟的花萼早落，而蔷薇的花萼却会一直保存到果实成熟。

大阿尔伯特也指出，花萼或花瓣与另一个花萼或花瓣交替形成连续的螺旋纹，由此推断：这是一个为了更好保护花朵的设计。大阿尔伯特领悟到花朵结构的某些一般性特征，他将花朵形态划分为三种类型：第一种：鸟形（bird-form）（例如耧斗菜、堇菜和野芝麻）；第二种：角锥形（pyramid-form）和钟形（bell-form）（例如旋花）；第三种：星形（star-form）。

当我们将视线从亚里士多德学派的植物学家，转向那些主要从医学角度研究植物的人们时，就会发现他们对植物的描述能力在明显退步，例如，我们已经提到的，迪奥斯科里德斯《论药物》的植物描述非常简短浅陋，通常难以对其进行精确的鉴定，有时候甚至根本不可能鉴定。

阿普列乌斯的草药志在中世纪发挥着重要的作用，但是，这部著作几乎对所涉及的植物没做任何描述。我们从之前已谈及的十一世纪盎格鲁-撒克逊抄本翻译中摘录了如下段落，该段落描述了一种植物，相比于这个抄本中其他植物的描述，它或许可以算得上是相当准确和详尽：

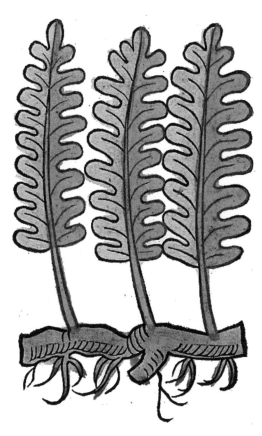

　　这种草本植物被称为水龙骨（radiolus，图5-2），它的另一个名字叫常生蕨（everfern），取自它叶片类似蕨类；它生长在有石头的地方和老宅子里；每片叶子上有两排美丽的斑点，它们像黄金一样闪闪发光。

▲　图5-2：水龙骨（*Plypodium* sp.），《健康花园》，1491年美因茨出版。

我们在本书第二章讨论的一系列十五世纪草药志，如《拉丁语草药志》《德语草药志》以及《健康花园》等，尽管这些著作的植物描述常常具有某种朴素的魅力，但是它们对所罗列植物的特征描述都极其简短且不完整。书中采用的描述方法几乎不值一提，也不必列举实际例子来说明。从1529年版《草药大全》引用一些实例或许足以说明问题，虽然这本书在时间上属于十六世纪，但它完全延续了上述草药志的传统。例如，书中对酢浆草（wood sorrel）是这样描述的：

这种草本植物生长在三类地方，特别是树篱、树林和墙脚下，它的叶子类似于三叶草（车轴草）并具有像酸模（sorrel）一样的酸味，它开黄色花。

文中"黄色花朵"的表述暗示《草药大全》起源于欧洲大陆，因为这种描述并不符合英国的白花酢浆草（*Oxalis acetosella L.*），这种酢浆草在精致的白色钟状花冠上有着粉色的纹脉。

另一个例子，我们或许可以引用一下菊苣的描述，书中是这样写的：

弯曲扭动的茎秆，花朵具有天空般的颜色。

关于睡莲，我们仍然只能看到一段更加概括化的描述：

睡莲是一种生长在水中的草本植物，具有宽大的叶片和蔷薇形态的花朵，它的根茎非常大，被称作treumyan。睡莲有两种样子的花，一种是白色的，另一种是黄色的。

我们偶尔也会碰到少许更加仔细的观察，例如书中提到胡萝卜伞形花序中央有彩色花朵，我们可以读到如下介绍：

它拥有巨大的花朵，中间的区域有些许红色的小点。

然而，这个术语对于现代植物学家来说，听起来多少有些奇怪。

1525年出版的《班克斯草药志》，该书对植物的描述尽管稍有改观，但却明显要比《草药大全》略胜一筹，不过这本书中的描述仍然保留了过多的想象。我们或许可以从中挑选出两个最好的例子来加以说明，书中这样描述"石龙芮"（现在被称为 *Ranunculus sceleratus*）：

人们又称这种植物为水毛莨，它开黄色花，与毛莨形态相同，但是叶子更早发出，主茎较高，在主茎旁侧生出许多小的侧茎。石龙芮生长在有水的地方。

对于荠菜（*Capsella Bursa-pastoris*）作者又这样写道：

这种植物茎干较小，分支较多，具有锯齿状的叶子和白色的花朵，它的心皮①像一个钱袋。

奥托·布伦菲尔斯1530年出版的《植物写生图谱》，是第一部所配插图完全忠实于自然的草药志，但另一方面，书中的文字描述完全配不上图像，几乎都摘抄自前人之作。这些丰富了德国植物学之父们作品的卓越木刻版画，首先来说实际上阻碍了植物描述艺术的发展。植物学家发现绘图师手中的铅笔可以展现植物特征性形态的每一处微妙细节，在某种程度上，"语言性描绘"不能与之匹敌。因此，植物学家就必然觉得在这样的绘图之下进行准确的语言描述是一项多余的工作。

在布伦菲尔斯之后，另一位伟大的学者希罗尼穆斯·博克在自己的第一版草药志中，尽管承担不起插图的花费，但却被证明是一件塞翁失马之事，因为这激励他尽可能地使用语言来表现植

① 原文采用早期英文单词为coddes，等同于现代英语单词seedpod（心皮），心皮为植物学术语，它是构成雌蕊的基本单位，心皮实质是具有生殖功能的特化叶片，它的边缘通过纵向折叠形成闭合的子房壁，受精的胚珠会在心皮包围的子房壁中发育，最终与心皮共同形成果实。*

物的形态。有时候他对花朵和果实的描述很出色，对植物一般形态的描述常常也很娴熟，我们或许可以引用他对槲寄生①的描述作为一个例子，现翻译如下：

它们几乎长成丛生的形态，植株具有许多的分叉和关节，整个植株为浅绿色，具有肥厚饱满的肉质叶片，比锦熟黄杨（Box）②的叶片更大。槲寄生的花在初春开放，不过它的花非常小，呈黄色；从开花一直生长发育到秋季，会结出小而圆的白色浆果，果实很像野生醋栗；这些浆果内部充满了白色黏性胶质，每一个浆果都有黑色的颗粒，好像这就是种子，然而将其播种并不能发芽，因为正如我上面所说，槲寄生只能在树上发芽生长。冬天，槲鸫从槲寄生上寻找食物，但是在夏天，槲寄生树皮通常会产生黏鸟胶，困住槲鸫，因此槲寄生对鸟既有益又有害。（图5-3）

▲ 图5-3：白果槲寄生（Viscum album），博克《草药志》，1546年斯特拉斯堡出版。

① 原文mistletoe是指生于欧洲的白果槲寄生（*Viscum album*），我国不产此种槲寄生，我国所产槲寄生（*Viscum coloratum*）果实为淡黄色或橙红色。*

② 原文box是指欧洲原产的锦熟黄杨（*Buxus sempervirens*），俗称欧洲黄杨木，这种植物的木料是生产木口木刻雕版的主要原材料。*

布伦菲尔斯和博克这两人的观点形成强烈的对比，我们也许会注意到，就像布伦菲尔斯告诉我们的那样，他发觉古人对铃兰"沉默如鱼"就认为自己没有必要对铃兰进行描述；然而，博克对植物的茎叶和花果部分进行了生动的原创性文字描述。（图5-4组图）

博克似乎是第一个引入单词"雌蕊（pistil）"的人，虽然他是基于比较的目的使用了"雌蕊（pistillum）"这一词，而非将其视作一个科学术语。稍后不久，"花瓣（petal）"这个单词就被引入植物学术语中，它是法比奥·科隆纳在1592年建议使用的，当

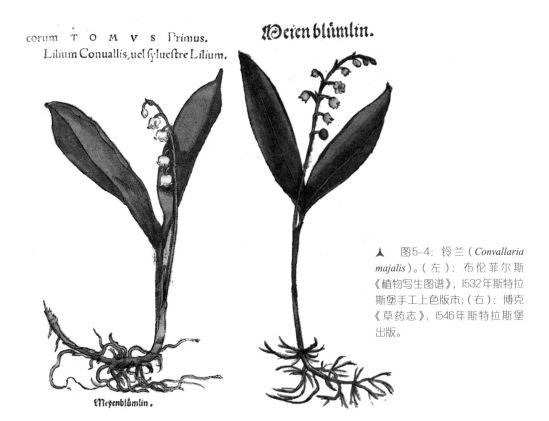

corum T O M V S Primus.
Lilium Conuallis, uel syluestre Lilium.

Meien blůmlin.

Meyenblůmlin.

▲ 图5-4：铃兰（*Convallaria majalis*）。（左）：布伦菲尔斯《植物写生图谱》，1532年斯特拉斯堡手工上色版木；（右）：博克《草药志》，1546年斯特拉斯堡出版。

时被定义为"花状叶（floris folium）"。

莱昂哈特·富克斯在其拉丁语著作《植物志论》中，将书中使用的专有名词整理成了完整的术语表，这具有重要的历史价值，它开创了植物学文献中此类材料的先河。然而，富克斯对专有名词的定义常常含混不清，几乎没什么科学上的价值，我们在此充分翻译两个例子以展示这些术语的风格：

雄蕊（Stamens）是一种从花冠（calyx）中心抽出的尖端（apice）：之所以这样称呼是因为它们就像从花朵最里面伸出来的细丝。①

① Stamen=warp（经线）或thread（细丝）

冠毛（Pappus）源于希腊语和拉丁语，是一种从花朵或果实上脱落的绒毛，也是某种植物花朵凋落后残存的某种绒毛，之后会在空中消散，冠毛会出现在千里光、苦苣菜和其他几种植物上。

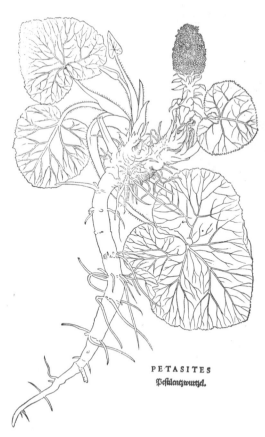

富克斯的著作中几乎没有原创性的描述，例如在他德语版的草药志中有对蜂斗菜雄株（Butterbur，图5-5）的描述，这些文字几乎是从博克那里逐字逐句抄过来的，书中描写如下：

蜂斗菜的花在植株长出叶子之前就先开放了，它的花序是由许多藕荷色的小花组成的成簇形态，看起来就像一串开得正好的葡萄花序。这种大型成簇形态的花序具有一个中空的花梗，有时高度变化较大，花序连同花梗一起凋谢衰老而不结果实。当圆形的灰色叶片长出时，刚开始很像款冬的叶片，之后就长大到一片叶子可以覆盖住一张小圆桌。叶片的一面是浅绿色的，另一面则发白或发灰。每一片叶子都有褐色、多毛、中空的叶梗，擎在叶梗上的叶子就像阔边帽或翻过来的蘑菇。蜂斗菜的根部很肥厚，根的内部白色多孔，具有一种浓厚苦涩的味道。

▲ 图5-5：蜂斗菜（Tussilago petasites），富克斯《植物志论》，1542年巴塞尔出版。

英国的草药学家威廉·特纳尤其擅长生动描述植物。他将菟丝子比作"一根很不错的红色竖琴琴弦"，将荠菜的果实比作"一个小男孩的书包或小袋子"。他是这样描述野芝麻[①]的：

① 依据下文开白色花，可知这里说的野芝麻应该是产于欧亚大陆的短柄野芝麻（*Lamium album*）。*

野芝麻（lamium）的叶片类似荨麻（nettle），但是叶缘锯齿较浅，叶片发白。叶片上的绒毛就像小刺，但是并不蜇人。野芝麻茎有四棱，开白色花朵并具有强烈的气味，花冠非常像戴在秃头上的小斗篷或头巾。它的种子黑色，着生在茎上，野芝麻生长在我们可以看到欧夏至草的地方。

　　低地国家的多东斯、卢克修斯和德·洛贝尔三位伟大的植物学家，彼此有着非常紧密的联系，因此没有分别去讨论他们描述植物风格的必要。我们在之前已经提到过，1578年亨利·莱特出版的《新草药志》是由《植物志》（*Histoire des plantes*，图5-6）翻译而来，而《植物志》本身则是克卢修斯译自多东斯的佛兰芒语草药志。

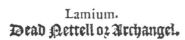

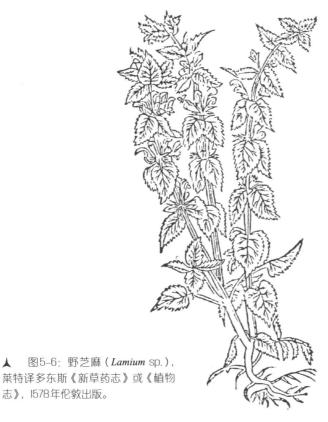

▲　图5-6：野芝麻（*Lamium* sp.），莱特译多东斯《新草药志》或《植物志》，1578年伦敦出版。

　　由此，我们或许可以通过莱特译著的一段引文，对这些草药学家描述植物的风格做出公正的评价，因为这本书很好地保留了十六世纪的写作风格，而这种风格又太容易消失，难以在现代翻译之中保存下来。莱特是这样描述金鱼草的：

金鱼草（antirrhinon，图5-7）具有笔直而圆的茎秆，茎上多分枝；叶子深绿色，稍微长而阔，与琉璃繁缕（anagallis）和海绿（pimpernell）叶片类似；两叶对生，就像琉璃繁缕一样。长在茎秆上部的花朵沿着分枝互生，花朵形态的前端稍长而阔，之后形成一个青蛙嘴的样子，这种花型与柳穿鱼（todeflaxe）类似，但是比后者更大一些，也没有花距①，颜色呈淡黄色。花谢之后会长出一个长圆形的果壳，它的大致样子颇为类似家牛或驼鹿的鼻子，果壳内含有种子。

① 原文所用单词为"tailes"，即植物花器官上的"花距（spur）"，这是一些植物的花瓣向后或向侧面延伸生长出的管状、兜状结构，通常里面储有花蜜，以供特定授粉昆虫采食。*

▲ 图5-7：金鱼草（*Antirrhinon* sp.）（图左），下文即莱特对其形态的描述，莱特译多东斯《新草药志》或《植物志》，1578年伦敦出版。

多东斯在1583年出版的《六卷本植物志》中，列出了一份植物学专业术语表，然而其定义含混不清，就植物的准确描述而言，这谈不上取得了很大进步。我们或许可以举一个他描述花朵的例子翻译如下：

我们将花朵（ανθος）称为树木和植物的欢乐，对于每一个生长中的植物来说，它是结出果实的希望。依据植物的本性，它会在开花之后产生后代和果实，然而花朵具有自身特殊的部分。

将克卢修斯的作品与他同时期作者的作品相比较，他笔下的植物描述特征更具写实性，他也更关注花部结构。现在被称为大座莲[①]（*Aeonium arboreum*）的植物（本书在图5-8复制了克卢修斯书中这种植物的版画），克卢修斯是这样描述的：

它是一种灌木而非草本植物，高度偶尔可以达到两腕尺（三英尺），主茎可以长到人类胳膊那么粗，其上长有大量像一个男子拇指那么粗的次级枝条，在其上又分生出无数手指粗细的幼枝向四面散开。在幼枝顶端形成一种环形排列的形态，由无数叶片向内推进、互相叠压聚集而成，就像景天（*Sedum vulgare majus*）一样，然而它的叶子肥厚多汁，外形就像一根舌头，叶缘有轻微的锯齿，有点苦涩的味道。整个灌木状植株覆盖着肥厚肉质、多黏液的树皮。最外层的树皮颜色较深，上面布满了像地中海大戟（*Tithymalus characia*）一样的斑点：这种斑点仅仅是叶片脱落后留下来的斑痕。同时，覆盖着叶子的肥厚花梗从植株中较大的枝条顶部抽出，打个比方来说，其上开出一个满是黄色花朵的酒神杖般的花序[②]，花朵如同星星般

Sedum maius.

▲ 图5-8：大座莲（*Aeonium arboreum*），克卢修斯《西班牙稀有植物的观察描述》，1576年安特卫普出版。

① 原文所用学名为 *Sempervivum arboreum*，现已修改为 *Aeonium arboreum*。中文俗名也称其为绿法师，是一种产自摩洛哥加那利群岛西部的景天科莲花掌属的多肉植物。*

② 原文用 thyrsus，原意为酒神杖，即酒神巴克斯（Bacchus）所执顶端为松果形的手杖，现在为植物学术语聚散圆锥花序。*

散开，令人赏心悦目。当这些花凋谢，就结出种子，种子非常小，花梗变得纤细，然而，这种植物可以一直保持常绿。

1597年出版的《杰勒德草药志》中几乎没有多少原创性的描述可以引起人们太大的兴趣，然而，我们可以引用他对马铃薯花朵（图5-9）的描述，马铃薯花在当时如此的新奇，以至于在杰勒德的肖像画（图4-61）中，他还手持一束马铃薯花枝。人们会注意到，杰勒德显然比较关注颜色，而不是我们现在更加看重的一些特征。杰勒德是这样描述马铃薯开花的：

这是一种极其美丽且讨人喜爱的花儿，它由一整片花冠组成，花冠是以如此奇怪的方法折叠或打褶而成，看上去一朵花像是由六片各式的小花瓣组成一样，这是不能轻易被人觉察到的，除非将同一朵花拉开才能发现。花朵的颜色难以描述，整个花朵是淡紫色的，拆开每一个褶皱，会露出淡黄色，仿佛紫色与黄色混合在了一起。在花朵的中心长出一个肥厚的锥状组织，色黄如金，在这个组织的最中央伸出一个细小的绿色突起物。

Battata Virginiana siue Virginianorum, & Pappus,
Virginian Potatoes.

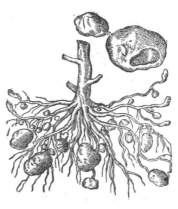

▲　图5-9：马铃薯的文字描述及图像，约翰逊编辑的杰勒德《草药志或通俗植物志》第三版，1636年伦敦出版。

在瓦勒留·科尔都斯去世后才出版的《植物志》（*Historia stirpium*）中，有对植物的相关描述，这算是十六世纪最佳的描述文字了，其中一些并不仅仅静态地描述了物种成熟时的样貌，而且还动态地展现了植物的生活史。有时候作者通过品尝植物，严谨地标识出它的味道，这增添了一种化学上的趣味性。我们并不打算引用科尔都斯的书中文字，因为在此插入这些文字的话就显得过于冗长，而没有这些引文我们也不能公正地评论他的植物学描述。

截至我们关注的这些较晚时期的草药志，可以说加斯帕尔·博安于1620年出版的《植物学大观序论》对植物的描述达到了一个高峰，书中的植物描述具备了简洁准确的高水准，我们可以翻译他对菠菜叶酸模[①]（*Rumex spinosus*，图5-10）的描述作为一个例子：

几条茎秆从它那短小的锥状根（绝不是棒状根）上抽生出来，长达十八英寸，这些茎蔓延地上，圆柱状，上面具有纵向褶皱，在接近根的地方逐渐变白，表面少许有一些纤毛并分蘖出一些小枝。这种植物叶子与甜菜（*Beta nigra*）叶相似，但数量

① 原文该植物名称为Beta cretica semine aculeato，实为一种蓼科酸模属植物，现根据学名 *Rumex spinosus* 拟用中文名"菠菜叶酸模"。*

Beta Cretica femine aculeato.

▲ 图5-10：菠菜叶酸模，加斯帕尔·博安《植物学大观序论》，1671年巴塞尔再版。

较少，只是它的叶子更小，叶柄较长。它的花较小，呈黄绿色，人们可以观察到它的果实在接近根的地方大量着生，果实由这个地点一直扩展生长到茎上，几乎每一个叶柄处都有。果实粗糙、具有结节并分离成三个下弯的点。在果囊中包含一粒种子，与侧金盏（Adonis）种子形状相似，种子略微呈球形，在其末端有一个尖端；种子由双层的微红色薄膜覆盖，里面一层包裹着一个白色粉状的内核。

在本书讨论的所有时代里，基本不用指望博安的描述方法还会有任何大的进展，这是因为本书所选择的时段在花朵基本结构的属性被人们了解之前，就已经终结了。直到1682年，尼希米·格鲁才在出版物中指出，雄蕊是植物雄性器官这一事实，虽然他自己将这一发现归功于托马斯·米林顿（Thomas Millington）爵士，而此人并非知名植物学家。杰勒德将土豆的雄蕊和雌蕊柱头解释为一个"锥状组织，色黄如金，在这个组织的最中央伸出一个细小的绿色突起物"，这种描述在二十世纪的植物学家看来是含混不清的，但是当我们知晓杰勒德由于完全不了解眼前所见这些结构的功能和关联，从而使其认知受到限制时，他的描述就绝不该被人们轻视。

早期草药学家撰写的植物描述有一个显著的特点，那就是他们依赖于类比（comparison），他们用类似的植物来表达自己的见解。我们从富克斯草药志中引用了蜂斗菜的描述，这些描述源自博克的著作。在这一描述中，作者将葡萄花、款冬叶、蘑菇、灰烬以及帽子作为类比的术语，而小圆桌则被用以度量大小。只要人们不重视测量的可能性，那么这种业余的方法就是唯一的描述途径；而且那时候也并不存在借助统一的植物学标准——表达植物形态和排列所要依托的术语。正如我们所注意到的，富克斯和多东斯均尝试构建专业术语表，但是这样的术语表在当时的知识水平下是不能被有效构建起来的。

今天人们常常感到悲哀的是，植物学由于过度使用专业术语，已经变得使人难以理解。毋庸置疑，这些抱怨有几分合理性，但是另一方面，我们对更早期草药学家著作的研究清楚地表明，他们采用了通俗语言来描述植物，但通常他们无法准确表述关键信息，因为在这个过程中术语的概念从未在植物学上被明确定义。正是由于约阿希姆·荣格（Joachim Jung）和林奈，我们才有了精确术语的基础。现在，当植物学家着手描述一种新的植物时，他就可以使用这套术语了；然而，这两位植物学家的作品分别出版于十七世纪晚期和十八世纪，已然超出了本书目前的讨论范围。

植物学前史

第六章

植物分类的演变

在欧洲最早的博物学著作（那些属于亚里士多德学派的作品）中，我们看到了对各种不同植物进行分类的尝试。任何一位接受过希腊哲学训练的学者，都将不会满足于让一门科学仅仅停留在被孤立描述的混乱之中，因而亚里士多德学派的作者进行这样的尝试就在所难免了。泰奥弗拉斯特在《植物探究》（*Euquiry into Plants*）中考虑植物分类的主要原则，至今仍有意义，他指出植物王国应该被分为乔木、灌木、小灌木和草本植物，进一步的区分则应该基于诸如栽培与野生、有花与无花、落叶与常绿植物这样的标准。他也暗示了一种生态的分类法，但是他也很清楚地指出，所有这些建议都只是试探性的。

中世纪的大阿尔伯特延续了亚里士多德派植物学的精神活力，他追随泰奥弗拉斯特的基本框架，但对其著作的一项研究表明，在他头脑中形成了一个更先进的分类系统（尽管他事实上从未将其明确表达出来），或许可以用图表将这个分类法展现出来。下表中是他不同分组名称对应的现代植物学术语，但必须注意的是，这并不能推测出他已经完全认识到了下表中所体现出来的单子叶植物与双子叶植物之间的区别：

Ⅰ.无叶片的植物[部分隐花植物]

Ⅱ.有叶片植物[显花植物和某些隐花植物]

1.有外皮的植物[1][单子叶植物]

2.有被囊的植物[2]（"从外囊套里长出"）[双子叶植物]

（a）草本植物

（b）木本植物

① 原文为 corticate，这个单词原意为"具有外皮的"，结合作者后文注释的"单子叶植物"，在此处，可能是指单子叶植物真叶从单薄如外皮的单一子叶中生长出来。*

② 原文为 tunicate，这个单词原意为"具有外囊套的"，结合作者后文注释的"从外囊套里长出"和"双子叶植物"，在此处，可能是指双子叶植物的真叶从一对如同囊套的肥厚子叶中生长出来。*

我们可以将切萨尔皮诺视为十六世纪典型的亚里士多德派植物学家，他将自己对植物的主要区分建立在古老的框架之上，一组是乔木和灌木，另一组是小灌木和草本植物。他主要依据我们今天称为种子和果实的特征来进行分类，并将第一组划分为两个分类群，第二组划分为十三个分类群。在他的分类体系中，只有极少的分类呈现出自然的组群分类，但他能认识到"种子"的重要性可以说是一个显著的进步。

当我们将视线从植物哲学家转移到以医学立场来研究这个学科的人，会发现情况完全不同。亚里士多德派植物学家从一开始就意识到，有必要在哲学上来思考某些分类形式，而医学植物学家仅仅对作为个体的植物感兴趣，他们推动植物的分类，只是因为分类次序对于便捷地处理数量庞大的植物群体是很必要的。在迪奥斯科里德斯所著的《论药物》中，几乎看不到进行分类整理的企图，甚至在那些不只采用字母顺序编排的版本中，也看不出这种尝试。例如，该书第三卷本对食用或药用植物的根、汁液、草本、种子进行了描述，其他卷本在分类方面一样含混不清。不过，书中各处都出现了一点植物间亲缘关系的意识，比如大量的伞形植物会被连续地列举出来。

严格来说，老普林尼并不是一位医学植物学家，然而在谈到植物学和医学的联系时，也可以提及他，因为他对植物的兴趣本质上源自实用主义。就像泰奥弗拉斯特一样，老普林尼从乔木开始了对植物的描述，但是他这样做的理由与那些古希腊思想家极为不同，他阐明了采用科学视角和人类中心论视角看待植物世界之间的差别。泰奥弗拉斯特将乔木置于植物王国的首位，因为他认为乔木的结构能最全面体现植物的性质。而老普林尼以乔木为起始，那是因为它们对人类有巨大的价值。他对植物进行排序的想法可以用一个例子加以说明，他将桃金娘和月桂并置只因为桃金娘代表了热烈欢迎，类似地，月桂也具有胜利之意。

我们转向草药志本身就会发现，最早的著作中并没有自然分组的痕迹，植物通常是按照字母顺序分类的。例如，在《拉丁语草药志》《德语草药志》《健康花园》以及由它们派生出来的著作，甚至在十六世纪莱昂哈特·富克斯的知名草药志中都是这样。另一方面，在博克的草药志中，他依照古典的分类大纲将植物分为草本、灌木和乔木，他在分类中尝试按照植物之间的关系对其进行排列。博克在书的序言里写道：

> 我将所有植物放置在一起，但又保持它们的区别，它们彼此相关而有联系，或者彼此类似而可以比照。我放弃了在之前草药志中常见的陈旧规则或依据A.B.C.字母顺序的排列方法，因为采用字母顺序的植物排序导致了大量的不一致和谬误。①

虽然人们现在已经知道了更多的植物类别划分，但是早期的从业者并不知晓这些，他们至少在区别属和种之间的认识上有一点模糊。例如，泰奥弗拉斯特将不同种的橡树、柳树等分别划分在一起，这表明他对属有一些概念。我们应该感谢康拉德·格斯纳，他首次提出了属应该用实质性的名称来标记这一想法。他有可能是最早清楚地阐述属和种之间区别的植物学家，在一封信中，他写道：

> 我们应该肯定的是，构成一个属的任何植物几乎都能被划分为两个或更多的种。古代描述过一种龙胆，而我现在就知道十种或更多种。

格斯纳的植物学著作极少现世，而法比奥·科隆纳的著作最早对属的本质含义给出明确的定义。毫无疑问，科隆纳受到了切萨尔皮诺的影响，他在1616年出版的著作《艺格敷词》中指出，属的划分不应该基于叶片形态的相似性，因为表明植物间亲缘关系的不是叶片，而是依靠花朵、花托，特别是种子的特征。②科隆纳列举的实例，表明之前的作者有时候将一种植物归在了一个

① 《草药志》（*Kreuter Buch*，1551年出版）。

② 摘自1616年出版的《鲜为人知的植物》（*Minus Cognitarum Stirpium*）第二部分，第27章，第62页："tam in hac, quam in aliis plantis, non enim ex foliis, sed ex flore, seminisque, conceptaculo, et ipso potius semine, plantarum affinitatem dijudicamus."

错误的属下面，因为他们只关注到叶片，而忽视了花朵的结构。

在加斯帕尔·博安十六世纪末至十七世纪初的著作中，他以高度的一致性采纳了二元命名体系（binary system of nomenclature），每一个物种具有一个属名和一个种名，尽管当时人们会在植物名称中添加第三个，甚至第四个描述性的名称单词，但是这些额外的单词并非所需。博安在1596年出版的《植物学条目》序言中指出：他为每一种植物采用一个名称，再增加一些容易识别的特征，如此就清楚明了了。[①]的确，双名法在很早之前就有所预兆，我们可以在一部十五世纪的古老草药志抄本《单味草药》（*Circa instans*）的第二十六页看到，这个命名体系已经流传甚广。

从早期作者们模糊的概念到如今我们所习惯的属与种的准确定义，这种进步在某种程度上未必是件好事。近来有学者指出，今天有一种对待这些属、种单元的趋势，认为它们好像拥有具体的实在性，然而它们仅仅只是一种便捷的抽象概念，只是为了人们的大脑处理无数的生命体时，可以更容易操作。

当我们将注意力从对属和种转移到早期草药学家们发展起来的更广泛分类体系时，会震惊地发现，这些分类体系所依托的原理与今天已经发展起来的原理之间存在显著的差异。当人们还在用不成熟的人类中心论视角看待这个世界时，依据有用性和医学特性对植物进行分类，这很显然是最先出现的分类建议。在1526年的《草药大全》中，我们可以清楚地看到将这种分类方法应用于一种特殊菌类的荒唐例子：

> 菌类蘑菇……它们有两个种类，一种食用可杀人致命，它被称为毒伞菌（tode stoles）；另一种则无毒。

在更早期的草药志《单味草药》中，关于菌类也有相同的描述。虽然第一眼看上去这好像完全没有科学性，但我们必须要承认的是，这种依据"功效"的分类原则，在其内部孕育出

① "plerisque nomen imposuimus, perspicuitatis gratia, cuius nominee communiter nota aliqua a quolibet in planta observari potest, nomini addita."

了通向自然分类体系的萌芽。林奈和裕苏①均指出相关的植物具有相似的特性，1804年德堪多（A.P. de Candolle）在他的《通过比较植物的外部形态和自然分类，讨论它们的药用功效》（*Essai sur les propriétés médicinales des Plantes descript avec leurs forms exterieures et leur classification naturelle*）中，对这一现象展开了更进一步的讨论。他指出在不少于二十一个科的有花植物的所有群体成员中，都发现了相同的医学特性。当我们意识到德堪多因为那时大量科的植物特性还不为人所知，他不得不忽视大量的科，那么他这样的论断就显得很了不起了。

在植物学分类的历史上，人们认识到植物自身的结构和生活方式应该看作与其用途一样重要时，标志着植物学分类从纯粹实用主义的视角迈出了第一步。我们之前已经指出，达莱汉普斯于1586年七月出版的《里昂植物志》将这个时期大多数知识集合了起来，因此可以将其作为一个典型的例子：我们发现在这本草药志中，作者采用了三种毫不相关的分类原则，让人感觉很奇怪，甚至有点摸不着头脑。三种分类原则分别是：（1）按照植物的形态；（2）按照植物的功效；（3）按照植物的结构。以上三种分类原则均为其分类体系的地位确立提供了主要的分类线索，因此，草药学家基于一种未成型的生态学、医学和形态学混杂思想创立了自己的分类方案。

以下为我们罗列就当时已知的、达莱汉普斯描述植物世界的十八个分类标题，从中可以看出就自然分类体系最早进行探索的混乱状况。他的分类标题翻译如下：

Ⅰ　生长在野外树林中的乔木

Ⅱ　生长在野外灌木林的果实

Ⅲ　栽培在使人快乐的花园和果园的乔木

Ⅳ　谷类和豆类，以及生长在田地里的植物

Ⅴ　花园草本植物和盆栽草本植物

Ⅵ　伞形花序植物

① 裕苏（Antoine Laurent de Jussieu，1748—1836），法国著名植物学家，1789年出版的《植物属志》（*Genera plantarum*）是首次介绍有花植物自然分类体系的著作。*

在这十八个分组中，只有第六条（伞形花序植物）和第十四条（蓟类植物）采用了一些自然分类的主张，这些也仅仅是同属相关群组植物大致的粗略归类。在伞形花序植物中，我们碰到了蓍属植物（*Achillea*）和并不真正属于这个科的其他属植物。与此同时，蓟类植物包含了一些多刺植物，比如马赛黄芪（*Astragalus tragacantha*），这个混于自然分类体系中的植物，与蓟类植物群体的关系较远。

在达莱汉普斯的草药志出版五十多年之后，约翰·帕金森在其1640年出版的《植物学大观》中提出了另一个极为不成熟的分类体系。他将当时已经知晓的所有植物划分为十七个纲或族群，在大多数情况下，这些纲的次序编排毫无意义。他划分的族群有一些是自然的，但是许多都展现出无价值的类同关系（affinity）。我们可以用他提到的第三个纲为例："有毒的、使人昏睡的和具有伤害性的植物，以及它们的解毒植物"，他的十七纲如此描述"陌生和奇异的植物"。在帕金森的分类体系中，我们可以看到植物学不止一次重返仅仅作为医学附庸的地位。

为了探究植物分类思想进步的过程，我们不得不重回十六世纪。当我们考虑低地国家的植物学家时，会发现克卢修斯对这个学科并无特别的兴趣；虽然多东斯在建立一个通用分类方案时并没有找到任何适当的指导原则，但是他仍做过一次尝试。然而在更大的类群划分中，他展现出一些对自然类同关系的洞察力。他常常将我们现在视作同一个科的物种，甚至现在被视为同属的物种聚集为一个属，例如，他分别将某些属于牻牛儿苗科、金丝桃科、车前科、菊科等科的植物归到一起。然而，他对一些科的认识显然还不全面，例如在伞形科中，他描述了黑种草（黑种草属 *Nigella*）和两三种虎耳草属植物。多东斯如此脑洞大开表明，那个时代是多么地不重视花朵和果实在分类上的价值。

此外，尽管叶片的形态被认为在分类上非常重要，但是人们对叶片各种变型的意义并没有清晰的认知。这个任务留给了多东斯的同乡德·洛贝尔，他以一种注视的眼光来观察叶片，他主要依据叶片的特征制订了一套植物的分类规则，这是在前人成就上取得的重要进步。德·洛贝尔在1570年1月出版的《新植物备忘录》中，提出了自己的分类体系，也在之后的著作中采用了这一分类体系。这个分类体系比我们之前提到的达莱汉普斯，以及帕金森两人最初的分类方案出版更早。这个分类体系最突出的优点是基于植物叶片结构的不同特征，德·洛贝尔区分了我们现在所知道的单子叶植物纲和双子叶植物纲，他还引入一种植物有用特征的概览表，这或多或少领先于植物的自然分组。人们很快就认识到德·洛贝尔的分类体系比同时期其他人的更加优越，有一个例证就是：德·洛贝尔的《草药志》出版之后，前文提到的普朗坦就将此书使用过的木刻版画集结出版了一套画册。虽然这些版画作为插图也出现在多东斯和克卢修斯的作品中，但现在它们是以德·洛贝尔提出的方案来排列的，"依据它们的种类和彼此间的关系"①。

似乎没人会怀疑德·洛贝尔要比前辈们更有意识地努力实现一种自然的分类方法，他意识到这样的分类将揭示所有生命形态中存在的统一性。在德·洛贝尔1570年1月出版的《新植物备忘

① "uti à D. Mathia Lobelio … singulae videlicet congeners ac sibi mutuo affines digestae sunt." 献给1581年出版的《植物与植物图谱》（*Plantarum seu stirpium icones*）。

录》序言中，他写道："存在于（普遍秩序）中那些非常不同的事物仿佛变成了一个东西。"

德·洛贝尔的分类方案不像我们已经习惯的更现代的体系那样清晰明了，他与同时代的其他植物学家一样，通常并没有给我们现在称之为"科"的组群命名，或是为这些组群划出一些清晰的区分界限。尽管他的划分有其优秀的特质，但是也存在严重的缺陷，比如反常的单子叶植物斑叶疆南星（*Arum*）、浆果薯蓣（*Tamus*）和假叶树（*Ruscus*）被他划归到双子叶植物中，然而茅膏菜（sundew，*Drosera*）则和蕨类植物划分在一起（图6-1组图），诸如此类。

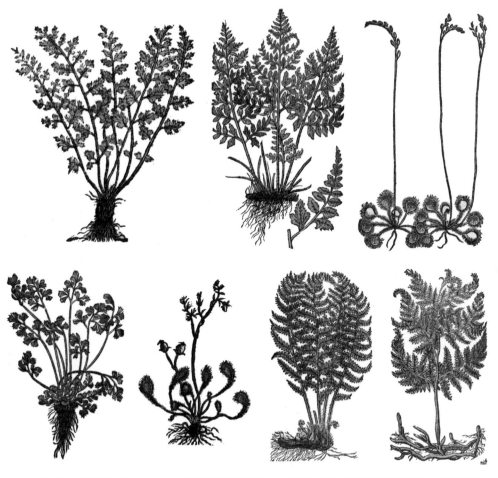

▲　图6-1：茅膏菜（*Drosera* sp.）与蕨类植物被归入一个类群，德·洛贝尔《草药志》，1581年安特卫普出版。

现在，人们仅仅将叶片形态的相似性视为平行进化（parallelism in evolution）的实例，但在德·洛贝尔的分类体系中，这成为许多毫无意义组群分类的依据，例如我们发现在《草药志》中，对叶兰（*Listera*）、舞鹤草（*Maianthemum*）和车前草（*Plantago*）被连续地放在一起描述。（图6-2组图）

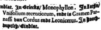
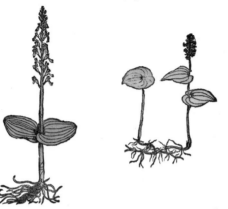

▲　图6-2：对叶兰（*Listera* sp.）、舞鹤草（*Maianthemum* sp.）和车前草（*Plantago* sp.）按照叶形被归入一个类群，德·洛贝尔《草药志》，1581年安特卫普出版。

然而在这本书的另一部分，各种车轴草（*Trifolium*）、酢浆草（*Oxalis*）和獐耳细辛（*Anemone hepatica*）又被分在了一起。驴蹄草（*Caltha*）、睡莲（*Nymphaea*或*Nuphar*）、莕菜（*limnanthemum*）和水鳖（*Hydrocharis*）则比较合理地接连排在

一起，德·洛贝尔将列当（*Orobanche*）、齿鳞草（*Lathraea*）、鸟巢兰（*Neottia*）和许多菌类归置在一起也有一定的合理性。（图6-3）从后面两个例子中，实际上可以看出德·洛贝尔进行了真正的生物学分类（尽管这并不是形态学上的分类）。一方面，他认识到浮水植物在叶型特征上的一致性；另一方面，他观察到无叶片、缺乏绿色是许多腐生、寄生植物的常见退化特征。

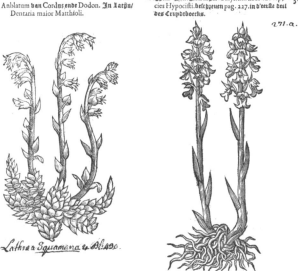

▲ 图6-3：齿鳞草、鸟巢兰和菌类被归入一个类群，德·洛贝尔《草药志》，1581年安特卫普出版。

十六、十七世纪，人们对植物间自然类同关系（affinities）的认知，逐渐从大脑中的模糊状态本能地形成起来。也许最典型的例子要数加斯帕尔·博安的著作，特别是他在1623年出版的《植物学大观登记》，这部著作分为十二册，每一册又进一步分为数个章节，其中包含了数量不等的属。通常来说，书和章节均不包含任何一般性的标题，但是也有例外，比如第二册叫作"球根类植物"，在第四册一个题为"伞形花序植物"的章节里包含了十八个属。书中的一些章节展现了真实的自然分类，例如第三册的第六章节包含了菊科的十个属，而这册的第二章节包含了十字花科的七个属。其他章节包含了超过一个科的植物，然而其中体现出彼此间具有明显相关性的感觉，例如第五册的第一章节包含了茄属（*Solanum*）、曼陀罗属（*Mandragora*）、天仙子属（*Hyoscyamus*）、烟草属（*Nicotiana*）、罂粟属（*Papaver*）、角茴香属（*Hypecoum*）和蓟罂粟属（*Argemone*），这就是说前四个属均属于茄科（*Solanaceae*），紧接其后的三个属则属于罂粟科（*Papaveraceae*），毫无疑问，因为它们具有麻醉致幻功效这个共同的特征而被编排在一起。然而，尽管这两个科毫无瓜葛，它们分别归属于的植物之间并没有清晰的分界线，但是它们被描述的顺序表明作者已经认识到它们之间的区别。

不过，就像我们刚刚讨论的那些属，博安书中划分的其他类群是依据它们的特性来分类的，或者换句话说，是依据它们的化学特征来分类的，这从形态学的视角来看，这种划分没有主张自然性。在该著作的第十一册第三章节，有一个冠以"芳香类植物"的类群，这个类群由许多来自不同科属的植物组成，它们被编排在一起仅仅是因为它们均出产对人类有用的香料。

毫无疑问，博安在小范围内识别植物之间的类同关系，大体上来说还算成功，但他被一个更棘手的问题所困扰，即他归类的不同属之间存在着什么样的关系。然而，当我们了解到直到今天，分类学家们在植物不同科之间有何关系的问题上还存在巨大的分歧时，那么博安的困扰就没什么令人吃惊了。

博安和德·洛贝尔一样，他似乎也相信植物会从较为简单的形态向更高级形态演化这一通用原理。博安运用这一原理来指导他的研究工作，从草本植物开始描述，终止于树木。关于有花植物（被子植物）中哪些类群被认为相对原始这个问题，直到今天还是一个悬而未解的问题，但是通常来说，博安的分类方法是不被认可的。草类植物以其自身的特点被编排得井然有序，而许多植物似乎独立采用了"树木形态"这一标准，然而这些植物实则隶属于极为不同的植物类群。

在隐花植物（无花植物）与有花植物之间有何关系这一研究主题上，博安的认知显然还很粗浅，比如我们发现蕨类、苔藓、珊瑚、菌类、藻类以及茅膏菜等，这些被博安像三明治一样夹塞在豆科植物和主要由蓟类植物组成的类群之间。对于较低等和较高等生命形态之间差别更清晰的观念，早在1592年就由波希米亚植物学家亚当·扎鲁赞斯基·冯·扎鲁赞提了出来。他指出某些动物，比如海绵，并没有形态或规则的结构（informia et indigesta）可言，然而其他动物则具有高度完善的（absolutiora）结构，他认为植物之间也有着相同的归类。与较低等的动物类似，有的植物也无形态可言，或形态缺乏秩序（ruda et confusa），他将菌类划归在这一类别，其中还包含海藻、地衣和其他植物，他将这些植物囊括在一个概括性术语"藓纲（musci）"之下。然后，他继续划分他认为结构更完善的植物（有花植物等），在这个类别中，他开始描述一系列具有简单叶片的禾草类和灯芯草类植物。他将蕨类植物归在了更高等的类群中，因为蕨类与其他植物相比拥有精致的叶片形态，但是他也意识到蕨类植物具有完全不一样的繁殖方式。

就植物叶片精细程度的重要性而言，扎鲁赞斯基的观点与切萨尔皮诺出版于十年前的作品观点形成了鲜明的对比，我们在上文已经提到过这个意大利学者，他开创性地将种子和果实的特征视为最重要的分类原则，可是，他按照这个原则指定的分类体系相对来说并不切实际。这个分类体系不够好可能是因为，没有哪一个分类体系是自然化的，除非从整体上将植物的所有特征都纳入考量。

的确，一个完善的分类体系不仅必须以植物的外观特征和繁殖系统为基础，而且还要依靠解剖学、化学、植物细胞学以及植物的生活史、遗传性的行为和病理学反应，这即便到今天依然是一个遥不可及的理想状态。切萨尔皮诺失败了，这是因为他在自己的分类体系中谨慎地选择了一个狭窄的参考标准，他主要依靠的是一种器官——种子。或许就是因为这种限制性方法的束缚，使他没能抓住双子叶植物与单子叶植物胚胎方面的根本性差别，也就没能在自己开创的分类原理中获得明显的成就。

毋庸置疑，切萨尔皮诺的思想又是杰出的，尽管他的错误在于，将植物当作一大堆各自独立的个体来对待，他用一个先验的理由将一个种类筛选出来，以此来为分类学的开创提供线索。那些投入分类学而没有先入之见的草药学家们获得了回报，他们在自然类同关系方面具有更深邃的洞察力，他们将植物视作一个不可分割的个性化整体，在这种综合性常识的帮助下，他们朝着建立一个分类体系的方向而摸索前行。

植物学前史

第七章

植物学插图艺术
的演变

欧洲的植物学插图艺术从早期低质量的图像发展到后来具有较高水准的作品，我们发现这并不是一个稳步发展的过程。相反，在最早具有明确植物学意图的传世绘图中，有着看起来很现代的图像，它们与那些现在通常被认为具有古老画风的图像完全不一样。著名的迪奥斯科里德斯著作维也纳抄本算是非常早的典型代表，书中有着大量品质绝佳的手工绘图（图7-1、7-2）。这部抄本可以追溯到公元512年，但是其中许多绘图取自更古老的作品，可能至少有一部分来自公元前一世纪克拉泰亚斯的原创绘图。这些早期绘图常常可以很好地展现出植物的一般形态，有时候连花朵和种皮也被描绘得格外仔细。然而，即便是其中最好的一些绘图，也会在延绵数个世纪的复制与再复制过程中，免不了遭受符号化的处理。

从艾丽西亚·朱莉安娜的迪奥斯科里德斯抄本制作，到第一本印刷版草药志的出现，其间历时近千年，对这个时段的草药志手抄本插图的研究自有一套模式。本书并不过多涉及手抄本领域，只有在对理解印刷书籍绝对必要时，我们才会稍微触及，这是因为我们的主要关注点是在第一批印刷厂建立之后，两个世纪里植物学图像的演变。我们在此仅仅非常概括性地总结一句：手抄本时代的植物绘图史是一段衰退史，而非进步史。

在我们所研究时代的较早阶段，有一个重要的事件是人们发明了木版印刷图像的技术，这种技术采用的是剔除空白区域，使保留下来的线条凸显出来。因为就木版（woodcut）和木口木刻（wood-engraving）①这两个术语的含义差别而言，专家们仍有许多不同的观点，所以这样看起来，本书将它们视为同义词似乎是最恰当的处理方式。

① woodcut指传统木刻，需要用刻刀在木头上雕刻，一般雕刻的版面与木头纤维纹理平行，雕刻力度较小，雕刻的图案以线条为主，很难雕刻、展现图案细节；wood-engraving指在欧洲十八世纪发展出来的木口木刻，这种木刻使用的木版是木材截面，版面与木头纤维纹理垂直，雕刻力度较大，可雕刻出许多细节。*

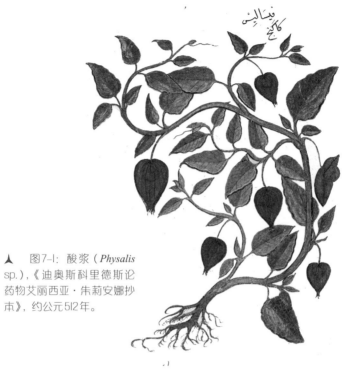

▲ 图7-1：酸浆（*Physalis sp.*），《迪奥斯科里德斯论药物艾丽西亚·朱莉安娜抄本》，约公元512年。

▲ 图7-2：黄花海罂粟（*Glaucium flavum*），《迪奥斯科里德斯论药物艾丽西亚·朱莉安娜抄本》，约公元512年。

在木版印刷时代，植物学插图或许可以被分为两个流派，但是我们应该明白的是，这种划分多少有些随意。这里的第一个流派呈现出晚期古典艺术传统的衰败之势，早在一千年前，维也纳抄本插图的风格就受到古典艺术传统的影响。可能在十五世纪末之后，就没有原创的木版画再被归到这个流派。版画的本质在于复制，它实际上只是印刷书对手抄本迟来的传承。在出现任何机械的方式倍增文字或图像之前，逐字手抄复制的方法具有我们今日已经丢失的优点和价值，只有认识到这一点，我们才会公正地看待手抄本时代。植物学木版印刷的第二个流派在十六世纪发生了显著的变化，它虽然没有达到科学上的顶点，但却获得了艺术上的高峰，草药志画家们抛弃了更受限制的手抄本传统而转向直接观察鲜活的植物。

HERBA DRACONTEA.I. PROSERPINALE.

第一个流派的图像刻板而富装饰性，我们或许可以选用《阿普列乌斯草药志》罗马版本（约1481年）里的插图作为例子（图7-3），由于这些插图源自一段很久远的手抄本传统，它们在很大程度上已经远离自然。早在公元一世纪，老普林尼就哀叹插图草药志里的图像，它们在复制的过程中质量变差了，特别是在着色方面。他指出（文字摘引自菲勒蒙·霍兰德的译本）：

他们将这些图描绘出来，与最初的图样和原物比起来是如此失败和退步。

▲ 图7-3：天南星科植物Dracontea，《阿普列乌斯草药志》，约1481年罗马出版，画面具有同时期的手工着色。

假如老普林尼对他那个时代的草药志就有这样的感受，那么我们想知道他会如何义正词严、语气强烈地谴责这部印刷版《阿普列乌斯草药志》中的插图，这些图像历经差不多一千年的手抄复制传统传承至最后阶段，与最初的图像相比该有多么糟糕。本书复制的插图可见本书第二章图2-3和图2-4，在这些睡莲和虎耳草的图像中，印刷书卷里的木版画和实际手抄本中的绘图可以进行对照，近来有研究者声称这些绘图是这些木版画最直接的图像来源。

人们通常认为，这本印刷草药志中的插图（它们不像其他早期草药志中的那些插图）实际上并不是木版印刷，而是雕版师在对木版雕刻方法学习之后，在金属上进行的粗糙雕刻。藏于大英博物馆①的印刷版本采用了模版印刷的方法，图像中添加了粗糙的黑色轮廓线和两种色彩，不过现在已经褪色不少；棕色用于花朵、根和动物着色，绿色则用于叶片着色。这部作品做工粗糙，着色也不准确，本书的图2-5、2-6和7-3展示了这些上色版画例子。②车前草的图像（图2-7）采用了一种效果很好的黑色底上画刻白色交叉平行线的处理方法，这种方式可能最直接源自雕版师的想法。这种版画雕刻技术展示出多样的风格，例如水苏的每一片披针形叶片，一边用连续的轮廓线呈现，另一边采用虚线呈现。

《阿普列乌斯草药志》中的图像具有一个颇具特点的优良品质，书中对植物进行整体的外观描绘，包括根部，这种品质也常见于绝大多数较古老的草药志中。毫无疑问，这种惯例是因为按照药剂师的观点来看根部常常具有特殊的价值。令人遗憾的是，在现代的植物学绘图中，花朵和果实被认为在分类中具有最重要的价值，这就导致植物营养器官相对被忽视，特别是那些藏于地下的器官。

我们接下来看到的一系列图像，它们或许被认为是一种过渡类型的绘图，存在于《阿普列乌斯草药志》古典传统至十六世纪早期文艺复兴植物学绘图的传统之间。这一系列图像包含了《自

① 本书现藏于大英图书馆。*

② 原书采用了黑白图版，为了使读者更加直观地感受这部印刷版《阿普列乌斯草药志》图像的样貌，本书将原书对应的图像替换为现藏德国巴伐利亚州立图书馆的同一版本彩色复制图。*

③ 现藏于大英图书馆。*

然之书》《拉丁语草药志》《德文草药志》《健康花园》以及这些书籍衍生作品（以上这些书我们在本书第二章和第三章已讨论）中的插图。

康拉德·冯·梅根贝格（Konrad von Megenberg）的《自然之书》在植物学史上占据一个独特的地位，它是最早一部用木版画展现植物的著作，明显是为文字提供图解，而不仅仅是出于装饰目的。这部著作1475年在奥格斯堡首次印刷，比《阿普列乌斯草药志》最早的印刷版本还早几年问世。然而，《自然之书》中的图像可能并不像《阿普列乌斯草药志》中的图像那么古老，我们以大英博物馆③仅存的植物插图为例，可以看出这些图像在被刻制之前，并没有经历长时间复制和再复制过程。图2-1中展示了原地生长的许多植物，其间的毛茛、堇菜和铃兰很容易被识别出来。值得注意的是，在两个实例中展现出莲座状的基生叶，莲座状的中心用黑色表示出来，在它的上面出现白色的叶茎。这种应用黑色背景的方式达到了一种丰富立体的效果，之后的书籍进一步地使用了这种方法，比如《健康花园》。

与我们刚刚描述的木版画在风格上有几分相似，但是更加原始的木版画出现在特里维萨版本巴塞洛缪斯·安格里库斯（Bartholomeus Anglicus）的中世纪百科全书中，这本书由温金·德·沃德（Wynkyn de Worde）在十五世纪末出版。它们被用于图解一部英文书籍，有可能是最早一批完全用于植物学目的的插图，其中的一幅图像见于第三章图3-3。

1484年出版于美因茨的《拉丁语草药志》，或又称为《美因茨草药志》（Herbarius Moguntinus），这部草药志的插图形成了另一类植物学木版画。这些图像远比《阿普列乌斯草药志》中的要好许多，但同时它们通常是刻板且老套的，图像常常毫无辨识度。这样的图像很明显缺少了写实主义风格，比如这幅百合（图2-8），图中的叶子好像与茎秆并不构成同一植物的有机整体。而有一些图像具有独特的魅力，它们的装饰效果使人想到一种植物设计图案——常常应用于中世纪彩饰手抄本边框的装饰。图中的泽泻根（图7-4）极可能源自于一本时祷书的边框装饰，它那程式化的卷须形态也出现在其他几部早期著作中，例如坎特伯雷大教堂中圣安德鲁小礼拜堂天顶画中描绘的葡萄。

　　稍晚一些在意大利出版的《拉丁语草药志》，出现了另一类与文本搭配的插图。据说这些木版画几乎均源自德语草药志，本章图7-5至7-7组图均取自出版于1499年的威尼斯版本。这些图像比德文原始版本中的插图更具雄心，整体而言它们更具自然主义风格，书中有一个令人喜爱的例子，它几乎就是日式风格，图中展示了一丛生长在溪流边的鸢尾，一只体态优美的鸟在溪中饮水（图7-5）。

YREOS VEL IRIS.

▲　图7-5：黄菖蒲（Iris pseudacorus），《拉丁语草药志》，另一版市阿纳尔杜斯·德·维拉·诺瓦的《草药功效专论》（1499年威尼斯出版）。

▲　图7-4：泽泻（*Bryonia* sp.），《拉丁语草药志》，1484年美因茨版市。

CAPILLVS VENERIS.

▲ 图7-6：铁线蕨（*Adiantum* sp.），《拉丁语草药志》。另一版本阿纳尔杜斯·德·维拉·诺瓦的《草药功效专论》，1499年威尼斯出版。

在另一幅图中描绘了一种被称为"星期五头发"（Capillvs Veneris，图7-6）的蕨类植物，图中或许是想展示悬挂在水旁岩石上的铁线蕨（maidenhair）；一幅极为对称的芍药图像明显是想展示芍药那块茎状的根，根部用纯黑色表现出来；在较对称的睡莲图像中，仍旧图示化地强调了一下叶基处的疤痕；画面也很有趣，因为它明显忽视了比例：图中描绘的花朵茎秆长度不足叶子径幅的两倍。（图7-7）

PIONIA   NENVFAR.

▲ 图7-7：（左）：芍药（Paeonia sp.）、（右）：睡莲（Nymphaea sp.），《拉丁语草药志》。另一版本阿纳尔杜斯·德·维拉·诺瓦的《草药功效专论》，1499年威尼斯出版。

这种对各部分比例忽视的现象，也出现在了《阿普列乌斯草药志》的天南星（aroid）图像中（图7-3）。在这样的实例中，我们可以肯定地推断：绘图员清醒地知道他不能如实地将植物展现出来，所以有意采用一种惯常的表现方法，而这种方法最多只会指示出植物可识别的确定性特征。画家对他们作品的态度就是将其符号化，这一点很不同于今天的科学绘图员，他们的这种态度很清晰地反映在许多中世纪手抄本的绘图中。如脐景天（Houseleek，图7-8）一类的植物，可能会被表现为生长在屋顶的样子，这种植物被描绘成大约是房子的三倍，很显然，引入一

座小房子仅仅是作为一种图像信息来展示该植物的生境，描绘的比例也只是出于方便的考量。人们在欣赏一件艺术品之前，需要先接受它的传统手法。如果因为我们刚刚描述的这些插图缺乏比例，就对其百般挑剔，这将是很荒谬的事情，这就好比人们在现实生活中不会采用歌唱来交谈就去批评大型歌剧一样。

1485年，《拉丁语草药志》首次出版的第二年，一本极为重要的作品在美因茨出版了，它被称作《德语草药志》，又或称为《德文草药志》（*Herbarius zu Teutsch*）。

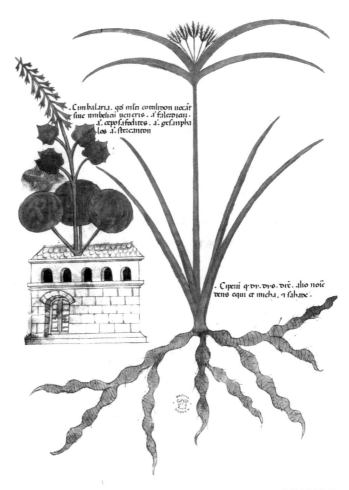

▲ 图7-8：屋顶上生长的脐景天（*Umbilicus rupestris*），《草药论》抄本（*Tractatus de herbis*），约1440年创作于意大利伦巴第。

这部著作我们在第二章提到过，它的插图极为漂亮，本书在图2-13和图7-9、7-10分别展示了其中的三种植物图像：黄菖蒲、菟丝子和酸浆，这些图像与《拉丁语草药志》中的相比具有更强的写实主义。毋庸置疑，部分原因是由于它们拥有更大的图版。的确，较早时期植物学版画中体现的自然主义取决于图版大小，若刻版太小，这种版画技术就会精细度不足，致使不能呈现出良好的科学效果。

▲ 图7-9：菟丝子（*Cuscuta sp.*），《德语草药志》，1485年美因茨出版。

▲ 图7-10：酸浆（*Physalis* sp.），《德语草药志》，1485年美因茨出版。

《德语草药志》的第一版在美因茨仅仅面世几个月之后，盗印的第二版就出现在了奥格斯堡。盗版粗糙地复制了原版中的插图，其图像水准非常之差。实际上，1485年的这些美因茨木版画超过了之后所有再版的版本。

在1491年出版的《健康花园》中，大约有三分之二的植物插图源于《德语草药志》，这些图像在复制过程中常常被严重破坏，很显然，复制者时常领会不到画家最初的意图。以菟丝子的木版画为例，《健康花园》中的图像很拙劣（图2–15），远不如《德语草药志》中的（图7–9）。图像质量在复制过程中每况愈下，这似乎与某种明显的心理变化倾向有关，而这些变化趋势可以通过图像对比揭示出来，例如，比较《德语草药志》（图7–10）和《健康花园》（图7–11）中的酸浆图像，其中一种变化趋势是复制者热衷于对称构图，出现这种情况可能是因为人类自身或多或少就是一个对称物，《健康花园》中酸浆的图像则体现了这种本能。

▲　图7-11：菟丝子，《健康花园》，1491年美因茨出版。

在这幅图（图7–11）中，复制者忽视了右侧枝条萌发于叶腋的特征，因为原本的右侧枝条呈现出一种不对称的效果，这有违于复制者的观看习惯。为了回避这种不对称性的构图，复制者在左侧枝条上增添一片叶子（原始图像中没有这片叶子），并将右侧枝条弯曲形成双歧分枝的效果，然而这样做就违背了酸浆发枝的规律。在原始图像顶部的一组叶子不太好识别，因此，复制者为了给自己省去麻烦，就用刺状突起替换其中的一片叶子。然而，复制者当时明显感觉到两个枝条之间的空间不太令人满意，因此他又增添了一个相似的刺状物以缓解单调。最后，他意识到了枝条末端简单的切口太过僵直，于是用了一个书法家的花体将其处理完成。这种时常出现在《健康花园》中的花体处理弄巧成拙，《德语草药志》制版的工匠反而因为不擅长这些花饰雕刻，避免了《健康花园》雕版师在创作时的自以为是。

我们注意到《自然之书》中的插图采用了黑色的背景，与画中白色的茎和叶片形成了反差，这种方法在《健康花园》中被进一步使用，生命树（图2-24）和图7-12组图都有效运用了这种方法。人们在引入粗糙底色方面并没有遵循一致的方法，在一些情况下，传统上似乎已经做过尝试，日本人就做得很成功，他们采用阴影使叶背面变暗，但有时候在同一幅图像中，某些叶子采用这种方式来处理，而另一些则没有。在一些风俗画中引入挪亚方舟树，它的树冠完全由平行的水平线组成，线条从下往上变短，形成了三角形。

《健康花园》中有一幅图像描绘了一棵酸橙树，树上栖息着长相奇特的鸟儿（图7-12下），这幅图表明画家在有意忽视比例，这也是我们之前已经提及的手抄本和摇篮本草药志的特点。画家通过忽视相对大小的问题，以展示出生长在酸橙树下面的草以及树干的类型和叶片形状，因为如果按照真实比例呈现，这些特征反而不会如此清楚。

《草药大全》和其他许多十六世纪早期的草药志在植物学插图史上并不重要，这是由于这些书都源自《德语草药志》《健康花园》以及类似的著作，它们的图像几乎没有原创性。源自《德语草药志》被多次重复使用的一套木版画，也出现在希罗尼穆斯·布伦瑞克1500年出版的专著插图中，这本书在1527年被译为《草药水蒸馏大全》。人们通常认为这个时期千篇一律的图像乏善可陈，这可以从希罗尼穆斯自己著作里总结的言辞推断出来，他告诉读者自己一定会关注文本而非图像：

▲ 图7-12：（上）：麻雀；（中）：Botris；（下）：停栖着鸟的酸橙树，《健康花园》，1491年美因茨出版。

图像不过只是一场视觉的盛宴而已，为那些无法阅读和写作的人提供了信息。①

的确，这些图像无法满足那个时代人们的需求，比如，索斯韦尔大教堂礼拜堂②（the Southwell Chapter House）柱顶那些自然主义的作品就有叶片、花朵和果实的雕塑，它们要比《草药大全》和《草药水蒸馏大全》早两百多年出现。

在十六世纪的前三十年里，欧洲的植物学插图艺术仍旧停滞不前。正如我们所看到的那样，市面上出版的这类书籍仅仅是对旧有木版画的复制，然而，1530年随着布伦菲尔斯伟大著作《植物写生图谱》的出现，拉开了一个新时代的帷幕。这部著作插图精美而准确，令其他草药志难以望其项背，书中描绘了许多产自德国的植物或此地常见栽培植物，如图7-13、7-14。一个可能重要的事实是，在研究彩色玻璃艺术的学者看来，1530年前后被视为"哥特风格"（Gothic）时代的终结和文艺复兴风格的开始。

① "wan die figuren nit anders synd dann ein ougenweid und ein anzeigung … die weder schriben noch lessen kundebt."

② 索斯韦尔大教堂位于英国诺丁汉郡索斯韦尔，始建于公元627年，重建于1879-1881年，教堂的礼拜堂柱顶有刻制精美的植物形态的雕塑，主要以叶子、果实展示了常春藤、橡树、蛇麻等植物形象，这批雕塑是十三世纪英国自然主义雕塑的代表作品，被人称之为"索斯韦尔的树叶"。*

▲　图7-13: 欧细辛（*Asarum europaeum*），布伦菲尔斯《植物写生图谱》卷1，1532年斯特拉斯堡手工上色版。

▲　图7-14: 獐耳细辛（*Hepatica nobilis*），布伦菲尔斯《植物写生图谱》卷1，1532年斯特拉斯堡手工上色版。

在先前所有植物学木版画的基础上，布伦菲尔斯的插图展现出一种显著的进步，在对它们进行具体考察之前，我们有必要寻找一下这种突然改进的原因。从更广泛意义来看，我们会发现在十六世纪初所有类别的书籍插图都经历了一次进步运动，而不仅仅局限在我们当下关注的这一类出版物。这一运动的推动力似乎源于：许多最杰出的艺术家，比如阿尔布雷希特·丢勒（Albrecht Dürer，1471—1528），他在这一时期开始为木版印刷绘制图像，不过在十五世纪，最有才干的人容易鄙视这一行业，他们并不参与其中。因而，布伦菲尔斯草药志和之后精美书籍中的版画，不应被视为孤立的存在，而应该与同时期，甚至更早时期其他类型的植物图像关联起来考察，恰恰这些图像并不是书籍插图。

本书在图7-15复制了莱昂纳多·达·芬奇（Leonardo da Vinci，1452—1519）（他在《植物写生图谱》出版前十一年去世）创作的一幅精美绘图。令人感到吃惊的是，带有粗糙、原始版画的《健康花园》众多版本以及其他类似的书籍，正是在莱昂纳多·达·芬奇创作的黄金时期出版的。如果仅从图像本身看的话，我们或许可以带着几分合理性地说，《健康花园》中的木版画和达·芬奇的画作相差了几个世纪；因此，如果追溯《健康花园》印刷图像背后的悠久手抄本传统（这是可能的），那么它们可能的确是差了几个世纪。

在布伦菲尔斯的草药志之前，阿尔布雷希特·丢勒也创作过非凡的花卉画，他创作于1526年的耧斗菜画作就是一个例子（图7-16）。达·芬奇和丢勒在将草药志插图引向一个更好的发展时代时，必定发挥着重要的作用，植物学家在看过他们的作品之后，几乎不可能依然满足于摇篮本里那种粗糙的老套插图。

▲　图7-16：欧洲耧斗菜写生图，阿尔布雷希特·丢勒1526绘制。

① 一幅是前文提到的耧斗菜，另一幅则是丢勒的名作《优美草地》（*Great Piece of Turf*）。*

丢勒作品有一个特点让生态学家们印象深刻：在他绘制的两幅着色草地主题画作中①，各种植物凌乱地长在一起（图7-17），准确地呈现出它们的自然状态，丢勒的创作将艺术的魅力和科学的准确完美结合在一起。

▲　图7-17：优美草地，丢勒1503年绘制。

严格意义上来说，草药志中的植物几乎一直是被单独展现的，因此人们从未关注到它们与其他植物以及栖息地之间的关系，但是偶然也有作者对这种关系感兴趣，例如图7-18，它来自1558年出版的一本动物学著作，这幅插图有着明确的生态学旨趣，画面里展现了水生动物和湿地植物之间的联系。本书在此也附上一幅波尔塔1588年出版的《植物形补学》（*Phytognomonica*）中的特殊插图，画面以一种概括性的象征手法展示了数种植物生长在适宜的栖息地。（图7-19）

虽然丢勒的绘画必然对植物学书籍的插图有着深远的影响，但他本人并没有直接关注过这一类书籍。汉斯·魏迪兹是同一流派的画家，他的一些作品的确在之前也被归于丢勒名下，他以现实主义的绘画风格引领了植物学的复兴，也为布伦菲尔斯的《植物写生图谱》创作了这些绘图。书名的意思为"鲜活的植物画像"，表明了这本书的独到之处在于：画家直接面对自然，而不是依靠之前制图员的双眼来关注植

De Ranis.

▲　图7-18：水生动物和湿地植物，F.波舒埃《论水生动物的本性》，1558年里昂出版。

Eiufmodi

▲　图7-19：各种海拔高度生长的植物，波尔塔《植物形补学》，1591年法兰克福出版（1588年首版）。

corum, TOMVS Primus.

Gåt Heinrich.

▲ 图7-20：球花藜（Blitum bonus-henricus），
《植物写生图谱》卷I，I530年斯特拉斯堡印刷。

物世界。从某一点上来说，这种源自更早期墨守成规、笼统的木版画的影响很深远，对它的反思相当滞后。魏迪兹依照有缺陷的标本创作了许多绘图，例如，本书在图7-20中清楚地展现了这些标本的叶片已经枯萎或被虫啃噬的状态。很明显，画家的目的仅仅限于展现他眼见的真实植物样本，无论它们处于正常还是非正常状态。此时，画家还未理解一种观念：源自植物系统学视角下的理想性绘图，它避免描绘任何个别性标本的偶然特征，而是寻求描绘这个物种完全典型的特征。

最近，在伯尔尼大学发现了一卷盖有菲力克斯·普拉特标本室印章的卷本，这使得人们对布伦菲尔斯草药志的图像有了一种全新的认识，在这个卷本众多的插图中，包含了一系列用深褐色勾线、水彩上色的植物绘图。关键性的研究证明，这些是魏迪兹为《植物写生图谱》雕版而创作的原始绘图。画家在纸张的双面都绘了图，不幸的是，这种节俭导致办事一向井井有条的普拉特为了将这些画作插入自己藏品的合适位置，竟粗鲁地剪裁损坏了这些作品。在一些画作背面没有被粘住的地方，人们经过检查发现了魏迪兹手写的不完整题字，并在其中的一个地方发现了日期"1529"。这些绘图中有许多都具有极高的水准，现在已经被复制出版。很明显，这些彩色绘图的创作意图不仅是为了帮助工匠将植物图像转换为黑白图版的形式，而且似乎是为出版商发行的彩色版本提供一个范本。[①]我们可以从本书复制的图像中捕捉到雕版师的一些想法，这些想法是他在转刻魏迪兹的绘图时通过雕刻技法传达出来的。雕版师刻制的轮廓线生动、自由且刚健有力，甚至还应用了一点明暗色调。

从装饰性书籍插图的视角来看，植物学复兴的精致绘图有时候并没能达到早期作品的水平。许多十五世纪的木版画具有饱满柔和的黑色线条，偶尔还采用留白来缓和纯黑色的背景，以此增加画面的纵深感，这种版画与黑体字非常相得益彰。与那些为了准确展现植物微妙的形态而使用更多纤细线条的插图相比，一张书页上出现这样的插图，常常更会使人赏心悦目。但是，由于草药志画家首要的目标是创作一幅科学性的版画，而非装饰性的版画，所以之后的作品更加写实，一改以往那样过多强调对版面黑白色调和谐与平衡方面的补偿。

我们按照年代顺序研究植物学木版画，接下来将关注克利斯蒂安·伊哲洛夫为罗斯林于1533年出版的《草药志》（Rösslin's *Kreutterbuch*）创作的那些插图，本书以榕叶毛茛（lesser-calandine）（图4-16：上）、铁角蕨（hart's-tongue-fern）（图7-21）以及标题页插图（图4-15）为例。这本书中的插图没有什么重要的价值，这是因为其中绝大多数仅仅只是将《植物写生图谱》上的插图通过缩小或反转的方式复制而来，但从总体来看，它们的样貌确实很不相同，正如一位专家所说，这是因为伊哲洛夫的雕刻师采用了流畅而简易的笔触式线条，这种手法很不

① 本书作者感谢T. A.斯普拉格博士（T. A. Sprague）提供了这个信息。

▲ 图7-21: 铁角蕨（Asplenium sp.），罗斯林《草药之书》，1533年法兰克福出版。

同于为布伦菲尔斯工作的工匠。出版商肖特（Schott）为了保护自己免受伊哲洛夫的侵权，提出了法律诉讼；然而伊哲洛夫则找出了各种借口，予以搪塞。这起案件的实际结果并没有被记录下来，但是肖特在1534年出版了《驳斥草药志之书》（*Kreutterbuch contrafayt*），这便是《植物写生图谱》的德文版本，该书与罗斯林的《草药之书》插图基本上完全相同，这似乎表明伊哲洛夫被迫合法地移交了这些版画的使用权，因此这次早期侵权事件促成了一次成功的出版发行。

值得注意的是，当伊哲洛夫的书出版之时，布伦菲尔斯著作的第三部分还未问世，那么前者必然会缺少《植物写生图谱》前两卷中未包含的植物图像。我们在芦笋这种植物的案例中会看到，伊哲洛夫为了解决这一问题，他回到《德语草药志》和《健康花园》中去寻找类似的旧有木版画。（图7–22）

▲　图7–22：芦笋类植物（*Asparagus officinalis*）。（左）：罗斯林《草药之书》，1533年法兰克福出版；（右）：《健康花园》，1491年美因茨出版。

伊哲洛夫被剥夺使用布伦菲尔斯图像的权利之后，他并没有改正错误，而是将注意力转向了其他受害者。在他后来出版的书卷中，他盗用了来自富克斯和博克的木版画。现在，我们就来探讨一下这两位的木版画。

莱昂哈特·富克斯著作中的植物插图，或许比布伦菲尔斯的更胜一筹，这部分要归功于作者与他的绘图员之间完美无间的合作，而我们从布伦菲尔斯自己的陈述中可以了解到，在《植物写生图谱》准备过程中就很缺乏这样的合作。富克斯和他的团队取得的成功中，唯一的遗憾是木版雕刻师不是总能完全清楚地领会画家的意图。或许这么说有些吹毛求疵，不过总体来说，他们的成就还是令人钦佩的。

在富克斯之后，随着人们认识到花朵和果实的细部结构在植物学上的重要性，植物图像要比富克斯的图像囊括更细微和完整的信息；但是，至少在笔者看来，富克斯草药志（1542年出版的《植物志论》和1543年出版的《新草药志》）的插图代表了一种植物学绘图类型中的高水准，这类图像力图表现出每一个物种独有的特征和形态，它们明显将植物视为一个整体，并未给予繁殖器官比营养器官更多的关注。

富克斯的图像是如此之大，以至于图中的植物不得不被弯曲处理，才能使它们适于放入他那对开本的书页中。本书复制了其中的一些图例（图7–23、7–24组图），但并不能完全展示出图像特征所蕴含的想法，这是因为，这些木版画采用的细线条在缩小复制过程中颜色会相对变得浓厚。然而，也不是说原版画中这些纤细的线条必然就有优点，因为这容易使版画中不算太精细的地方看起来有些逊色，甚至还有点像未完成的状态。这或许是由于富克斯考虑到这些版画中，有一些需要上色的实际情况。许多现存的十五、十六世纪草药志都拥有手工上色的图像，有时候很难确定这些上色图像的创作时间，但毫无疑问它们常常是在出版商的作坊里完成的。安特卫普的克里斯多夫·普朗坦就曾雇佣特定的女性彩饰师，专门为他出版的植物学书籍手工上色。

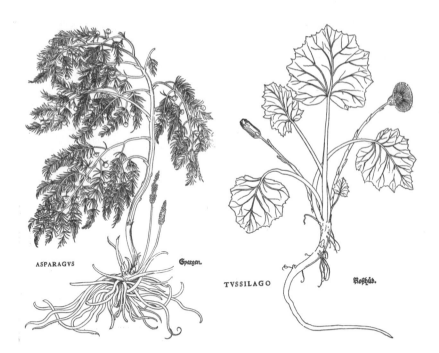

▲ 图7-23：（左）：芦笋、（右）：款冬（ *Tussilago farfara* ），富克斯《植物志论》，1542年巴塞尔出版。

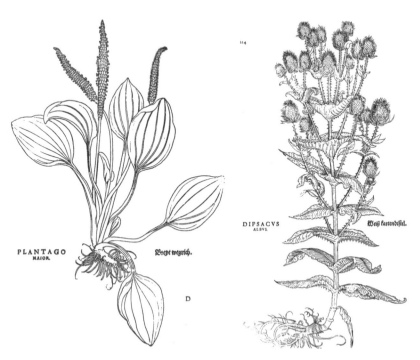

▲ 图7-24：（左）：大车前（ *Plantago major* ）、（右）：起绒草（ *Dipsacus fullonum* ），富克斯《植物志论》，1542年巴塞尔出版。

有时候富克斯的图像呈现出一种特别的装饰性风格，例如在玫红山黧豆（earth nut pea）的图像中（图7-25），矩形的空间几乎被填满，呈现出"遍装（all-over）"的墙纸图案风格。当我们讨论木版画时一定不能忘记，那些为雕版师在木版上描绘图案

APIOS
Erdnuſſen.

▲　图7-25：玫红山黧豆（*Lathyrus tuberosus*），富克斯《植物志论》，1542年巴塞尔出版。

① 译者曾经咨询过进行木版画创作的艺术家，他对这种矩形风格另有一种解释：因为木版插图是与文字部分同时在一个版面内印刷的（通常铜版画或石版画是分开印刷的），如果木版画空白较多，雕刻版和铅活字同时印刷时受压不均，不容易印制，如果版画雕版空白被填充，这样较容易和铅活字形成一个受压均匀的版面，便于印制。＊

的画家，他是在一种特殊的条件下工作的：木版的边缘好似画家笔下的微型悬崖，他不可能会无视这些边界。本书作者的父亲在十九世纪偶尔为雕版师绘制过木版，他曾告之，若要避免出现矩形的外观，需要有坚强意志的锻炼才行。因此，在这种情形下，出现以下现象就不足为奇了：在木版上绘制图案的草药志插图师，他常常被木版的矩形形状严重困扰着，以至于为了将自己的画作容纳在这个形状中，他们采用了不必要且远离写实主义的画法，反而呈现的效果有时非常吸引人。①

这种例子除了我们刚刚提及的玫红山黧豆图像外，还有图4-35（左）、4-37、4-45（右）和4-53。树木的传统画法几乎是一个方形的树冠，这可能直接源自木板的形状，我们在图7-12（右）和图7-26可以特别明显地看到这种图像；图7-27中也展现出这种图像（十五世纪《健康花园》的雕版师视野里的一棵桃树），尽管富克斯的桃树图像采用了更加自然主义的处理方法（图7-28），但我们还是可以在其中察觉到相同手法的痕迹。今天，我们几乎总是采用摄影方法复制图像，画家不再为自己的绘画空间边缘区域而烦恼。

本书复制的图像表明，富克斯的著作是多么成功地展示了大量种类繁多的植物。他那优美的芦笋绘图（图7-23：左）与《健康花园》中同一植物的象征性图像（图7-22：右）形成了一种有趣的对比，然而，实心甘蓝（图4-12）则在某种程度上展示出这种平凡之物的内在魅力。斑叶疆南星的图像（图7-29）展示了它的果实以

▲　图7-26：栗类植物（*Castanea*），博克《草药志》，1546年斯特拉斯堡出版。

及解剖的花序，因此可以说从植物学角度讲，这幅图已经达到一个较高的水准。富克斯的木版画几乎都是原创的，但是白睡莲的图像似乎在布伦菲尔斯的书中出现过。

到目前为止，我们简明扼要的探讨似乎是在说，富克斯是依靠自己的能力来完成这些图像制作的，但事实并非如此。他的团队成员包括：阿尔布雷希特·迈耶（Albrecht Meyer）绘制植物图像，也可能依据自然属性来为版画上色；海因里希·富尔默尔（Heinrich Füllmaurer）将图像复制到木版上；雕版师法伊特·鲁道夫·史贝克（Veit Rudolf Speckle）负责实际的雕版工作。富克斯很高兴地向他的团队致敬，著作的最后

▲ 图7-27：扁桃（*Prunus persica*），《健康花园》，1491年美因茨出版。

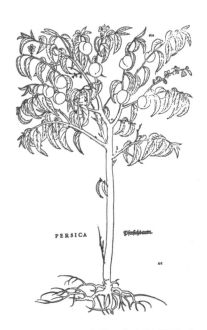

▲ 图7-28：扁桃，富克斯《植物志论》，1542年巴塞尔出版。

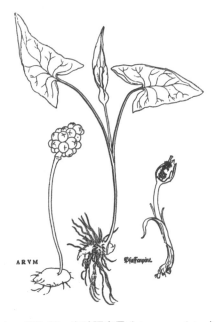

▲ 图7-29：斑叶疆南星（*Arum maculatum*），富克斯《植物志论》，1542年巴塞尔出版。

附有这三个人的肖像画（图7-30），图中画家正拿着羽毛笔描绘一株植物。

PICTORES OPERIS.
Heinricus Fullmaurer.   Albertus Meyer.

SCVLPTOR
Vitus Rodolph. Speckle.

图7-30：莱昂哈特·富克斯聘请的绘图师（上左）、打样师（上右）和雕版师（下）肖像版画，富克斯《植物志论》，1542年巴塞尔出版。

有时画家会忽略，甚至鄙视勾勒和绘制花朵，就好像这仅仅是一种技能，而非严格精致的艺术。古代的中国人更加睿智地领悟到，将一生倾注于研究竹子并不是浪费时间。同样，那些对花朵诠释最成功的欧洲画家，常常也能绘制出令人惊叹的作品。莱昂纳多·达·芬奇和阿尔布雷希特·丢勒就是毋庸赘言的例子。至于草药志本身，富克斯的《植物志论》、博克的《草药志》和科隆纳的《艺格敷词》，这些著作的图像无不提醒我们，如果草药志的画家们也如此用心，他们会在一个更具发展前景的领域获得成功。

　　富克斯对为其工作的制图员和雕版师充满了感激之情，他认为自己也应该以一种无所畏惧的精神去指导他们工作，这些都流露在了《植物志论》的序言里，他对书中插图的说明翻译如下：

　　　　就这些图像自身而言，每一幅都明确按照鲜活植物的特征和样貌绘制，我们精益求精，使它们以最完美的形态呈现，而且，我们竭尽所能确保每一种植物的根、茎、叶、花、种子和果实都被描绘出来。此外，我们小心翼翼地避免因为阴影和其他不必要的技法破坏植物的自然形态，因为绘图者有时候会希望通过这些技法获得艺术上的荣耀；我们不容许工匠放任自己的想象，导致绘图不能和真实物象准确地匹配。法伊特·鲁道夫·史贝克是斯特拉斯堡迄今为止最优秀的雕版师，他极为出色地复制了绘图员的优秀作品，他以出众的手艺在自己的雕版作品中呈现出每幅绘图的特征，他足以与制图员分庭抗礼，获得同样的荣耀和盛誉。

　　用于《植物志论》插图的木刻雕版实物保存了很长一段时间，所罗门·申茨在苏黎世用其印制了《植物知识指南》（*Anleitung zu der Pflanzenkenntniss*）一书的插图，这本书在1774年问世，比这些木刻雕版印制的首批插图至少晚了232年。我们已经说过，随后有大量草药志以缩小版复制了富克斯的八开本

▲ 图7-31：左下角兔子拿着标识有博克姓名首字母缩写字样的盾牌，博克《草药志》，1546年斯特拉斯堡出版。

版插图，杰罗姆·博克在1546年出版的《草药志》第二版中使用了其中一些，他也使用了《草药写生图谱》里的图像。

博克的《草药志》是继富克斯草药志之后又一本重要的插图植物学著作，然而，博克的插图具有一种鲜明的原创性，他聘请的画家大卫·坎德尔（David Kandel）是一位斯特拉斯堡市民的儿子，且不论植物学方面的特征，这位年轻的小伙子创作的版画常常倒是很有趣。例如，栗树的版画中画有一个猪倌和他的猪，掉落的栗子引来了一只刺猬（图7-26）；在另一幅版画中出现了一只猴子和几只兔子，其中一只兔子拿着盾牌，展示着画家姓名的首字母（图7-31），这些元素在博克的肖像中又再次出现了（图4-9），这显示出坎德尔在肖像绘制和装饰艺术方面的天赋。菱角（Trapa）的版画（图4-8）是一幅高度想象化的作品，很显然画家和作者都没有见过这种植物。这幅荒唐的图像流传久远，最迟到1783年它还出现在朗尼切的草药志中。

马蒂奥利《评注》中的插图，其风格明显与那些迄今提及的草药志插图有所不同，比如它在叶脉和纤毛这些细节方面常常刻画得很细致，而且大量插图中以相当精细的平行线条来呈现阴影。这部书较早的版本采用的是小幅插图（例如图7-32），其中一幅版画以一种低视角展现出菌类独具魅力的样貌（图7-33），表明观者是从这幅图前景中的蜗牛视角来观看这些伞菌的。这些图像就像富克斯的那些插图一样，存在了很长一段时间，它们甚至在首次出版两百多年之后，还被用在1766年出版的一部法国小

▲ 图7-32：蔷薇（*Rose* sp.），马蒂
奥利《迪奥斯科里德斯评注》，1554年
威尼斯出版。

▲ 图7-33：真菌，马蒂奥利《迪奥斯科里德斯评注》，1554年威尼斯出版。

▲ 图7-34：橡树（*Quercus* sp.），马蒂奥利《迪奥斯科里德斯评注》，1565年威尼斯出版。

型草药志中。

马蒂奥利《评注》稍晚的一个版本《草药志》（*Herbarz ginak Bylinář*），具有与之前不同的更大插图，这个版本首次于1562年在布拉格出版，之后又在威尼斯出版。在本书图7-34中，作者以缩小的尺寸展示了1565年威尼斯版本中的图例。这些木版画与那些较小的图版特征相似，但实际上它们更具有装饰性，常常相当精美。在布伦菲尔斯和富克斯的作品中，整个图像基本上就只有单独一根弯曲的茎秆，然而在马蒂奥利的作品中，茂盛密集的叶子、果实和花朵常常就可以使人的视觉得到满足，这些图像展示了南方的富饶。可以说，他的许多图像几乎不用修改就可以作为挂毯图案的样稿。在本书图7-35中，作者复制了布拉格版本里的桑葚图像，这幅图包含了雕版师名字的首字母和他的雕刻工具图样（图7-36将其放大呈现）。一位书志学家对这部少见的波希米亚草药志进行了专门的研究，他在一部关于字母组合图案的专著中记录道，这种雕刻工具图样被人下意识地误认为是"一条鳄鱼"。

▲ 图7-35：黑桑（*morus nigra*），马蒂奥利《草药志》，1562年布拉格出版。

▲ 图7-36：首字母与雕刻师刻刀图案（来自图7-35局部放大）。

我们现在来考察一下三位低地国家草药学家多东斯、克卢修斯和德·洛贝尔著作中的插图。据多东斯自己解释，在他的佛兰芒语草药志最初版本中（Cruydeboeck，1554年由冯·德·勒出版），有超过四分之三的图像源于富克斯1545年的八开本草药志，但剩下的图像是原创的（以图4-59为例）。在之后的版本中，佛兰芒语草药志又增添了更多的木版画。继这本佛兰芒语草药志之后，多东斯撰写的所有植物学著作均由克里斯多夫·普朗坦出版，普朗坦同时也是克卢修斯和德·洛贝尔的出版商。他们书中的版画多多少少是作为一种共有资源在使用，站在历史的角度来看，这也是使用它们的最佳方法，从而形成了一个单独的图像群类。

多东斯的第一本书，即1566年出版的《谷物志》（*Frumentorum historia*）由普朗坦负责出版，从普兰坦出版社（Officina Plantiniana）的旧时记录中我们可以获知，该书中几乎所有的插图都由皮埃尔·冯·德·博希特（Pierre Van der Borcht）绘制，这位画家的酬劳是每幅画12或13苏[①]。多东斯的另外一本书是1568年出版的《花卉和花冠草药志》（*Florum et coronarium herbarum historia*），为此书刻制版画的雕版师阿瑙德·尼古拉（Arnaud Nicolai）从每幅画中获得7苏的酬劳。

在普朗坦的协助下，多东斯出版了几种小型著作后，渴望将自己的著作收进一部综合性的拉丁语草药志，这部书就是1583年出版的《六卷本植物志》（*Stirpium historiae pemptades sex*）。为了印制这部草药志中的插图，普朗坦在1581年约翰·冯·德·勒去世后，从后者的遗孀处购买了所有曾用于佛兰芒语草药志印刷的雕版，他又在多东斯的指导下增加了许多新的雕版。本书图7-37组图详细展示了这部草药志中关于种的图例。在此不用专门讨论德·洛贝尔的插图，因为这些图与普朗坦自己负责制作的那些剩余版画有相似的特征。

本书还提供了槲寄生、萍蓬草和烟草的图例（图7-38组图、图7-39）。

① 苏（sou），法国旧时一种低面值的货币。*

Tragorchis, Testiculus hirci.　　　Aconitum luteum minus.

▲　图7-37:（左）：蜥蜴兰
（*Orchis hircina*）、（右）：冬
菟葵（*Eranthis hiemalis*），多
东斯《六卷本植物志》，1583
年安特卫普出版。

▲　图7-38:（左）：白果
槲寄生（*Viscum album*）、
（右）：欧亚萍蓬草（*Nuphar
luteum*），德·洛贝尔《草药
志》，1581年安特卫普出版。

　　克卢修斯著作中的木版画插图，或许是上述三位植物学家相关著作中的最佳者。克卢修斯常常尽力展示包括结果和开花在内的各个时期的植物形态，以增加其插图的植物学价值，本书图4–30组图、图5–8和图7–40展示了其中三幅图像。柏林州立图书馆的馆藏珍品之一就是一套有1856幅的植物水彩画藏品，这些画作本身提供的证据表明，它们是在克卢修斯指导下创作的，其中许多由皮埃尔·冯·德·博希特绘制。在这些藏品当中，也包括了克卢修斯有关西班牙植物木版画的原始绘图。

　　本书图7–40展示一幅缩小版的龙血树水彩画复制品，克卢修斯在里斯本的"圣玛丽亚·格拉提艾"修道院花园中见过这种植物，本书还对比展示了由此幅水彩画制作的木版画（图7–41）。

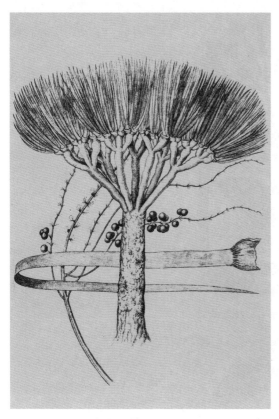

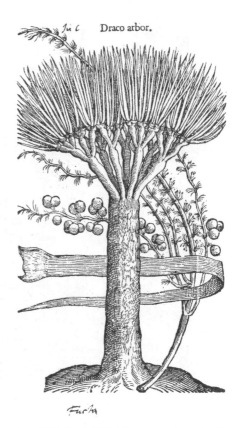

▲　图7-40：龙血树，源自克卢修斯十六世纪收藏的一幅水彩画，手抄本图像书。

▲　图7-41：龙血树（Dracaena draco），克卢修斯《西班牙稀有植物的观察描述》，1576年安特卫普出版。

　　这是已知植物学著作中的首幅龙血树图像，但在大约一百年前，龙血树的形象就已经出现在马丁·尚高尔（Martin Schongauer）的版画《逃往埃及》（*The Flight into Egypt*）中，这幅版画据说创作于1469—1474年间，画中有一株椰枣树，天使们将其压弯，以便圣约瑟夫可以采集树上的椰枣。除此之外，画面中还有一株龙血树，树干上有两只引人注意的蜥蜴，一只往上爬、一只朝下行（图7-42）。

　　普朗坦出版社将大量雕版收集起来并反复印刷出版，由此可见这些图版非常受欢迎。有学者指出，一幅铁线莲的木版画首次出现在多东斯1583年的《六卷本植物志》中。之后，它或是被原样复制，或是不那么精确地复制在了德·洛贝尔、克卢

修斯、杰勒德、帕金森、吉恩·博安、多梅尼科·查布拉埃斯
（Dominicus Chabraeus）和詹姆斯·裴蒂弗（James Petiver）的著
作中。普朗坦收集的雕版实物最后一次被使用，似乎是在1636
年，该年约翰逊版本的《杰勒德草药志》用它们印制了插图。

　　格斯纳和卡梅隆代表了另一个流派的植物插图风格，我们可
以在本书"瑞士草药志"一节中回顾格斯纳绘图的历史，由此也
可看出这两位植物学家的作品密不可分。他们插图的优点不仅是
常常在图中绘制了植物营养和生殖特征的精细分解图，并且还绘
制了植物生活史各个不同时期的形态（图7-43组图）。

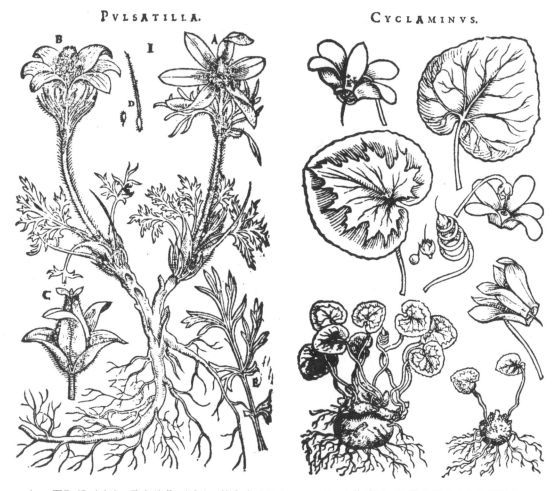

▲　图7-43:（左）：欧白头翁、（右）：仙客来（Cyclamen sp.），卡梅隆编、马蒂奥利《植物概要论》（De
Plantis Epitome），1586年法兰克福出版。

在图 7-44 中，含生草（rose-of-Jericho）的幼苗与成熟的植株被描绘在一起；而在图 7-45 中，则极为清楚地展示了一颗正在发芽的椰枣种子。这种对幼苗的关注，预示现代植物学出现一个研究分支。完美的插图应当展示植物生活史的每一个时期，这种想法并不是现在才出现的，早在公元一世纪，老普林尼就抱怨道，草药学家们的图像——

远远达不到对植物的记录，它们只能呈现出植物在一个季节中的样貌（也就是说，要么是开花时期，要么是结种时期），因为它们在一年的每个季度都会改变形态和外观。①

① 引自腓利门·霍兰德（Philemon Holland）的译本。

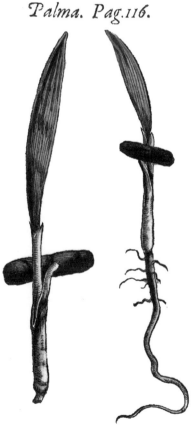

▲　图 7-44：含生草（*Anastatica hierochuntica*），卡梅隆《医生与哲学家花园》，1588 年法兰克福印刷。

▲　图 7-45：海枣幼苗（*Phoenix dactylifera*），卡梅隆《医生与哲学家花园》，1588 年法兰克福印刷。

达莱汉普斯1586年7月在法国里昂出版了巨著《综合植物志》，该书就采用了许多木刻版画，其中许多图像取自马蒂奥利、富克斯和多东斯的草药志。在里昂制作的雕版适当地添加了昆虫和单独的花朵装饰，创作者会将这些装饰散布在空白背景的各处，除了填充空间之外，并无其他明显的目的（图4-55右）。这样的装饰也出现在1572年由德穆兰斯（Desmoulins）出版的马蒂奥利《评注》法文版中，这本书为达莱汉普斯草药志提供了部分插图。

在其他不那么重要的植物学木版画中，我们或许要提一提皮埃尔·贝隆（Pierre Belon）著作中的那些插图，他是瓦勒留·科尔都斯（Valerius Cordus）的同时代人，也是其朋友。在贝隆1553年出版的《论树木》（De arboribus）中有许多令人喜爱的树木版画，本书在图7-46复制了其中两幅。我们这本书使用的每章首字母取自贝隆的另外一本著作①，《论树木》中一些有趣的小

① 皮埃尔·贝隆，《数种稀奇难忘之物的观察》（Les Observations de plusieurs singularitez et choses memorables ...），巴黎，1553。（本书英文原书字母采用了此书首字母设计图案，在中文书中难以展示，故在此说明）

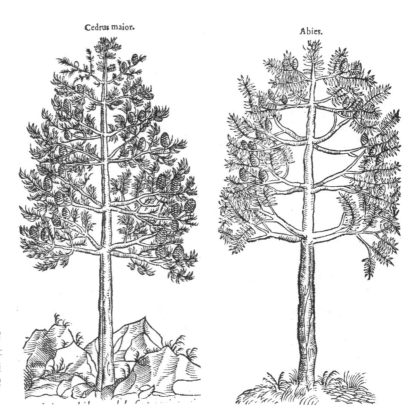

Cedrus maior.　　　　Abies.

▲　图7-46：（左）：雪松（Cedrus sp.）、（右）：冷杉（Abies sp.），贝隆《论树市》，1553年巴黎出版。

型插图被用到了卡斯托·杜兰特（Castor Durante）1585年出版的《新编草药志》（*Herbario nuovo*）中，本书在图7-47展示了这些图像。在贝隆这本书中，还有一些图像来自马蒂奥利的著作。

LENTISCO DEL PERV

▲ 图7-47：秘鲁胡椒市（Schinus molle），杜兰特《新编草药志》，1667年威尼斯出版。

还有一本相当稀有的小型著作包含了一些颇具魅力的植物木版画，我们对此感兴趣是因为其在英格兰出版，这本书便是《香榭丽舍大街》（*La Clef des Champs*）。它由雅克·列·穆瓦纳·德·莫格斯（Jacques Le Moyne de Morgues）在1586年出版，他曾完成了一次由法国前往美洲的探险，返回后定居于伦敦布莱克法尔（Blackfriars），在这里，他投身于绘画和版画制作。莫格斯曾经供职于沃尔特·罗列（Walter Raleigh）爵士处，并结交了菲利普·西德尼爵士。提到写作这本书的目的，他是这样说的："我很乐意以我有限的能力首先展示艺术美感。"大英博物馆藏本中的一些插图，画面轮廓线上有针孔，依据莫格斯的意图，说明它们曾被用于"针线活（ouvrage à l'éguille）"。维多利亚与阿尔伯特博物馆藏有一套很好的水彩画，这套画很长时间以来未被鉴定，现在已经发现它们是雅克·列·穆瓦纳的作品，而且他书中的木版画就源于其中的一些画作。

波尔塔1588年出版了《草药形补学》，普罗斯珀·阿尔皮诺1592年出版了有关埃及植物的著作，这两本书中的版画质量都较高。我们之前提到过波尔塔的一张图像（图7-19），另一些有趣

▲　图7-48：具有和手掌类似结构的植物，波尔塔《植物形补学》，1591年法兰克福再版（1588年首版）。

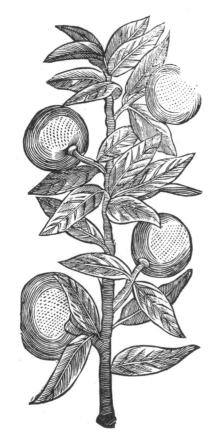

▲　图7-49：马拉中国橘，阿尔德罗万迪《树木志》，1671年法兰克福再版（1667年首版）。

的例子见本书图7-48，它们的重要性将在下一章讨论。阿尔皮诺书中最好的版画是盐角草（glasswort），可见于本书图4-40（左）。

到了十七世纪，我们发现加斯帕尔·博安1620年出版的《植物学大观序论》拥有许多原创的插图，但它们并不特别出众，常常只是依照压制标本描绘的形象，本书图4-53和图5-10就展示了其中的两个图例。

帕金森1629年出版的《尘世天堂》，除了借用先前作者的一些图像外，还拥有相当大比例的新图像，这些版画是由斯维泽（Switzer）在英国制作的。这些图在艺术上毫无亮点，况且将许多物种用大幅木版呈现的创新点也算不上很成功。图4-66左下角展示了一枝小檗的枝条，这原是其中一幅大插图，《尘世天堂》里面却仅仅画了这么一条独枝。

关于之后的木版画，我们或许可以提一下在阿尔德罗万迪死后六十多年、归于他名下的《树木志》（*Dendrologia*）。这本书的版画刻工相当粗糙，本书将其中一幅橘子或称为"马拉中国橘（Mala Aurantia Chinensia）"的图像，按比例大幅度缩小后展示在图7-49中。

本章不准备讨论那些绝大多数插图复制自之前著作的草药志，比如特纳、西奥多鲁斯、杰勒德等人的著作，就大多数这类情况而言，我们已经在第四章指出了这些图像的来源。不过，部分插图还是有必要提及一下，比如1633年和1635年约翰逊版本的《杰勒德草药志》里包含了一些有意思的图像，不是因为它们有多么新颖，而是因为它们的源头相当古老，其中有一幅名为"古人的虎耳草"的传统版画，但实际上这幅版画完全无法鉴定。约翰逊解释说这是他的朋友约翰·古德伊尔（John Goodyer）送给他的绘图，是后者从阿普列乌斯的一本手抄本中复制的图像。我们再进一步追溯就可以知道，这本草药志其他图像的源头甚至更为古老。多东斯在《六卷本草药志》中收录了一定数量、被他标记为"前凯撒利亚抄本（Excodice Caesareo）"的图像，因为这些图像取自公元512年艾丽西亚·朱莉安娜的迪奥斯科里德斯抄本。约翰逊使用了普朗坦组合在一起的雕版藏品，他用这些雕版来为低地国家草药学家的著作印刷插图，在这些图像中可以找到一些源于古希腊的图版。当约翰逊用这些雕版来印刷时，它们可能已经被人们使用了六百多年之久，甚至可以追溯到公元前一世纪的克拉泰亚斯时代。

我们从这个古代图像群中选择了一幅被称为"Coronopus"①的木版画，将其复制在本书图7-50中，其源头是艾丽西亚·朱莉安娜抄本里的图像（图7-51）。约翰逊特别挑选了这幅图像，他注意到多东斯"从宫廷图书馆的古老抄本中将其挑出"，之后对其略作评论：

> 以那个时期的绘图水平来看，它在所有方面表现得都很好，你将发现很少有古代绘图能比得上这幅作品。

尽管他如此褒奖这幅作品，但"Coronopus"

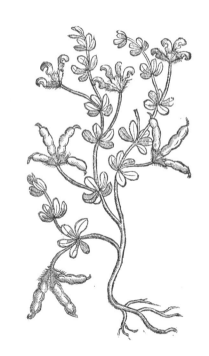

▲ 图7-50：鸟爪百脉根？约翰逊编辑的杰勒德《草药志》或《通俗植物志》第三版，1636年伦敦出版。

▲ 图7-51：鸟爪百脉根？（*Lotus ornithopodioides*），《迪奥斯科里德斯论药物艾丽西亚·朱莉安娜抄本》，约公元512年。

① Coronopus现在被称为肾果荠，但从图像来看并不是这种植物。*

还是很难被鉴别出是哪种植物。艾丽西亚·朱莉安娜抄本的绘图或许还能追溯到更早的作品，这幅图像可能源自一幅鸟爪百脉根（*Lotus ornithopodioides*）的古代图像，只不过在流传过程中不断走样罢了。

在我们进入草药志插图下一个时期之前，或许应该好好回顾一下木刻版画的时代。在印刷版草药志出现的第一个百年里（1481—1581），植物学版画出现了一些变化的征兆，通过对比大量书籍中同种植物的描绘风格就可以发现这些变化。为了说明这一点，我们在此选择了睡莲的图像。首先，我们看到九世纪《阿普列乌斯草药志》中荒唐粗糙的睡莲绘图（图2-3左），与之对应的是一本印刷书籍里的版画插图（图2-3右）。图3-7虽然是一幅十六世纪的版画，但它是依据1485年《德语草药志》中睡莲图像制作的；然而插图7-7（右）则是睡莲另一种传统的象征性图像，画面充满了摇篮本时期的矫饰主义（the mannerisms of the incunabula）。图7-52中的图像，已经不再遵循十五世纪的绘制方法，从这幅插图我们快速过渡到布伦菲尔斯书中那美丽且写实风格的白睡莲版画面前，这是一种完全不同于先前的绘图类型。

▲　图7-52：白睡莲（*Nymphaea alba*），布伦菲尔斯《植物写生图谱》卷1，1532年斯特拉斯堡手工上色版。

在杜兰特（Durante）的睡莲图像中（图7-53），植物与它的生境联系在了一起；这幅图比人们推测的时间要更早，因为它是对马蒂奥利睡莲属（*Nymphaea*）和萍蓬草属（*Nuphar*）插图进行缩减复制的版本。图7-38（右）是德·洛贝尔著作中的一幅版画插图，图中再次展示了萍蓬草，这是普朗坦版画紧凑沉稳风格的一个很好例子，但它缺少了布伦菲尔斯版画中那柔和的氛围感。

▲　图7-53：睡莲，杜兰特《新编草药志》，1667年威尼斯出版。

假如我们忽略了摇篮本时期，仅仅考虑印刷草药志插图最好的十六世纪，就会发现严格意义上优秀的草药志插图系列数量很有限（不管是基于它们本身的质量，还是由于它们被一再地复制），我们或许只能选出五套堪称一流的木刻版画，也就是布伦菲尔斯、富克斯、马蒂奥利、普朗坦和格斯纳–卡梅隆著作中的版画，所有这些作品都出版于1530年至1590年的六十年间。

在十六世纪尾声，木刻版画艺术明显衰退了，开始被金属雕刻版画所取代。这种变化给植物学带来一些好处，因为微小的细节可以在金属雕版上展现得更为逼真。此外，在植物学蚀刻和雕刻版画的早期，一个人通常兼任绘画和制作图版两种职责，这样

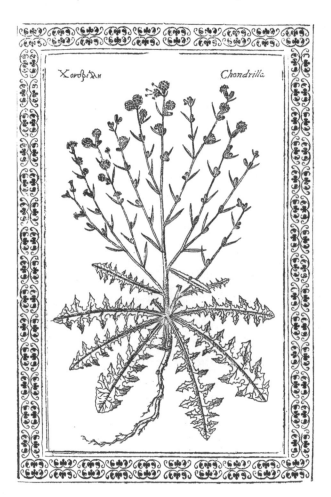

图7-54：粉苞菊，科隆纳《植物检验》，1592年罗马出版。

就可以避免在木版画上不时出现的明显误解。一幅木版画由于依靠多达三位不同的参与者最终完成，而他们并不能一直融洽合作，这就导致误解出现。

最早采用铜版蚀刻的植物学著作，据说是法比奥·科隆纳1592年出版的《植物检验》，这些蚀刻版画精确且悦目，本书在图4-39和图7-54中展示了其中的数幅插图。在《植物检验》以及稍后出版的《艺格敷词》中，花朵和果实的结构常常被分别绘制，在这方面，这些图像可以和格斯纳、卡梅隆的作品相媲美。然而，由于这些插图的版面较小，它们并没能承载太多的信息。十九世纪，《艺格敷词》的原始绘图在一个那不勒斯的藏品中被人发现，据说科隆纳不仅亲自绘制了这些植物图像，而且还将其蚀刻制版。科隆纳特别提到，他会随时随地将野生植物作为模特，这是因为栽培的植物在形态上常常会产生变化。书中的每一幅插图都环绕装饰性的边框，这不是蚀刻版画的组成部分，而是与文字一起印刷的，这种不一致的搭配样式并没有考虑审美上的法则，但它却获得了美学上的成功。如果我们接受了图4-38的蚀刻复制版画是科隆纳的自画像，那么我们就可以断定科隆纳是一位杰出的艺术家。

在十七世纪，大量的植物学书籍采用铜版画作为插图，它们大多数本质上并非草药志，因此这些书并未在我们的探讨范

围之内。我们将考察范围限定在1611
年至1641年这三十年内的同类作品
中，这一段时间似乎是一个植物墨线
图（delineation）发展特别好的时期。
1611年保罗·瑞尼尔（Paul Reneaulme）
的《植物标本志》（Specimen Historiae
Plantarum）在巴黎出版，虽然这本书
拥有很不错的版画，但透明的纸张多多
少少还是损害了版画的呈现效果。（图
7-55）

接下来的一年，人们见证了约
翰·西奥多·德·布里（Johann Theodor
de Bry）的《花谱新鉴》（Florilegium
Novum）出版，这本书包含了极为吸引
人的园林植物图像；为此书制作插图的
版画师也负责制作了加斯帕尔·博安的
肖像画（图4-52）。

1613年，巴西利乌斯·贝斯勒
（Basilius Besler）的《艾希施泰特花园》
（Hortus Eystettensis）出版，托马斯·布
朗爵士（Thomas Browne）称其为草药
志中的"巨著"，它那大开本的版画在
模版印痕尺寸约为18.5×15.75英寸。有
时候，几种植物会被容纳在一个版面里，
但有时书中也会与众不同，利用整张版
面单独呈现茂盛生长的一种植物，不少
图像都令人赞叹。（图7-56）

随后的1614年，一本极为精细的植
物铜版画插图著作出版了，即来自著名
版画师家族的小克里斯皮安·德·帕塞

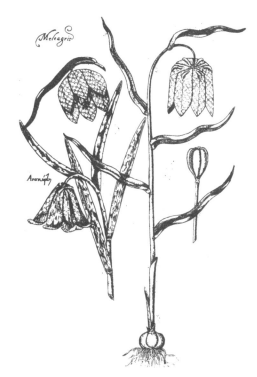

▲　图7-55：贝母（*Fritillaria* sp.），瑞尼尔《植
物标本志》，1611年巴黎出版。

▲　图7-56：向日葵（*Helianthus annuus*），贝斯
勒《艾希施泰特花园》，1713年再版（1613年首版）。

（Crispian de Passe）的《群芳之园》（*Hortus Floridus*），这本书还出现了一个二十世纪版本。1615年，这部著作的英文版以《鲜花之园》（*A Garden of Flowers*）的名称在乌特勒支（Utrecht）出版，书中的图版与初版的第一部分相同。版画师在处理球根和块茎植物方面特别成功，这些植物在很长时间里都被视为荷兰的土产。植物生长的土壤常常被展现在画面之中，画家的视线高度非常低，以至于花朵看起来像是挺立在蓝天的背景之下。这种风格极具特色，不仅仅展现在荷兰的植物绘画上，也出现在他们早期的风景画中。图7-57是帕塞作品的一个典型例子，但是本书仅能复制原始插图的一部分。

L. *Crocus Byzantinus*
Ge. *Berch Saffraen van Constantinoplen*

L. *Crocus Montanus hispan.*
Ge. *Purper Spens Berch Saffraen*

▲ 图7-57：两种番红花（*Crocus* sp.），德·帕塞《群芳之园》，1614年阿纳姆出版。

　　《鲜花之园》的购买者可以获得绘制这些图画的详细指导，出版者希望购书者可以自行将这些图画填色完成。这本书分为四个部分以对应四季，在每一部分开始都有一篇鼓舞人心的诗文，以鼓励拥有此书之人保持完成任务的热情。最后一章节开头的诗文显示出作者的某种焦虑之情，作者担心这些业余的画家会厌倦长时间的图版填色。作者这样写道：

（我的朋友），如果迄今你已完成手中的任务：那么带着愉快的心情继续吧，当所有填色工作都完成时，你会发现最后这一部分是最好的。

在16世纪20年代，《花卉大观》（*Theatrum Florae*）在巴黎匿名出版。① 作者名字仅在1633年版本中出现。在书的标题页有一幅寓言式的图像，画面施以显著的浓厚深色背景，书中最有意思的图版是一幅精致优美的羽毛葡萄风信子。人们在丹尼尔·拉贝儿（Daniel Rabel）于1624年创作的一个花卉绘图集里，发现了《花卉大观》中一些图版的原始画稿，因此现在毫无疑问可以确定这些图版的创作者是谁。

在更晚的铜版画中，我们仅仅提及一下马休·梅里安（Matthew Merian）在1641年出版的布里《增修花谱新鉴》（*Florilegium Renovatum et Auctum*）中的精美版画。（图7-58）

回顾十七世纪上半叶的植物学插图书籍，我们会发现这些包含版画的书籍朝着转变为图鉴的趋势发展，书中的文字缩减到了最少。然而，实际情况则是这种非常写实的金属雕版印刷，它作为书籍插图的样式并不是一蹴而就的。在木刻雕版中线条是凸起的，因而版画的印刷方法和文字打印完全相同，但是金属雕版的线条是凹陷的，以至于印刷流程与文字打印相反。这种差异的结果

Mandragora fœmina

▲ 图7-58：曼德拉草，马休·梅里安修订德·布里《增修花谱新鉴》，1641年法兰克福出版。

就是，印制木刻版画的书籍在保持文本和插图的平衡方面毫无困难，图像和文字可以一起印刷；但是印制金属版画的书籍，不得不将图版和文字分开来印刷，以相对昂贵的版面来印刷图版，因而这些图版很容易就成了著作中的显要特征，而且与已经大大缩减的相关文字失去了关联。如此一来，拥有优质版画的图书非常吸引富有的业余爱好者，他们对十七世纪植物学著作具有显著的影响，这些书籍的主题也明显朝着园艺学转变。相对简单的木刻版画（或者发挥同样作用的现代摄影图像）由于可以被人们精准掌控，所以更容易实现植物学家在研究过程中所要达成的目标。

在科学史上，插图的确提供了最好的辅助，但当其反客为主时，科学的发展就受到了阻碍。

第八章

征象学说和星占植物学

在之前的章节中，我们只讨论了那些对植物知识的发展多少有所贡献的著作。可以说，我们将自己的注意力限定在了植物学发展的主流和分支上面，但是在结束本书之前，我们不妨再看看与主干河道相连、但却并未流向任何地方的那些回水处。

在不同的时期里，与草药采集联系在一起的迷信主题都属于民俗学者的研究领域，我们在本书不作深入讨论。在前几章中，我们已经谈到希腊草药采集者采药时进行的仪式活动，以及《阿普列乌斯草药志》描述的人们在挖掘曼德拉草时遇到的神秘危险，虽然在十六、十七世纪真正的草药学家著作中很少有这些内容，但当时另有一类作品却依然延续了相似的内容，涉及两个伪科学主题——"植物征象学说"（signatures of plants）和"星占植物学"（botanical astrology）。这些著作具有一定的趣味性，与其说是来自任何内在的价值，不如说是因为它们对作者的思想观念展现出一种惊人的见解（大概对于读者也是如此）。其中一位作者在他的前言中谈及其著作包含的"观念"和"观察"：

> 我确信绝大多数是真实的，即便有些不是，至少也是令人愉快的。

事实上，比较容易轻信的草药学家很喜欢这些"令人愉快"①的"观念"，即使不真实，也可能对其进行简明扼要的讨论，以证实其合理性。

那些对植物学感兴趣的非正统作者们，其中最为著名者就是泰奥弗拉斯特·博姆巴斯茨·冯·霍恩海姆（Theophrastus Bombast von Hohenheim，1493—1541），他将自己的名字拉丁化

① 作者用括号补充说明"令人愉快的（pleasant）"在旧时与"有趣、逗乐的（amusing）"意思一样。*

为帕拉塞尔苏斯（Paracelsus），本书图8-1、8-2展示了他的肖像。帕拉塞尔苏斯和他父亲一样是一位医生，他在广泛游历和大量实践之后成为巴塞尔大学的一名教授。在巴塞尔，他使用通俗的语言讲课、焚烧阿维森纳和盖伦的著作、讲解自己的著作来替代古代作品，以上这些行为引起人们极大的不满。他蔑视受人珍视的传统，古怪的个人行为导致他难以与同事相处，因此仅仅任职了很短一段时间。此后余生，他都在四处流浪，1541年在相当贫困的状况下于萨尔斯堡逝世。

▲ 图8-1: 帕拉塞尔苏斯假象肖像油画，17世纪上半叶佛兰德佚名画家创作。

▲ 图8-2: 德奥弗拉斯特·冯·霍恩海姆，又称帕拉塞尔苏斯，源自一个纪念章（见于附录二，Weber, F. P.）。

帕拉塞尔苏斯的性格以及他的著作，似乎充满了不可调和的矛盾。与任何追求真实性、准确性的枯燥文章相比，勃朗宁（Browning）的诗或许能更好地说明帕拉塞尔苏斯的职业生涯。今天的我们需要通过一个诗人的想象力，才能再现他那怪异的生活经历。每一个人都能记住他那几乎自负到令人难以置信的性格特征，以前人们认为"浮夸（bombast）"这个单词就源于他的名字。在他的一本著作中，他轻蔑地贬斥了在他之前如盖伦、阿维森纳等所有伟大的医生——我将是王者，我的知识也将是王者。人们不能回避的事实是他的作品中有一种欺骗的成分，但他确实也有着对科学和神秘的洞察力，他为化学和医学注入具有一定影响的新鲜活力。或许，我们找不到比居伊·德·拉·布罗斯更加公允的总结了，他在1628年这样评价帕拉塞尔苏斯：

> 我注意到他拥有极为卓越且罕见的想法，但它们也并不总是对等的。

帕拉塞尔苏斯似乎缺乏实际的植物学知识，因为在他的著作中提及的植物名称也就几十个。为了了解他对植物性质的观点，我们很有必要先了解一下他的化学理论。他认为"硫""盐"和"汞"是组成所有物体的三种基本元素，他使用这些术语的意义是符号化的，因而这与我们今天应用的这三个名词是完全不一样的。"硫"似乎体现变化、燃烧性、挥发性和生长等概念，"盐"表示稳定性和不可燃性，"汞"则表示流动性。依据帕拉塞尔苏斯的原理，植物的"特性"由它们所包含的这三种元素的比例来决定。

　　既然植物的药效取决于那些不能被明显观察到的特性，那么，医生如何选择草药来治疗病人的各种疾病？要回答这个问题，帕拉塞尔苏斯采纳并扩展了《征象学说》（*Doctrine of Signatures*）中的古代信仰。依据这种学说，许多草药就像被打上了标记，这一学说清楚地指示了它们的用途。在一本十七世纪的处方集（Dispensatory）中，有引文对其作了很好的诠释，这段描述性的译文就源自帕拉塞尔苏斯，它将金丝桃（*Hypericum*）的功效推测为：

> 我时常断言，我们如何通过外在的形态和事物的特性来知晓它们的内在功效，这种功效是上帝为了造福人类而赋予它们的。因此在圣约翰草①中，我们或许要注意它的叶片和花朵的形态，以及叶子的气孔和叶脉：（1）叶片上的气孔或孔洞提示我们，这种草药有助于治疗皮肤内外的孔洞和伤

① 圣约翰草，一般指金丝桃属植物贯叶连翘（*Hypericum perforatum*）。

口……（2）圣约翰草的花朵，腐烂时就像鲜血一般，这就教导我们这种草药有助于治愈创伤，它可以使伤口愈合并恢复如初。

后来，一位征象学说信徒吉安巴蒂斯塔·波尔塔（Giambattista Porta）非常巧妙地利用伪科学，为这一学说建构了合理性。波尔塔出生于那不勒斯，他可能是在帕拉塞尔苏斯去世前不久出生的。他写有一本关于相面术的书籍，在这本书中，他尝试去揭示人的身体形态对其性格和精神特征的暗示。（图8-3）

▲　图8-3: 人的面相与动物脸型比较，波尔塔《论人的面相》，1586年那不勒斯出版。

这个研究给他了一种启示：草药的外部特征也许就揭示了其内在特性和治疗效果，这种观点促成他的非凡著作《草药形补学》（*Phytognomonica*）于1588年首次在那不勒斯得以出版。（图8-4组图）

▲　图8-4:（左）：书名页;（右）：作者肖像版画，波尔塔《草药形补学》，1591年法兰克福再版（1588年首版）。

波尔塔在长篇大论中详细探讨了他的理论，比如，他猜想长命的植物可以增长人的寿命，而短命植物则可以缩短人的寿命；具有黄色汁液的草药可以治愈黄疸；接触表面粗糙的植物可以治疗损害正常光滑皮肤的疾病。某些植物与动物的相似性，启发波尔塔在猜测的基础上为教条主义打开了一个广阔的领域：植物的花朵外形类似蝴蝶，他就推测这种植物可用于治疗昆虫咬伤；而某些植物的根或者果实外观有节，因而他牵强地指出这像一只蝎子，这种植物必然是治疗这种生物蜇伤的最佳良药。（图8-5组图）

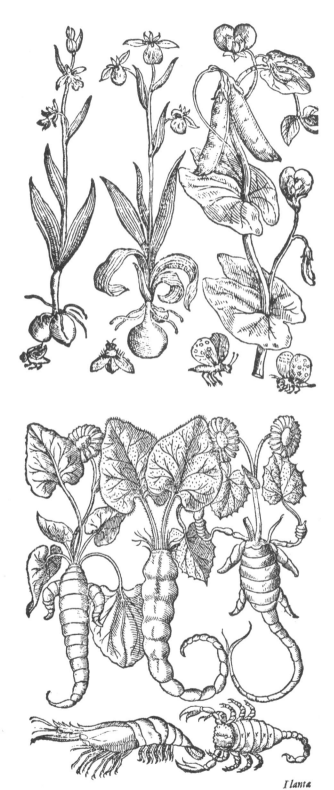

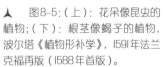

▲　图8-5:（上）：花朵像昆虫的
植物;（下）：根茎像蝎子的植物，
波尔塔《植物形补学》，1591年法兰
克福再版（1588年首版）。

另外,《草药形补学》的插图也能辅助理解波尔塔的观点。如果某种独特的草药可以治愈人体的某个部位,或是该草药可治疗某种动物的咬伤或蜇伤,那么这一人体部位、蜇咬人的动物和这种草药会出现在同一幅木版画之中。例如,一个拥有浓黑头发的后脑勺出现在了铁线蕨(maidenhair)的版画中,通过这种蕨类植物叶柄上毛发状的精细结构,可以暗示其有治疗秃发的药效;石榴和它露出来的种子,以及长有白色鳞状叶的齿鳞草(toothwort),它们和人的一口牙齿同时出现在画面中;(图8-6组图)一条吐着信子的花斑蛇与一幅茎秆具有斑纹的天南星图,同时出现在画面中;一只蝎子和具有铰链式果皮的植物,组成一幅完整的画面,这幅图中还有一束天芥菜(heliotrope),因为波尔塔生动地想象它那弯曲的花穗让人想起蝎子的尾巴。(图8-7组图)

喋喋不休地讨论各种与波尔塔相似观点的拥趸者,也没什么价值。比如,约翰·波普(Johann Popp)在1625年以此观点出

▲ 图8-6:(左):具有毛发状结构的植物;(右):具有牙齿状结构的植物,波尔塔《植物形补学》,1591年法兰克福再版(1588年首版)。

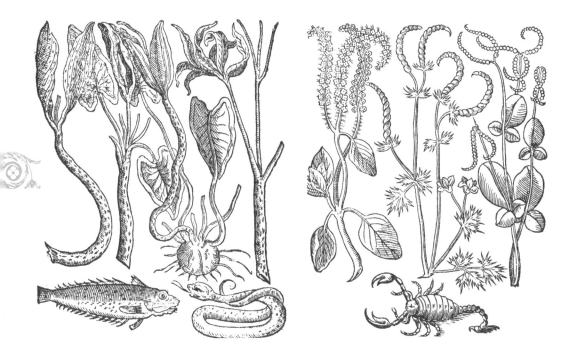

▲ 图8-7：（左）：茎秆具有花斑蛇斑纹的植物；（右）：铰链式结构果皮或花序类似蝎子尾巴的植物，波尔塔《植物形补学》，1591年法兰克福再版（1588年首版）。

版了一本草药志，书中还包含了一些星占植物学。我们在此仅提及一下后来的一位征象学说拥护者、英国草药学家威廉·科勒[①]，他在这个奇特的领域独树一帜。科勒是牛津大学新学院的研究员，生活在萨里郡的帕特尼并研究植物。他似乎很有个性，如果人们能够承认他所言前提的合理性，就会觉得他的论证往往很有说服力。

威廉·科勒会将征象学说发展到人们可以想象到的极致，我们可以引用他在1657年出版的著作《伊甸园里的亚当》（*Adam in Eden*）中对核桃的解释来加以说明：

> 核桃是头部的完美象征：它的外被或绿色果皮代表颅骨膜或头盖骨外面的皮肤，其上生长着头发，因而那些外被或果皮中的盐类，对治疗头部创伤是极有效的。内部的木质种壳如同头盖骨，微黄的果仁皮包裹着果仁，就像薄皮状的

① William Cole，在他著作的标题页，他的名字被错误地拼写为"Coles"。

硬脑膜和软脑膜包裹着大脑。果仁和大脑形态非常相似，因此它非常有益于大脑，可以抵御毒害；假如将果仁捣碎，再用酒浸泡，将其放置于头顶，可以有效缓解大脑和头部的疼痛。

在科勒的著作中，我们碰到了一个征象学说极为模棱两可的例证。有时候，某种外观标识代表一种对人有伤害性的动物，而有此种外观标识的植物也可治愈这类动物的咬伤或蜇伤。例如，在1656年出版的《单味药技艺》（*The Art of Simpling*）中，我们了解到：

> 山慈菇之所以被称为"蝰蛇信子（Adders tongue）"，是因为它的茎秆形似蝰蛇信子，其茎秆部分可以治疗蝰蛇咬伤。而在其他情况下，这种标识则代表了人体的一种器官，它暗示这种植物将治愈这个器官的疾病。例如，"苜蓿被叫作'心形三叶草'（Heart Treyfoyle），不仅仅因为它的叶片是类似人类心脏的三角形，也由于它的每片叶子都包含一个完美的心形图案，并且自带特有的肉色。这种草药可以保护心脏免于受脾脏产生的有害气体损害"。

至少，科勒确实在努力按照自己的原理得出合乎逻辑的结论，他费了不少工夫，因为大部分肯定具有药效的植物并没有明显的标识。他总结说，有一定数量的植物被赋予了标识，以便人们沿着正确的途径来研究草药疗法，然而剩下的植物有意不留下标识，是想以此培育人们发现这些植物药效的技能。他从亨利·莫尔（Henry More）处抄来的一个观点认为，之所以许多植物没有被标识，是因为如果所有的植物都具有标识，"那么这种令人兴奋的标识，人们反而会在重复机械的强调中不再稀罕它"。我们的这位作者显然是敏锐而有热情的草药采集者，他愤怒地抱怨医生将草药采集的事情交给了药剂师，而后者通常只会依赖愚蠢的草药婆之言，她们经常张冠李戴、采错东西，因此没有什么比这个更悲哀的了。

在英国，对征象学说大力支持的另一个人是星占植物学家罗伯特·特纳（Robert Turner）。他明确指出：

> 神在植物、草药和花朵上留有印记，就像象形文字一样，非常鲜明地标识了它们的特性。

然而，十六世纪最杰出的草药学家则拒斥征象学说，这真是令人欣慰的发现。例如，多东斯在1583年写道：

> 被人们极为尊敬的古代作者并未认可的植物征象学说，而且如此变幻无常和不确定的是，就科学和学问而言，征象学说似乎变得完全不值得人们相信。①

① *Pemptades*, Pempt. 1, Lib. 1, Cap. Ⅺ, 1583.

四十五年之后，居伊·德·拉·布罗斯猛烈地抨击这个理论。他指出，人们很容易想象一种植物和一种动物之间的任何相似之处，这也恰巧很容易就能做到。他还写道：

> 就如同云彩，它可以变幻成任何虚幻的相似物，一只鹤、一只青蛙、一个人、一支军队以及其他相似的幻象。

帕拉塞尔苏斯和波尔塔都反对使用外国药物，他们坚持认为，疾病发生的国家自然会出产克制这种疾病的药物。例如，在雅各布·西奥多鲁斯、巴塞洛缪斯·卡里克特（Bartholomaeus Carrichter）、卡尔佩珀和科勒的草药志中，我们常常可以发现这种想法和它的衍生思想。1664年罗伯特·特纳对这些理论总结道：

> 无论何种气候导致了哪种特殊的疾病，在相同的地方都生长着治愈此种疾病的良药。

甚至在十九世纪仍保存了这种理论的充足证据，如托马斯·格林（Thomas Green）在1816年出版的《通用草药志》（*Universal Herbal*）序言中写道：

> 在英国和其他所有地方，大自然在其生长草药之处已经为最容易遭受的一些疾病提供了治疗方法。

这种观念的确已经广为流传，正如一种以前长期在孩童间流传的想法，或许现在仍有残存：酸模（Docks）总是生长在荨麻（stinging-nettles）附近，以便于就地治疗荨麻蜇伤。无论我们如何看待这样的观念，或许至少应承认这些草药学家都明智地强调对本土草药植物的使用，这是因为通过几天时间的缓慢航行运输，来自海外的药物在送到患者面前的时候，常常已经药效尽失，变得毫无价值。

帕拉塞尔苏斯不仅坚持征象学说，而且神秘兮兮地认为，他觉察到每种植物都是一颗类地恒星，而每一颗恒星则是精神化的植物，他似乎已经意识到：

> 万物宰于不朽，咫尺或天涯，隐秘未泄，交融联通，一花之动，系于一星。

尽管吉安巴蒂斯塔·波尔塔采用了一种更加平淡的文风，但他也相信某些植物与恒星、星星和月亮之间存在联系。本书复制了他的《草药形补学》中的一幅图像（图8-8），图中展示了许多月亮形的植物。追寻星占学的历史完全超出了本书的探讨范围，但我们可以回想一个随处可见的例子，用以表明这种观念是多么普遍地被接受。我们已经援引了1485年《德文草药志》中的序言，其中就提到耀眼的星星所拥有的能量和威力。

另一本提及同样关联的早期著作是《汇方药书》（*Liber aggregationis*），或被称为《论草药的特性》（*De virtutibus*

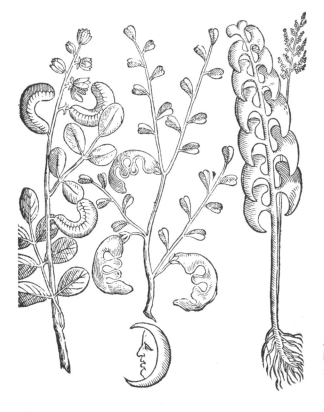

▲　图8-8：具有类似月亮结构的植物，波尔塔《植物形补学》，1591年法兰克福再版（1588年首版）。

herbarum），这本书被错误地归在大阿尔伯特名下。这本书最早印刷于十五世纪并被翻译成各种语言，其中一个英文版本大约出现在1565年，书名是《大阿尔伯特有关草药、矿物和某些兽类特性描述的秘密之书》（*The book of secretes of Albartus Magnus, of the vertues of Herbes, stones and certaine beastes*），这本书并没有包含太多有关植物的信息，动物和矿物占据了大部分的篇幅，但即便是书中仅有的"植物学"，也完全是星占学式的。例如，书中告知我们，如果——

当太阳在八月份开始进入狮子座时，采集（金盏菊），将它包在月桂树叶里并添加一颗狼牙，这样的话，任何人都不会对采集者出言不逊，而只会温言软语。

关于车前草，我们能读到：

① 贝特丽丝（Beatrice）是莎士比亚戏剧《无事生非》中的一个女性角色，剧中人物彼得罗说贝特丽丝风趣可爱，认为她是在一个快乐的时辰出生的，然后贝特丽丝就说了上文中的那句话。*

② 希腊神话中的女巫，她是为科尔基斯国王埃厄忒斯与大洋神女伊底伊阿的女儿，她拥有魔法，曾帮助伊阿宋获得金羊毛，之后与其结为夫妻。*

③ 埃宋（Aeson），底萨莱国王，古希腊神话人物伊阿宋的父亲。*

这种草药的根对于治疗头痛有极好的疗效，因为 Ramme 的标识是火星的宫位，而火星宫位是整个世界的首脑。

在伊丽莎白时代的英格兰，星占术思想就已广为人知，这反映在莎士比亚的许多戏剧桥段中，或许从来没有什么能比贝特丽丝①的戏语更逗人笑的了：

有一颗星星在跳舞，我就在那颗星下出生了。

巴塞洛缪斯·卡里克特（Bartholomaeus Carrichter）在1575年出版的星占学《草药志》中，将植物依据黄道十二宫来排列，但这种分配的原则对于外行人来说仍然是神秘的。该书极为强调草药的采集要随时间而定，需要特别关注当时的月相。杰西卡提醒了我们，她在月光下说道：

在这样的夜里，美狄亚②采集了施有魔法的草药，这可以让衰老的埃宋③获得新生。

▲ 图8-9：莱昂哈特·特恩奈瑟尔·苏姆·特恩肖像油画，弗兰斯弗洛里斯约创作于1569年。

尼古拉斯·温克勒（Nicolaus Winckler）于1571年出版的小书《常备草药志》（*Chronica Herbarum*）也强调了星占植物学这个主题，书中的星占历给出了采集不同草药的合适时间。在卡里克特的《草药志》问世三年之后，莱昂哈特·特恩奈瑟尔·苏姆·特恩（Leonhardt Thurneisser zum Thurn，1531—1595或1596年，图8-9）出版了一本有关星占植物学的著作第一卷。特恩奈瑟尔虽然拥有真才实学，但他也是个头号投机分子和骗子。1530年出生于巴塞尔的他，后来继承了父亲的衣钵，成了一名金匠。据说，他也帮助当地的一位医生采集草药，并被这名医生雇佣来大声朗读帕拉塞尔苏斯的著作。因为发现自己陷入经济困境，特恩奈瑟尔试图用镀金的铅替代黄金来摆脱困境，这就使他在巴塞尔的工作很快泡汤了。他的骗术被人揭穿后，他不得不逃离本国。特恩奈瑟尔广泛游历，特别研究过采矿，他在贫困和富足的转换中过着冒险且动荡的生活。

在特恩奈瑟尔最有影响力的时候，他生活在柏林并就地行医、制作护身符和辟邪物，以及进行秘密疗法实践，这些都使他赚取了巨额财富。他为富人推荐并出售诸如金露、珍珠酊剂和紫晶水等昂贵的药剂，也出版了一本星占历书和算命书，还拥有一个雇佣了大批员工的印刷作坊，员工中就有画家和雕版师。最终，他还是倒了大霉，据说他在十六世纪最后十年去世了，去世原因不明。

在植物学的历史上，特恩奈瑟尔有小小的地位，因为他建立了一个自然珍奇室，其中包含大量干燥植物和种子藏品，他还栽培了许多珍稀的草药。我们之前已经提及，他也计划撰写一部星占植物学的巨著。这部著作原打算撰写十卷，虽然第一卷已经于1578年在柏林出版，但是剩余的卷本从未问世，这部著作名为《所有域内外土栽植物相关影响、要素和自然效果的描述和记录》（*Historia unnd Beschreibung Influentischer, Elementischer und Natürlicher Wirckungen, Aller fremden unnd heimischen Erdgewechssen*）。这本书的拉丁语版本，以《植物描述与记录》（*Historia sive description plantarum*）的书名在同一年发行。第一卷仅仅研究了伞形植物，这类植物被认为受到太阳和火星的控制，它们既没有被命名，图像也没能足够清晰到可以识别出具体所属种类。每一种植物都被描绘在椭圆框内，围绕着装饰性的边饰，这些边饰包含了与这种植物特性相关的神秘题字。（图8-10）而有一些植物图像，则在其中增加了图表，这可能是十二宫图，图中指示了某一种病的发病过程以及合适的草药治疗方法。（图8-11）

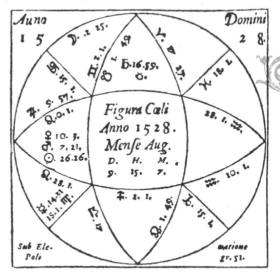

▲　图8-10：伞形科植物（Cervaria faemina），特恩奈瑟尔《植物描述与记录》，1578年柏林出版。

▲　图8-11：用于伞形科植物（Cervaria faemina）治疗的天文图表，特恩奈瑟尔《植物描述与记录》，1578年柏林出版。

特恩奈瑟尔效仿古人，依据植物的活力程度将其描述为雄性或雌性。他还加入第三个分类，以小孩来代表，用以象征那些柔弱的植物。《植物描述与记录》第一章节里的一些语句，或许值得一译，从中可以看出诸如莱昂哈特·特恩奈瑟尔这样的作者，背离植物学研究的理性路线有多遥远。[①]当特恩奈瑟尔讨论种植根茎和草药，以及采集种子时，他宣称：

> 进行这些操作时，需要符合行星和天体的运行状态和位置，这是绝对有必要的，这样可以使人们将疾病调控到可承受的范围内。为了对抗疾病，我们需要使用草药，还要适当考虑病人的性别，因此对男性有益的草药应该在太阳或月亮处于（黄道十二宫的）雄性标志时采集，比如太阳和月亮运

① 此处使用1578年版本进行翻译。

行至人马座或水瓶座时，假如这些都没有可能，至少当它们进入狮子座时再采集。类似地，对女性有益的草药，应该在一些雌性标识下采集，显然有处女座，假如这个不可能，那么可以在金牛座或巨蟹座时进行采集。

星占植物学在十七世纪的英格兰变得极为风行，这一学说最臭名昭著的倡导者就是尼古拉斯·卡尔佩珀（Nicholas Culpeper，1616—1654），他大约于1640年在斯皮特佛德（Spitalfields）自诩为星占家和医生。本书在图8-12复制了卡尔佩珀的肖像，他出版了一本名为《药物指南》（*A Physicall Directory*）的书籍，在医学行业引起了人们极大的愤怒，这本书是医师学会已出版《药典》（*Pharmacopoeia*）的未署名英文译本。如果我们了解卡尔佩珀在这本书中是如何指责正统医学从业者，那么对他不受同行待见就不会感到吃惊了，作为"一伙自负、无礼、专横跋扈的医生，他们所拥有的知识早在其出生前五百年就已经有了"，他继续质问：

In Effigiem Nicholai Culpeper Equitis.
The shaddow of that Body heer you find
Which serves but as a case to hold his mind,
His Intellectuall part he pleas'd to looke
In lively lines described in the Booke. *croso sculpsit*

▲ 图8-12：尼古拉斯·卡尔佩珀肖像版画，托马斯·克罗斯刻版，卡尔佩珀《医学指南》，1649年伦敦出版。

　　我们看到一个医生庄重地乘坐着舒适的马车，他没有一丁儿点的才智，但是这些知识在他出生前就已经被出版，这难道不是一笔属于他们丰厚又极为恰当的共有财富吗？

《药物指南》以不同的名称发行了多个版本。1661年版本的标题页写着《英国通俗草药的星占医学论述》（*Being an Astrologo-Phisical Discourse of the Vulgar Herbs of this Nation*），囊括了可以使人保持身体健康的医用技法大全，人们只需花费三便士，使用那些只生长在英格兰地区最有益于英国人身体的植物，就可以为自己治愈疾病。卡尔佩珀描述了某种受到太阳、月亮或行星，以及其他天体——它们受到一颗行星或黄道十二宫中一个星座的影响——控制的草药。他认为，一种特定的草药和一颗特定的天体具有关联性，他给出的理由简直是脑洞大开。例如，他指出：

> 苦艾是一种属于火星的草药……我可以这样证明：战神[①]所在的地方喜爱生长一种属于战神的植物，而苦艾就喜爱生长在战神所在之地（因为你或许可以从铁匠铺和钢铁作坊附近收集到一车的苦艾），以此可以说它是一种战神的草药。

在卡尔佩珀看来，既然每一种疾病都是由一颗行星导致，那么治疗方法就是使用属于其对立行星的草药。比如，由木星导致的疾病可以用属于水星的草药来治愈。另外，疾病可以由"交感力（sympathy）"来治愈，这就要使用引起此病的行星所属的草药，我们可以引用他书中使用苦艾治疗眼部感染的解释作为例子：

> 眼睛受到天体的控制，男人的右眼和女人的左眼由太阳来主控，男人的左眼和女人的右眼由月亮来主控。属于火星的苦艾可以通过交感力治愈太阳主控的部位，因为火星在太阳的宫位地位尊崇；但是属于月亮主控的部位可以用拒斥力（antipathy）来治疗，因为火星会在月亮的宫位下沉。

有趣的是，我们在卡尔佩珀的序言中发现，他声称自己受到理性的指引，在这方面超越了所有前辈，而所有先前的作者们"头脑里尽是荒谬无知和自相矛盾"。

即使在十七世纪，卡尔佩珀也遭受了严厉的批评。威廉·科勒尽管迷信征象学说，但他也毫不客气地谴责星占植物学。他试

① 罗马神话中火星（Mars）就用来象征战神马尔斯（Martial）。*

图否定这种学说的主要论据特别巧妙，他说草药知识是——

> 一种与造物一般古老的主题（《圣经》可以见证），这肯定是比太阳、月亮和行星还要古老，这些天体在第四天才被创造出来，然而植物在第三天就被创造出来了。因而，上帝甚至首先就驳斥了那些愚蠢的星占家，因为他们声称所有植物的生长都必须且不可避免地受控于天体影响，要知道植物出现的时候，还没有行星呢。

科勒不单在一般层面驳斥星占植物学，还特别谴责——

> 卡尔佩珀大师（这个人现在已经去世了，因此我将尽量谦虚地用词，如果他还活着，我将更坦率直接地对待他），他确实是认为所有人都不适合做医生，因为这些人不是星占学方面的专家，好像只有他自己和一些追随者才是英格兰的医生。然而，无论是通过他的著作，还是他人之口，我从中所了解到的是，他对药方简直一无所知。

科勒的反对之声并没什么影响，而卡尔佩珀的草药志甚至到今天还是新版迭出，这距它首次问世还不足三百年。这部著作仍旧是一本颇具价值的出版物，最近发行的一版是在1932年①。我们只需要从书中随便引用几句话，便足以体现此书的特点：

> 菌类受控于土星，假如有人因食用它而中毒，那么属于火星的草药苦艾可以将其治愈，这是因为火星在土星的宫位摩羯座中受到尊崇，它可以通过交感力进行治疗。

① 作者是在1938年出版此书的第二版，所以她找到的最新版本为1932年版，实际上卡尔佩珀的书直到现在仍然被不断出版。*

第九章

结 语

回顾上述各章所讨论的主题可以清楚地看到，某些一般性植物学兴趣发展出来的几个结果，也许这其中最明显的便是医学对植物学不可估量的贡献。绝大多数的草药学家均是医生，他们由于植物学与其医术间的关联，从而投入植物学研究。正如我们所指的那样，医学不仅为植物分类学提供了最初的推动力，它也推进了植物解剖学研究的发展。

　　然而，随着草药志不断地发展演变，我们看到植物学从仅仅被视为医学女仆的身份，上升到相对独立的地位，植物分类的历史就是一个很好的范例。当早期的医学植物学家对他们的研究材料进行任何归类尝试时，他们纯粹是基于实用主义的目的。最初对草药的排列，也仅仅是依据它们对人类产生价值时所具备的特性；但是，随着科学的发展，科学自身亟待一种不同类型的分类系统，在本书所关注时期的后半段出版的一些著作当中，有着一种很明显的尝试（假如只有部分获得成功的话）：作者依据植物的类同性对植物进行归类，当作者只考虑植物本身而非与人相关的方面时，这种类同性就在植物身上呈现出来。在植物世界理想的自然分类体系当中，每一种植物都应该能找到属于自己的位置，当马蒂厄斯·德·洛贝尔在《新植物备忘录》中写出"秩序，这是天堂和智者头脑中最美好的存在"时，他必然对这个体系有着清晰的认识。

　　医学对植物学的第二个贡献，是植物学受益于医学的某些技术分支，特别是印刷术和木刻版画工艺。通过这两种相关的技术，印刷版草药志替代了手抄本草药志，记录在手抄本上的传统知识，几乎可以毫无损失地得以传承。实际上，制图师和雕版师，不仅仅是传播现有的知识，他们也向植物学家展示敏锐和高度受训的观察力，因此，他们的工作必然常常向植物学家表明：如果没有他们的帮助，植物学家将永远看不到某些东西。

植物描述的艺术，其历史发展明显地滞后于植物插图的发展。早期草药志的描写颇为生动，但从植物学角度来看，这种描述却模糊且粗糙，在植物描述转变为一种科学精准的工具之前，它不得不经历很长一段时间的发展和提升。

我们回顾植物学快速发展的两个世纪，它必然受到文艺复兴学者世界主义思想①的极大刺激。借助于将拉丁语作为通用语言，人们可以在多所国外大学研究学习，这就形成了公认的求学传统。其中的一个例证就是，1533年苏黎世的市政府参议派遣康拉德·格斯纳前往法国学习，他们深思熟虑的意图就是不想让格斯纳作"苏黎世的井底之蛙"。尽管那时的旅行充满了苦难艰险，但是十六、十七世纪的植物学家们拥有广博的欧洲知识，他们与外国科学从业者保持着密切的联系，在这些方面丝毫不逊色于二十世纪的同行们。在某些情况下，这种旅行的热情并不完全是自发形成的，而是由宗教改革运动时期及之后的宗教动荡促成的，当时那些不再接受罗马教廷权威的人士，常常会遭到驱逐流放，威廉·特纳、克卢修斯以及博安兄弟都遭到了这种强制性的流放。许多具有改革精神的中欧和北欧植物学家的确都很杰出，此外本书还提及的其他新教徒有布伦菲尔斯、博克、富克斯、西奥多鲁斯以及博尔迪萨·德·巴蒂亚尼（Boldizsár de Batthyány），我们或许可以由这些名字联想到克里斯多夫·普朗坦，这位出版了大量植物学著作的出版商，虽然他以罗马天主教徒的身份入教，但他还是一位秘密的家庭主义教（Familists）②拥护者，这个教派是贵格会的先驱。

同样，独立的思想引导许多植物学家追随当时的精神改革者们，这种思想也引领他们在自己的专业领域放弃了许多当时流行的荒谬学说。在十六、十七世纪那些最杰出草药学家的著作中，我们发现极少有赞同任何与植物相关的迷信说法，诸如征象学说或植物星占术，博克、威廉·特纳、多东斯、加斯帕尔·博安等

① 世界主义思想（cosmo-politanism）认为人类群体是一个基于同样道德观念的社群，个人将视自己为全体人类的一分子，抛弃地域、文化和民族偏见使得国家、民族之间具有更加包容的道德、经济和政治关系。*

② 家庭主义教会，也称Familia Caritatis，是由十六世纪德国商人亨德里克·尼可利丝创立的神秘主义教派。*

的作品都是如此。在我们探讨的那个时代出现过大量上述类型的植物迷信主题著作，但是这些书的作者自成一派，草药学家本身也必定不会与其混淆不清。总体来说，他们的态度具有一种健康的怀疑论色彩，超前于他们的时代。说他们绝对摆脱了迷信也不切合实际，但他们很好地克服了迷信，他们即使没有完全怀疑可以使人恢复健康的魔法捷径，但也没有向人们推荐这些方法。劳伦斯·安德鲁（Laurence Andrew）是布伦瑞克的杰罗姆所著《草药水蒸馏大全》的译者，他在1527年写道：

> 比起使用由魔鬼发明的诡异而邪恶单词或咒语，使用由上帝赋予天然药效的药物不知要高明多少。

尽管草药学家研究的主题有很强的专业性，但他们的个性常常清晰展现在字里行间，这着实令人吃惊。就拿许多早期的植物学书籍来说，比如威廉·特纳说他自己：

> 这部著作虽然很小，然而它可以彻底地表明我的思想，就如同狮子仅仅露出爪子，其实就能暴露出整只狮子一样。

当我们暂停分析这些草药志，尝试将之前的章节综合分析一下，就会发现我们一直关注的是最具有活力的印刷草药志时代，它大约起始于十五世纪最后25年，以《自然之书》《阿普列乌斯草药志》《拉丁语草药志》《德语草药志》的出版为标志。很难确定这个活跃时期何时终结，但在某种程度上或许可以将1670年前后视为它的终点，因此它仅仅维持了相对较短的两百年时间。若从插图的视角来看，印刷草药志在历史上最好的时代将缩短至不足两百年。我们提出的这种时间划分建议，似乎完全是合理的，最佳的时间段推测会被调后至1530—1614年，这段时间正处于汉斯·魏迪兹为布伦菲尔斯的《植物写生图谱》创作之后的木版画时代和克里斯皮安·德·帕塞的《群芳之园》铜版画面世之间。这个时期，版画在艺术方面达到的高潮或许就是富克斯草药志中的木版画，科学方面则体现在格斯纳–卡梅隆的那些作品中。

就文本而言，我们所关注时代的植物学著作达到的最高水平，可以说模糊地预见在了德·洛贝尔和佩纳1570年1月合作出版的《新植物备忘录》中，五十年之后则在加斯帕尔·博安的《植物学大观序论》（1620）和《植物学大观登记》（1623）中实现。尽管我们将一种按照自然体系构思之后的第一次确切努力，归功于德·洛贝尔和他的前辈博克（此人也是描述性植物学的一位先驱），但在博安的书中，分类、命名和描述才达到它们的最高水平。

在十七世纪晚期，植物学快速地向更加科学化方向转变。雄蕊功能的发现在1682年首次被报告，这是植物学发展过程中显著的一大进步。随着时间的推移，混合了医学和植物学知识的草药志，一方面为专一性的医学著作《药典》让步，另一方面也为专一性的植物学著作《植物志》让位。随着自制药方使用的衰减，药剂师的店铺取代了主妇的草药园和储物室，草药志的实用价值降低到近乎消失。

如果我们将关注点从本书出于研究而选择的相对有限的时间段内转移出去，审视这段时间前、后两个阶段，尝试想象整个草药志的历史，我们就不得不为它的连续性而感到震惊。草药志演变的最早阶段，我们已经无从知晓，但我们至少可以看到，草药志就如同人们头脑中的大多数事物一样，它可以追溯到古希腊思想；它从基督纪元前就世代相传，直到我们这个时代。有的时期，草药志几乎原地踏步甚至倒退，但是，即使在最黑暗的时期，操着叙利亚语和阿拉伯语的抄写师仍在复制和翻译经典的手抄本，使得这些草药志的内容免遭遗失。到了学术复兴时期，人们通过对古希腊文本的使用，西欧恢复了对植物的研究。古典传统的价值巨大，甚至对于那些将他们的观察带入这一传统的人来说，也是如此。他们将其视为无懈可击的试金石，但对于那些发现古典传统可以刺激出无休止争论的人来说，则价值更大。在这两种态度的相互作用之外，就如我们今天所知，植物系统学逐步发展起来。约翰·西布索普的巨著《希腊植物志》，的确是迪奥斯科里德斯《论药物》在现代科学里的直系后裔。

古希腊的影响不仅仅渗透这一类型的学术著作，它也存活于一个更加生活化的世界。一个出生于1842年的人曾经告知我，他在贝德福德郡度过童年时代，其间与一个村民相熟，这个人依靠一本《杰勒德草药志》为邻居治疗疾病。如果可能的话，这本书应是约翰逊草药志的一个版本，我必然已经知晓这本书中的某些插图复制自艾丽西亚·朱莉安娜的迪奥斯科里德斯抄本。这部抄本制作于公元500年之后不久，而这个抄本中的图像有可能本身就源自公元前1世纪克拉泰亚斯的著作，因而我们可以从中瞥见，草药志传统在两千年里不间断地发展着，它从克拉泰亚斯、希腊人一直传承到英国乡村那位常常全神贯注地翻阅她那部草药图谱的老妇人。

植 物 学 前 史

第 十 章

补 论

十六世纪的彩色草药志

艾格尼丝·阿尔伯

　　十六世纪的许多草药志木版插图都是彩色的，但是我们对诸如这些插图是何时、在什么情况下被上色的均一无所知，基于这种原因，直接关注那些迄今都被忽视的具有最漂亮彩色插图的著作，这是很有价值的，其中之一便是莱昂哈特·富克斯的《植物志论》，这部书是伊辛格林于1542年在巴塞尔出版的。书中是这样描述玉米的：

　　　　这幅图展示了玉米果穗上四种颜色的种粒，每一个果穗的种粒只有一种颜色，或黄或紫，或红或白，我们应该警觉以免被这幅图所欺骗。

　　这一细致的解释表明玉米果穗的种粒具有四种颜色：黄色、紫色、红色和白色。尽管这些变种实际上并不能同时被人发现，但是作为这本书完整组成部分的彩色插图将它们清晰地呈现了出来。假如富克斯的整本书是黑白插图，那么他书中的文字就毫无意义。

　　在温切斯特教堂图书馆和林奈学会图书馆收藏的《植物志论》上色版本中，富克斯在文本中提到的四种颜色出现在一个可以看到种粒的果穗平面图像区域内。[1] 剑桥大学的大学图书馆和基督圣体学院图书馆所藏的相似彩色版本中，虽然着色并不是很清晰，但是也尝试进行了分区域的着色。在比较了后两个版本中的一般着色后，我发现它们展示出了某些其他方面的共同之处，比如"苦苣"（Endivien）和"菊苣"（Wegwart）的数朵花冠都呈蓝色，但是有一朵是白色的，这符合富克斯的文字描述，他在描述中注明这两种植物有时会开出白色的花朵。

　　一个更为突出的例子是"野芝麻"（Lamium）的木版插图，这是一幅复合的图像，在一个主干上生长着三条侧枝，根据富克斯的描述，这些侧枝被描绘为花叶野芝麻（yellow archangel）、大苞野芝麻（purple dead-nettle）和短柄野芝麻（white dead-nettle）。我们对其中两个版本进行比较，这些花在色彩上的区分与文字描述一致，因而富克斯这幅图像由三部分组成的意图完全得到了执行。而且在两个版本中这种设计完全相同，三个侧枝从左到右依次分别是黄色、粉色和白色的花朵。在这两个版本的欧洲李（prunus sativa）图像中，树上的着色均是黄色李子在左边，紫色的在中间，粉红色的在右边。更有甚者，在蔷薇（Rose）的图像中，两个版本都是左侧枝条开白色花朵，右侧的开出红色花朵。

　　这些例子展示出图像着色和文本描述之间，以及不同着色版本之间在细节方面的一致性，之所以这样，可能是由于作者在一定程度上把控着绘图的缘故。由于有许多保持原貌的版本流传了下来，所以我们知晓当时也出版了黑白图像的版本，其中一些版本据说是书籍拥有者之后给涂的颜色。不过一个基于自己的兴趣来完成这项工作的业余爱好者，他几乎不可能会不辞辛劳地准确执行文本中描述的特征和风格，正如我们在这里提到的那些例子。剑桥大学图书馆保存的版本在一个方面很值得人注意，书中绘图的整体样式要比它着色的细节更好，这些细节粗糙、呆板，这或许是因为着色师不得不快速处理大量复制品而造成的；而这也并不是在一位画家作品中可以寻找到的那种不完美。

　　让人感到惊奇的是，我们恰巧知道《植物志论》的木版插图在出售前被着色的一个很晚的时间点。在富克斯逝世两百多年之后的1774年，一个叫所罗门·辛茨（Salomon Schinz）的人以某种方式获得了富克斯草药志的木刻印版，他使用这些印版为一本在苏黎世出版的书添加了插图，这本书的书名为《植物知识指南》（*Anleitung zu der Pflanzenkenntniss*）。辛茨让一所孤儿院的孩子为木版画上色，这显然是十八世纪制作豪华书籍的一种惯常的经济方法。我们很开心地发现辛茨在前言中因为这些版画而表扬了孤儿们，他高度称赞他们："亲爱的孩子们，你们用色彩美化了这些版画。"

我们再次转回到十六世纪，也许可以回想起斯普拉格博士那个关键的发现。[2] 他对奥托·布伦菲尔斯1530年草药志《植物写生图谱》绘制版本进行了研究，这个版本现存于邱园植物标本图书馆。这可能是这本草药志的插图师汉斯·魏迪兹绘制的水彩画稿本，它们被用来当作着色的样本。这个观点说明邱园的版本是在这本草药志出版之前绘制的。

基于文艺复兴时期两种主要德语草药志彩色版本的研究，迄今为止被视为一种证据。此外，我们已经获得了一项更为真实的证据，这源于一家伟大出版社的记录，这家出版社由安特卫普的克里斯托夫·普朗坦创办，他出版了低地国家植物学家三杰多东斯、克卢修斯和德·洛贝尔的草药志著作。1938年普朗坦－莫雷图斯博物馆的布舍里通过信件友好地转告我，在普朗坦取得的成就中，有许多都和他雇用来为草药志上色的三位女士有关，她们分别是利斯肯·泽格斯（Lisken Zegers），汉斯·列弗林克（Hans Liefrinck）的遗孀明肯（Myncken）以及亚伯拉罕·范霍文（Abraham Verhoeven）的遗孀林肯（Lyncken）。任何研究者都可以获得安特卫普的原始档案，这或许可以解密这些着色师在作者，以及其他普朗坦团队画家之间所扮演的确切角色。

总而言之，我们或许会说在此处所讨论的证据表明，由个人所有者着色的十六世纪草药志并没有预想的那么常见，这种情况的确出现过，但是一个业余爱好者能将如此繁重的任务完成，这是相当罕见的，更可能的情况是书籍在出售前按照正式惯例完成图像着色。如果进一步的研究表明这一观点可行的话，这就意味着上色版本值得受到比现在为止更多的关注，因为它们或许可以证明为文本提供了权威的注释，并强调了作者的意图。

《自然》（*Nature*）1940年第145卷，第803页。

注　释

[1]　感谢温切斯特教堂图书馆和林奈学会图书馆的馆员提供此信息。

[2]　Trans. South-East Union Sci. Soc., 43, 36 (1938).

从中世纪的草药学到现代植物学的诞生[1]

艾格尼丝·阿尔伯

由于植物为人们提供了食物和保护，从最早时候起，人类必定就对植物有着迫切的需求。人们也必然在很久之前就偶然发现草药具有治疗或缓解身体疾病的多种效果。这个发现确实是植物研究方面头等重要的进步，因为任何草药，甚至那些明显没有其他用处的植物都被证明具有医学价值；对那些经过实验检验具有药效的植物进行辨识，这个需求逐渐促成了植物学知识体系的建立。在中世纪，尽管人们接受了宗教化的宇宙图景，由于在时空上受到了限制，使得在常规科学研究方面受到了抑制，但幸运的是，宗教从未阻碍过用于医疗的草药知识发展。[2]就西欧地区来说，这种知识被记录在一长串很大程度上可以追溯到古典时期的草药抄本之中。查尔斯·辛格（Charles Singer）教授对这些著作进行了开创性的研究。[3]一直到印刷发明的时代，这些书还继续被反复手工抄写复制，此时其中的一些以印本的形式开始重焕活力。在十六世纪初期仍保存有大量的写本，它们代表着一种可追溯到希腊医生迪奥斯科里德斯的传统，这位医生生活在公元一世纪。这些写本的传播范围确实有限，不过它们自身结出大量的种子，这些种子很快就在十六至十七世纪发展成有花植物的系统性知识。

人们在利用文献进行药用植物研究的同时，也继续在浅显的民间医学领域里保持着药用植物知识的活力。农村妇女似乎是掌握这种知识最主要的群体[4]，她们从母亲那里习得知识，然后再将其传给女儿，学者们时常表达出对她们的感激之情。在十三世纪末，热那亚的西蒙·科尔达（Simon Corda）感谢克里特岛的一个老妇人向他传授植物的希腊名称和有关它们功效的知识。[5]两百多年之后，奥托·布伦菲尔斯在他的草药志中提到维图拉斯专家（Vetulas expertissimas）[6]，即"极为专业的老妇人"。而在布伦菲尔斯之后不久著书的尤里修斯·科尔都斯也声称他从身份卑微的妇女和农夫那里学习知识。[7]波兰植物学家安东·施内伯格（Anton Schneeberger）在1557年声称"他不以求教于农妇而为耻"[8]。在英格兰，这种民间医学传统持续到了相对现代的时期，当约瑟夫·班克斯爵士十八世纪中期在伊顿公学求学之时，他对了解一些植物学知识具有强烈的求知欲，于是采取了付费方式，请采药妇人教授自己，妇人们带给他的每一份标本都可以获得六便士。[9]十八世纪稍晚一点时候，歌德从图林根森林里的草药采集者那里学习植物知识。

直到进入十六世纪，在英格兰这样的植物学知识一般只能通过口口相传的方式流传，因为那时候草药志抄本很罕见，未知的受众也很难接触到，而且也没有印刷书籍可以用来鉴别药物。直到1526年，首部拥有一系列植物插图的书籍《草药大全》才印刷出版。[10]它翻译自一部法国专著《草药大全》（Le grand Herbier）[11]，这本书被翻译为英语似乎让人很吃惊，因为在那个时候任何一个有学问的人进行交流的媒介语言都是拉丁语。不过最近的研究表明，在1500年至1640年这段时间，可能除了意大利之外，任何一个国家出版的科学著作采用本地语言的比例比其他语言都要高。[12]而且，就《草药大全》来说，因为它具有完全实用的目的，以向广大未知人群提供有关草药治疗的知识，所以它有充分理由使用母语。这本书特别提醒我们，它是按照一个系统的框架排布的，故而"这本书中的草本和树木自成一章，每一章都有不同小节用来说明每种草药针对人体健康需要注意的多种药用方法"。当现代读者注意到有如此多草药对治疗每一种疾病均有效果、一种草药并非只对一种而是所有疾病均有效，那么他就不禁想知道绝大部分草药除了给人们的饮食中增添一种新鲜蔬菜元素外（就这一点而言，在当时人们的饮食中必然普遍缺乏蔬菜，尤其是在冬天），它们是否真的具有疗效。不过，仍有很大比例的草药名称保留在了我们目前的药典中。《草药大全》的编纂者记录道："将柳树叶浸泡在酒中，它的汁液有助于减缓发烧引起的身体发热。"如果他来到现在，看一看用水杨酸制成的治疗发热的药物，会感觉到自己的说法得到了证实，而且达到了他做梦也想不到的程度。

尽管《草药大全》实际上出版于十六世纪，但是这本书仍然残留了中世纪的思维模式。书中并没有原创性的内容，明显都是摘抄自诸如阿维森纳、普拉泰阿里乌斯、大阿尔伯特和英国人巴塞罗缪等古代作者的著作，而这些作者的知识最终又源于古典时期。《草药大全》包含了许多木版插图，这些都源自先前时代的欧洲大陆插图。图10-1展示了书中一个很好的例子——天仙子，但就算最睿智的学者也辨别不出诸如这类插图中描绘的是何种植物。这本书除了图像老套外，好奇的读者必然还会对它的其他特征感到沮丧，这本书插图和文本常常并不互搭。出于经济的考量，书中偶尔会用同一幅版画为多种植物配图，比如为椰枣所配的插图，反而可以辨识出是罗望子，人们还会在罗望子的文字部分再次失望地发现这幅插图。另一幅插图则同时成为了樱桃和番茄的配图，但是这并不太可能会导致灾难性的后果，因为这些图像与任何一种植物都没有

▲ 图10-1：天仙子（*Hyoscyamus*），《草药大全》，伦敦萨瑟克，彼得·特里尔（Peter Treveris），1526。

一丁点儿的相似之处。对"金盏花"（Calendula）或"鲁德斯"（Ruddes）的描述毫无疑问与金盏菊有关，因为书中告诉我们"当未婚女子出席宴会和婚礼时，用它做成花环"，但是与这些描述相搭配的图像却无疑是桂竹香，一点也不像金盏菊。实际上文本与插图之间时常是互不相符的，以至于人们只能猜测，那个时候缺少插图书，印刷者觉得在能提供大量装饰图案的时候，他应当为这些书籍配上插图，而这些插图是否和文本相匹配则是不值一提的小事。

《草药大全》并没有打算对每种植物都进行更多的描述，但有时书中又给出了植物的指示性特征。比如，书中有关于果实形状和颜色的语句描述，麦仙翁"具有黑色的三角形或双面的种子"，而紫草的种子则是"具有蜡膜，白色且有光泽的，因此它被称为太阳的蚕卵"。然而，通常书中的描述几乎不能用来与其他植物进行比较，比如——

> 啤酒花是一种生长在树篱上的植物，它像泻根或白葡萄一样攀爬生长，它被称为hoppes，叶子长得像荨麻，具有浓烈的气味和酸味。

书中描述最详细的一个例子是玉竹，这样写道：

> 玉竹（Sigillum sancte Marye），或被称为Sigillum Salamonis，是一种草药，它也被称为"萨拉蒙之印"或"我们女士的印章"。玉竹生长在背阴的地方和森林里，它的叶子像蓼，开白色的小花，结两两一排、按顺序排列的红色果实，玉竹的根就像假叶树的那样白色而多节。

不过，在大多数情况下，书中描述几乎完全可以忽略不计，诸如"琉璃苣是一种粗糙叶片的草药，它被叫作bourage"，这样的描述都被认为是很充分的了。矢车菊仅仅被辨别为"一种生长在麦田之中的有害杂草"，而羊齿植物（蕨类植物）仍旧被简单地识别为一种"如其名所叫的植物"。

对于草药的采集者来说，知晓在何处可以找到所需的植物显然是非常必要的，在《草药大全》当中就出现了许多植物的产地信息，例如，水龙骨就被描述为"一种长得很像蕨类的草，它生长在墙上、石头上和树上"。关于域外植物的原产地，作者就含糊其词，"产自海外"显然被当作一种足够准确的地点定位。沉香木在当时以能制作香水而知名，它被描述为"一种产自毗邻天堂河的巴比伦丛林中的木材"，这听上去似乎是一种荒诞的说辞，但在很久以前这就是一种较为完善的说法，因为沉香木的起源一直到相对较近的时代，仍然是一个未能完全解决的问题。[13]《草药大全》中提及的巴比伦或许并不会使人信以为真，但是它只不过是一种暗示作者并不知晓这种植物源自何处的得体说法。另一个例子则是肉桂，我们获知"这种小型树木的树皮产自巴比伦的尽头"。传统儿童游戏"巴比伦有多远"表明这个单词暗示了那种距离凡俗世界极为遥远的事物。当我们知道人们是在很晚的时候才了解到出产域外植物药的植物，那么《草药大全》没有明确这些药物的来源就不足为奇了。我们仅仅提到了沉香木，从迪奥斯科里德斯时代乃至更早时候起，科斯图斯（kostus）也是一种著名的香料，但是人们直到十九世纪中期才知道它源自于云木香（*Sausurrea lappa*，Compositae）。[14]

《草药大全》代表中世纪到文艺复兴过渡时期医学植物学的常规面貌，人们对它的印象是这种类型的研究从迪奥斯科里德斯时代起，即大约在此书出现前的一千五百年起，这些源自古典时期的文本和插图就没有什么进步，整体上来说，它们仅有的变化就是在一代代的持续性复制中走向了衰退。此外，这一复制过程传承了如此长的时间，似乎也没有什么理由可以解释为何这一过程不应该无限期地继续下去；然而，令人高兴的是，在十六世纪出现了一股崭新的推动力，不过并不是草药学家自身在研究中最先接触到这股新鲜的精神力量，而是与他们进行合作的画家首先被召唤起来。

　　德国植物学家奥托·布伦菲尔斯在1530年出版了拉丁语草药志《植物写生图谱》，在他的这部著作中就有一个范例。[15]尽管这本书的文本展现出了丰富的知识，植物学内容也比《草药大全》更多，但是它并没有比古典时期的作品进步多少，坦率地说，它就是源自迪奥斯科里德斯、阿普列乌斯以及其他作者著作的一部汇编作品。十五和十六世纪的意大利植物学家是翻译和评注早期权威作品的先驱，布伦菲尔斯通过这些注解性的作品获取到了所需的知识，他本人似乎对完全依赖古典时期的知识相当满意，甚至对于最熟悉的植物，他都没有表现出一丁点儿属于自己的想法，我们以他对白睡莲的描述作为一个例子加以说明，他是这样描述白睡莲的：

　　　　那稍微浮现在水面之上的宽阔叶子，牢固结实，坚如皮革，具有强烈的香味。然而有时候叶子也在水下面，许多都是从一条根上面长出来的。花朵白如百合，具有黄色花心。花谢之后出现一个球形结构，在它的球形部位有一个类似苹果或罂粟果实的结构，具有暗淡的色彩。睡莲的根又大又圆，上面的结疤类似于某种梅花形。

　　他是这样描写黄睡莲的：

　　　　它的生长过程类似于白睡莲，然而它的根块粗糙且颜色浅淡，它开出像蔷薇一样亮黄色的花朵。它也由根生长出来，这些根就像睡鼠的尾巴一样。

　　我们将这段描述与迪奥斯科里德斯书中的文字进行对比[16]，会发现布伦菲尔斯几乎将后者书中的描述逐字抄录。布伦菲尔斯唯一的创新之处，似乎是对黄睡莲不定根和睡鼠尾巴之间巧妙的类比。

人们很难从布伦菲尔斯的书中察觉到诸如植物命名和分类的思想。[17]他从未意识到选用并坚持使用植物拉丁名的重要性，例如，他态度平平地将各种毛茛称为"Pes Corvinus""Coronopus"或"Galli Crus"，以上这三个名称都暗示了这些毛茛叶片与鸟足类似。对于现代意义上的种他并没有清晰的概念，对他来说物种被简单地理解为一个"类别"，有时候他将现在被划分在不同科中的植物划归在一起，用现代的说法就是划分在一个属名之下。例如，他区分了三种玄参：大玄参（major）、中玄参（media）和小玄参（minor），然而这三种植物的双名法命名分别是林生玄参（*Scrophularia nodosa*）、紫景天（*Sedum telephium*）和榕叶毛茛（*Ranunculus ficaria*）。

在植物学历史上，布伦菲尔斯草药志的重要性的确并不在于文本内容，而是书中的插图，这些优秀的绘图并未因为艺术效果而牺牲写实性。图10-2就是一个例子，但是公正地说，由于我们并没有完全按照原图大小来复制，因此并未能展示插图的水准。书中的绘图并不是布伦菲尔斯自己创作的，他本人和出版商都不是极具天赋的画家，汉斯·魏迪兹才是负责绘制这些插图的人。魏迪兹在草药志创作中途加入了团队，这是未预料到的结果，他似乎很快就在工作中占据上风，这也使他得到了后世的赞颂，不过布伦菲尔斯显然就有些尴尬。布伦菲尔斯认为应该以草药的古典名称作为其真实名字，他试图将那些没有受到古人重视、仅仅拥有俗名的不幸植物列在一个附录中，他称这些信息贫乏的植物为"空白的植物"（*herbae nudae*）[18]、被遗弃或贫乏

HYOSCYAMVS.

Bylſam kraut.

▲　图10-2：天仙子（*Hyoscyamus*），布伦菲尔斯的《植物写生图谱》，斯特拉斯堡，1532年。

Gauchblům.

▲ 图10-3：草甸碎米荠源自布伦菲尔斯的《植物写生图谱》，斯特拉斯堡，1532年版.

的植物。因而他这种简单划一的方法可以区分出好与坏，然而这个计划还是被打乱了，因为魏迪兹和他的助理坚持描绘他们所选择的植物，当他们进行选择时，他们有时会眷顾那些被植物学忽略的植物，因此伴随着印刷工对印刷图版的等待，布伦菲尔斯不得不面临对这些古人所不知的新进级植物图像的认同，而这并非他所愿。基于这种令人遗憾的状况，他为书中出现欧洲白头翁（*Anemone pulsatilla*）和草甸碎米荠（*Cardamine pratensis*，图10-3）而致歉，因为这两种植物在之前都未有过科学性描述。毫无疑问，如果布伦菲尔斯知晓自己如此不情愿承认的两幅木刻版画将在植物线描画的历史上获得杰出的殊荣，他将会大吃一惊，这两幅图都拥有极其出色的绘图质量，还被人们视为林奈命名物种的最初类型绘图。[19] 由于这种写实主义插图与《草药大全》那种象征性装饰完全不同，因而布伦菲尔斯的著作成了首部有可能对其中列举的物种进行很高比例辨识的著作，因此这部草药志在某些方面被视为现代系统植物学的起始点。[20]

《植物写生图谱》中记录了258个植物的种和变种，其中有超过五分之四的植物为古典时期和中世纪的作者所熟知，然而仍旧有47个种在被布伦菲尔斯发表时，对科学界来说仍是未知的新种。[21] 从布伦菲尔斯开始，经过加斯帕尔·博安、林奈，再到二十世纪的制度化发展，人们可以看到一条清晰的线路，因为林奈将博安在1623年出版的《植物学大观登记》作为自己时常援引的最早权威著作，而博安则通常将自己的研究回溯至布伦菲尔斯。[22]

正如我们所看到的那样，布伦菲尔斯的文本基本上具有古典时代和中世纪特征，它们并未通过与其相关的插图恢复活力。不

过，这些插图对同时期以及之后的
草药学家有着一种探索性影响，这
些插图使他们关注到那时为止都被
忽视的植物形态结构特征。我们
可以从莱昂哈特·富克斯和杰罗
姆·博克的著作中追踪到这种影响，
他们是紧随布伦菲尔斯之后的两位
伟大的德国植物学家。在富克斯的
著作中这种影响非常直接，因为他
关注自己书中的图像而非文本内容。

1542年富克斯出版了一本华丽
的草药志《植物志论》[23]，书中的
图像有许多源于魏迪兹所作的木刻
版画，这本书展示了植物学文本和
卓越艺术完美结合的一种方式。本
文在此将这本书中的天仙子图像复
制于图10-4，这篇论文复制了天仙
子的三幅插图，这将有助于读者对
《草药大全》中程式化的中世纪风格

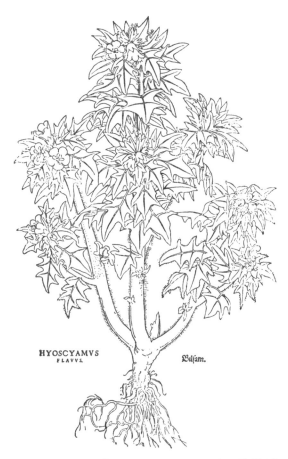

▲　图10-4：天仙子（*Hyoscyamus flavus*），莱昂哈
特·富克斯的《植物志论》，巴塞尔，1542。

图像和源于十六世纪具有"回归自然"倾向的图像进行比较。

就富克斯草药志的文本内容而言，它基本上源于迪奥斯科里
德斯。和布伦菲尔斯一样，富克斯也是一名医生，他最主要的兴
趣在于改善德国的药典，其目标是对植物的药效进行正确鉴别，
这些植物不仅得到迪奥斯科里德斯的详载，也被盖伦和其他权威
作者记录过。为了朝这一理想迈进，富克斯就像布伦菲尔斯一
样，遭遇到非常严峻的阻碍：古典时期作者们并没有意识到，他
们描述的地中海植物实际上与富克斯所知的阿尔卑斯山北部的植
物极为不同。

我们对布伦菲尔斯和富克斯的贡献总结如下，他们的文本知
识在某种程度上阐明并增加了现存的植物知识，不过他们书中的

插图才开启了植物学的新时代。他们雇佣的画家将亲眼所见之物展露在绘画之中，这要比两位作者采用文字的有限模仿性描述更能全面反映出植物的本质。

1539年，也即在布伦菲尔斯和富克斯草药志问世之间，杰罗姆·博克出版了一本植物学著作，这本书的文字部分被认为比上述两本书更具有原创性。博克告诉人们[24]，"具有虔诚思想的奥托·布伦菲尔斯"敦促他"将这本巨著归类整理，并在我们德国传播交流"。爱国主义明显是激励博克更加勤勉工作的一个有利因素，博克说过没有什么能比将他的成果用于"我们最挚爱的祖国"更让他高兴的了。与他的这种爱国态度表现一致的是，他选择用德语来写作，这一点不像布伦菲尔斯和富克斯。通过他的表达以及熟练使用母语，他描绘着自己经手植物的语言图景，这些图景就像魏迪兹的绘画那样，具有生动和亲身观察的品质。有人认为博克卓越的文字描述是一种努力弥补的结果，因为他担负不起第一版草药志中所需插图的费用，所以用文字来弥补。然而实际上更可能的原因是由于博克具有观察植物生命的天生本能，以及寻找合适的语言用以表述自己内心想法的自然天赋。我们之前引用过布伦菲尔斯对睡莲的描述，这些文字几乎没有比迪奥斯科里德斯的描述进步多少，然而博克的描述就有了长足的进步，尤其是他在花朵的描述上投入了大量的笔墨。他将白睡莲的花蕾描述为"椭圆形的花蕾几乎就像是成熟的扁桃，隐藏在略带紫色的绿叶之间"，每一个这样的花蕾都出现在六月份——

> 许多白色百合或蔷薇一样的花叶簇聚在一起，因此一朵花实际是由二十八枚或是由数量更少的花叶组成。这些花叶是离生的，类似于拇指状或长生草的叶片。

上述描述是如此明显地尝试给人灌输一种观念，在这种类型的花朵中花被片具有一定的数量和形态，这在那个时候也颇为新鲜。花朵中央的雄蕊和辐射状柱头的本质对博克来说颇具神秘性，但是他将它们的外观描述为"具有几分橙黄色，与太阳的样子没有很大的区别"。博克记录了叶柄上平滑和多孔的纹理，植物的根部没有什么气味和味道。讨论黄睡莲时，他提到这种植物的花蕾与沼泽金盏花（*Caltha palustris*）颇为类似。[25]

布伦菲尔斯虽然是第一个记录欧洲白头翁（*Anemone pulsatilla*）的人，但他并未对其进行描述，原因是古人并不知晓这种植物。然而，博克并没有因为这种植物之前没有得到任何描述就抑制自己的想法，他尽其所能地对这种"未知的植物"进行一个很好的描述。[26]他说采药妇将这种植物称为午餐铃铛或奶牛铃铛，博克将这种植物营养生长时的样子比作茴香，它那黑色多毛的根类似于铁筷子的根。他还补充这种植物在三月份开花，到五月份花期结束时长出一个灰白色顺滑多毛的花头，"或许可以将其恰当地比作刺猬的幼体"。他将欧洲白头翁花头上离散的线状物比作猪鬃毛，但是他意识到这是此种植物种子的特征。博克记录下长出花冠的茎秆大约有九英寸长，他在自己的花园里观察到这种植物具有辛辣的味道，这可以避免它被动物采食。依据这种辛辣的味道，博克判断欧洲白头翁属于一种毛茛类植物，这种想法揭示了它真正的内在亲缘关系。

欧洲白头翁的描述展示出了博克作品其中一项最为优秀的特点：他的观念充满了活力而非停滞守旧。当他描述一种植物时，明显且典型的做法是简要描述植物的生活史，而非仅仅关注到植物的花期，在系统性描述植物时这一时期仍旧太受限制。博克在对榕叶毛茛（*Ranunculus ficaria*）的描述中显著地反映出他对植物四季生长顺序的强调。[27]博克对榕叶毛茛叶子和根部的描述改写自迪奥斯科里德斯[28]，但是对花和植物生活史的描述是他自己撰写的。他讲到这种植物在二月底出现于葡萄园和一些草地的潮湿丘陵上，它的绿色十分惹人注意。榕叶毛茛就像疆南星和兰花一样，每一年都会重新生长复苏，长出新的根部、叶子和花朵，它纤细的茎秆迅猛地生长，开出非常美丽的黄色花朵，花朵呈现出清晰的小五星状，这让人想到它是一种毛茛类植物。榕叶毛茛在五月份枯萎，它只是假死，叶子和花朵凋萎，同时它的根部隐藏在泥土中，直到来年二月初又重新生长。

如果我们仅仅只是回顾博克著作中相对进步的这一部分的话，我们就不能对他在植物学历史上的地位给予公正的评价。因此，作为对之前已经引用的观察记录的平衡，我们或许可以探讨一下他的一个学说，有关他所熟悉的德国乡村野生兰花的起源。[29] 博克记录到，当兰花衰败之后，会出现某种小型的果实，里面充满了细微的尘土状东西。他并没有意识到这种尘土状东西是兰花的种子，但这几乎不会让我们感到惊讶，甚至人们借助了显微镜的优势，这个具有难以置信夸张外膜的幼小种胚丝毫没有让人们想到这是普通类型的种子。当博克认为兰花没有种子的时候，他就寻找着兰花的繁殖方式，并认为自己已经觉察到了。某些兰花种类的花朵具有稀奇的类似动物形态，博克毫无疑问受此影响，他寻找兰花起源的外来途径，博克极为严肃地指出兰花是画眉和乌鸫的后代。他认为"鸟巢兰"（*Neottia nidus-avis*）稍微有些不同，在他看来这种兰花是一种怪物，他认为这种兰花源于腐败物。聪明如博克一样的人才会想到这样一种观点，这是黑暗背景下迷信观念存在的一种迹象；这也有助于人们认识到一个事实，当十六世纪的社会氛围中普遍充斥着轻信盲从没有什么事是不可能的，那么博物学要获得一种完全科学的研究方法该是多么困难的一件事情。

我们注意到博克对自己祖国的热爱之情，强烈地激励着他创作自己的草药志。这种热情也显而易见地清晰表现在他对地中海植物洋甘草（*Glycyrrhiza glabra*）的描述中。[30] 他创作了一首赞美诗来歌颂"这种卓越且崇高的植物"，他这样说道："就像其他国家赞扬和歌颂蔗糖，德国因洋甘草而自豪。"他还记录巴伐利亚一些地方可以为整个德国供应充足的洋甘草产品。博克草药志中的木版插图除了展示出植物图像外，还描绘了一卷又长又黑卷曲状的甘草根，这是我们在二十世纪仍熟悉的洋甘草样子。博克也感动于这种植物为德国所做的贡献，于是他用一枚神圣罗马帝

国时期的双头鹰纹章对其进行装饰性的嘉奖。（图10-5）

在同时期的植物学家当中，较三位植物学之父年轻的是另一位德国人瓦勒留·科尔都斯（Valerius Cordus），他值得被人们铭记；科尔都斯因为在意大利旅行途中遭遇厄运，他在1544年去世时还不到三十岁，这就导致他的植物学著作在他活着的时候没能出版，故而他时常被人们遗忘。在那个时候将一生献给意大利植物采集工作的草药医生，并不只有科尔都斯。英国植物学家威廉·特纳在1568年记录下了一位叫作格哈杜斯·德·威客（Gerhardus de Wijck）的人——

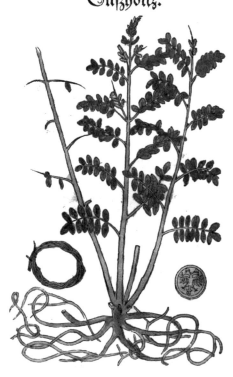

▲ 图10-5：洋甘草（*Glycyrrhiza glabra*），博克《草药志》，1546年斯特拉斯堡出版。

> 当他来到意大利的时候，他是如此认真地研究单味草药，他和许多人一起走进亚平宁山中寻找草药。只有他和两三个人逃脱了死亡，其他人在进山旅行或回家后不久就全部死亡了。[31]

科尔都斯遗留的手稿中有一本大约写于1540年的《植物志》[32]（*Historia plantarum*），这本书是在他去世后的1561年出版的。他最突出的特点就是具备给出植物明确鉴定的能力，当人们斟酌早期植物学家的植物描述时，总会自然地将其视为二十世纪描述的次等样本，然而它们中的确有一些不同种类的描述。斯普拉格博士的专长便是鉴别科尔都斯《植物志》中描述的植物，他发现最好的做法便是将科尔都斯的描述和所关注植物的现代图像放在一起比对，而不是用相关的现代描述来比较。这只能说明画家对植物的观察要比同时代的植物学家限制更少，因为植物学家在描述植物的时候会职业性地带入某些先入为主的想法，而画家还会在自己的作品中涵盖那些被现代植物描述忽略掉的特征，不过我们或许可以在十六世纪的描述中找到这些特征。在我们这个特别的时代，现代性的植物鉴定仅仅强调那些看起来似乎重要的特征，以及那些通常只能在干燥的标本或花朵特别重要的结构上被识别出来的特征；然而十六世纪的植物描述则在多个方面与此背道而驰，例如，它倾向于强调与不相关植物之间的比较；但是更重要的差别在于十六世纪总体上强调另一组与我们今天所关注不一样的特征。那个时候人们更多地关注到植物的习性和根部，以及通过多个感官而非仅视觉观察到的植物特征。例如，科尔都斯这样描述一种婆罗门参的根部：

> 当砍它的时候，会流出丰富的灰白色乳液。如果手指或舌头接触乳液，它就会变得像捕鸟胶一样黏，拉出很长的细丝；当乳液干燥后就会变红并逐渐变黑；婆罗门参整株尝起来是甜的，乳液极为苦涩但没有气味。[33]

由于气味和味道在指示植物药效方面具有真实或预期的价值，而且时常还表现出已经被现代植物学所忽视的优良诊断特征，因而它们获得了广泛的研究。例如，斯普拉格已经指出由科尔都斯描述的其中一种唐松草[34]被鉴定为黄唐松草（*Thalictrum flavum*），这是因为科尔都斯描述了这种植物根的内部呈黄色，并指出这种唐松草的叶片形态介于香菜基生叶和芸香叶片之间（这是与唐松草属极为不相关的两个属），然而黄唐松草的整个植株具有苦涩味和略微的辛辣味。以上这些细节虽然放在一起可用于植物的鉴别，但是在现代描述中它们却被忽略了。科尔都斯采用同一方法描述的另一种植物现在被称为箭头唐松草（*Thalictrum angustifolium*），他讲到这种植物的花有一种强烈的气味，让人想到老年人身上的气味。今天人们已经很少关注气味和味道，分类学家觉得与他们自身理智得来的证据相比，他们已经不再有义务来评估这两项指标。然而在十七世纪人们有着不一样的看法，尼希米·格鲁（Nehemiah Grew）在1682年将所有植物的味道分析为十个基本的要素[35]，他认为这十个要素通过不同级别强度和不同比例组合的呈现，或许可以总的形成1800种具有辨识度的"味道变体"。对我们来说，这个现在听起来似乎有些荒诞，但是毋庸置疑，人们对于这个问题的认知随着对其仔细研究而逐渐增加了。当格鲁谈到某种铁线莲的"绿色豆荚"被视为第十等级热度时，我们或许可以认为他至少向他那代人传达了一个比他传达给我们更加清晰的想法。

虽然我们在采用味道和气味来进行植物鉴别方面降到了较早时代的标准之下，但是有时人们好像把关注点又转移到了植物颜色上面。由于不同颜色的名称使用发生了变化，这就有可能产生部分误导性的假象。[36] 例如，英语中的"褐色"（brown）和德语中的"褐色"（braun）都在十六世纪用于描述花朵中我们今天称为浅紫色、紫色或粉色的颜色。在《草药大全》中有一种小型老鹳草被描述为开"褐色"（brown）的花朵，而布伦菲尔斯称紫色的聚合草为"褐色"（braun），富克斯采用了相同的形容词来修饰毛地黄，尽管这个名字翻译为拉丁语是紫色的意思。黑色（niger）和白色（candidus）有时候也是导致混淆的两个单词，因为它们并不总是表示黑色和白色，有时候仅仅表示暗的和浅的。

我们极少知晓活跃于十六世纪上半叶的德国植物学家，但在同时期意大利出现了伟大的皮埃兰德雷亚·马蒂奥利（他的作品虽然极为重要，但我们在此先不提及），马蒂奥利的工作在十六世纪下半叶被一大批草药学家所继承，这些草药学家遍布整个欧洲国家，他们共同组成了一个巨大的信息智囊库，它随着时间的推移变得越来越庞大笨拙。首先这个智囊库对任何严格意义上的植物命名体系一无所知，植物命名很大程度上取决于草药学家个人的爱好，比如，从布伦菲尔斯开始的众多作者给北车前取了至少七个不同的名称，林奈命名的学名为 *Plantago media*。[37] 有时候植物的名称是由一整段描述性短语组成的烦杂形式，这就使情况更加混乱，然而人们逐渐走出了这种迷雾状态，步入了双名法的道路，林奈在十八世纪注定要将其推向成熟。

我们通过比较布伦菲尔斯草药志和加斯帕尔·博安在1623年出版的《植物学大观登记》[38]，就可以最具说服力地表明从十六世纪早期到十七世纪早期之间植物材料在大幅度增长。布伦菲尔斯的书中囊括了不足二百六十种的植物，然而博安的书中记录了大约六千种植物。随着两个世纪之后一份具有推动力的植物索引名录的出现，我们也许会想到一位植物分类学家德·堪多（Augustin Pyramus de Candolle），他在十九世纪早期自行描述了超过六千种的新种植物，这就是说，这个数量超过了从希腊时代植物科学开始至博安时代所有已知植物数量的总和。[39] 博安的《植物学大观登记》是对植物名称分类的一次成功的尝试，他给逐渐积累起来的不协调植物名称集群带来了秩序。在对植物命名和分类史的思考方面，我们需要提醒自己的是，人类实际上认知的仅仅是个体的植物，种的想法是从直接的个体化知识中提炼出的智识抽象物，而属的想法则是在种想法上的进一步抽象提炼。博安敏锐地区分出了属和种，并命名了属，但并没有对其进行描述，然而他通过鉴定性的短语区别了种。到了十七世纪末，图内福尔对这一问题做了进一步的推进，因为他将属视为能被描述的实体。[40]

尽管早期的作者们对属的认知心照不宣，但从现代意义上来讲，属作为一个分类单元，他们对其进行划分的方法通常只是出于方便的缘故。《草药大全》，甚至是富克斯的草药志都是按字母顺序排序的，尽管博克反对这一做法，他明确的目标是将类似的植物归类放置，然而仅仅取得了极小的成果。纵观十六世纪，当时流行趋势是将那些对人有相同帮助或危害植物种类划分在一起，比如，可以治愈创伤的草药、适合于编制花环的植物和有毒的植物，这些都互为一个组群。事实是草药学家采用这种方法，偶尔可以做得比他们所知的还要好，这是由于他们将植物与其特殊的气味或药效联系在一起，有时候无意中就依照有效的化学标准将它们做了划分，不过这却是很少会发生的情况。只有通过这种最渐进的方式，植物学才不再出现这种受人们利己主义影响的误解，植物开始被人们视为有着自身生命和关联，不依靠人类的需要和幻想而存在的生物体。甚至当出现依据植物自身性质对其进行分类的思想时，这不仅为人类提供了一把打开植物世界的有用钥匙，也使得那些关于哪些植物特征是分类学基础的问题仍处于讨论当中。

十六世纪的草药学家并没有明确地面对这个问题，他们所达到的自然分类水平是通过对植物类同性的直觉感受而获得的，但他们并没有试图对这种类同性进行合理的解释。这种依靠直觉的辨识过程在马赛厄斯·德·洛贝尔那里达到了巅峰，这位低地国家的植物学家在英格兰生活了很长一段时间。他主要是在叶片特征分类方面，至少部分分组获得了成功，即为我们现在所说的单子叶植物和双子叶植物。与同时期的大多数草药学家不同的是，德·洛贝尔对分类的潜在意义具有着深刻且近乎神秘的感知，他认为分类可以揭示一种确定的宇宙秩序。[41] 他或许在头脑中有"存在之链"（The Great Chain of Being）[42]的思想，这条存在之链从无生命之物毫无间断地贯穿所有形式的生命，一直超越人类达到造物的顶点。这个概念在中世纪和文艺复兴时期的思想中扮演着重要的角色，但令人吃惊的是，草药学家们基本上没有明显受到这种概念的影响。

假如我们将十六世纪视为一个依靠直觉摸索植物之间关系的时代，那么相应地，我们也许可以将十七世纪看作对大量应用于植物分类的可能性标准进行检测的时代。当时众多被提出的分类方案都遭受了相似的局限性，这是由于它们均是按照不同作者的个人喜好而提出来的，这些作者选择单独的特征来进行筛选和应用，好像这些特征就可以普遍性揭示出植物之间的关系。例如，维努斯（Rivinus）着迷于花冠[43]，而莫里森强调果实与种子的特征[44]，莫里森和约翰·雷都受到树木、灌木和草本植物习性之间差别的极大影响。雷的分类体系被认为是十七世纪下半叶最好的分类设计。他发明了双子叶植物和单子叶植物的专业术语，他依据萌芽幼苗结构比德·洛贝尔通过叶子结构更加有效地对这些族群进行了分类。十年之前，雷文（Raven）博士在一本传记中首次完全公正地评价了雷[45]，这本书包含一个对约翰·雷植物工作的全面研究，这本传记的有用之处还在于作者大量翻译了雷的拉丁语手稿，雷的这些手稿虽然本身质量令人钦赞，但是迄今为止普通读者还是很难读懂它们。

在我们所探讨的时代里植物系统学一直都在发展，它要比绝大多数科学学科的进步还要平稳。十七世纪是科学革命的时代，随着亚里士多德物理学被推翻，人们整体上看待宇宙的态度也发生了改变，但是这个革命生物科学并未参与其中，这是因为植物学还只是谨慎地关注我们的地球，它并没有受到影响。甚至到了十七世纪最后十年，我们将会在之后探讨的卡梅隆，尽管他认为很有必要为自己引用亚里士多德的知识而致歉，但他还是充满敬意地这样做了。就植物分类而言，亚里士多德学派的影响主要表现在很长时间内他都将植物划分为树木、灌木和草本。然而，随着时间的推进，新的分类方法变得越来越明显，古代作者极少了解花朵和果实的细部结构，这些成了植物分类的线索，它们可以比那些源于植物营养系统的分类方法更加稳定地被遵循，但是植物分类并未能充分利用花冠结构，一直到雄蕊的性质以及它们与心皮相关的功能被揭示。在探讨以上事件是如何发生之前，我们需要先转到另一事件上来，即植物性别被发现之前的植物学发展过程。

从希腊古典时代开始，秉承亚里士多德继任者泰奥弗拉斯特说教的大量植物学论著就被传承了下来。这些论著对植物进行了宽泛的一般性研究，它们影响了文艺复兴时期理论化的植物学，这就类似于迪奥斯科里德斯的《论药物》在药物研究方向所占据的主导地位。偶尔这两种影响也能相互交融，比如，布伦菲尔斯在他那本基于迪奥斯科里德斯著作的草药志中，引入了一些泰奥弗拉斯特著作中有关植物的部分作为附录。十七世纪植物学对亚里士多德传统的反抗主要是呼吁通过直接观察来取代书本上的知识，这明显是一个掷地有声的抗辩，但是对这个好像还有几分新颖的想法进行坚持的话，这显然是对亚里士多德学派不公正的。亚里士多德和泰奥弗拉斯特都是极为出色的观察者，他们从来没有声称自己的著作应该被视为最终结论。危害的产生不在于他们的言传身教，而在于那些无知和盲从的重复引用，这就将他们所说的格言固化成了一整套违背求知的教条。那些以正确方法面对这个古典学派说教的人们，他们是通过自己的思考来寻求说教中的知识而非依靠现成的教条，继而寻找古典学派说教中蕴含的智慧财富。亚里士多德、泰奥弗拉斯特和他们的后继者们都对动植物间可描述的类比现象印象深刻，就像绝大多数类比一样，这种类比是把双刃剑，对其不加甄别的使用会对植物学有害，因为这会导致植物被削足适履般套用进一个陌生的架构中，这个架构源自一种先验的动物知识。

　　然而，在开放性的新研究领域内，进行比较可以获得丰硕的成果，特别是这种方法促成了意大利的马尔塞洛·马尔皮基（Marcello Malpighi）、英格兰的尼希米·格鲁在十七世纪后半叶着手研究植物的内部结构，此时他们还有了新发明的显微镜辅助。尽管他们都受惠于亚里士多德的类比方法，不过他们都是从不同的视角介入其间的。格鲁认为由于动物和植物的基体都是由上帝相同的智慧创造出来的[46]，因而他就可以幸运地在植物结构之中发现那些他已经在动物中发现的相似之处。另一方面，马尔皮基告诉我们他在热情的青春期钟情于更高等的动物解剖研究，在面对严峻的困扰时，这提醒他或许可以通过对简单生命形式的比较获得帮助，于是他转向了昆虫研究。很自然的是，他在这里又遇到了特殊的困难，因此他决定继续研究植物这个被视为更低等、更简单的静止造物。马尔皮基在动物结构中发现的线索，他也希望可以在植物之中发现，毫无疑问这注定会失败，但偶然间他又为一门新科学奠定了基础。

　　我们不可能用几句话就能充分地说明马尔皮基和格鲁作品

中流露的所有想法，故而还是将其搁置不谈。我们仅仅可以说的是，任何翻阅这两位学者著作的人在考虑到他们手头并无先前的知识可资参考时，必然会对他们发现并描绘的大量解剖细节感到大为吃惊。在马尔皮基和格鲁之后的时代，植物学史出现了一个让人不可理解的现象，植物学解剖几乎停滞了大约一百五十年，并没有明确的原因可以解释为什么在开了如此好的一个头之后，植物解剖并没能稳定地发展进步，而实际上却消沉了下去。

格鲁对普通形态学及其功能观念的关注，与他在通常被称为植物解剖学的专业上的关注一样多。他研究诸如花朵结构这样的细节，当他初次对这个领域感兴趣的时候，他还处于一种劣势环境中，因为那时雄蕊的功能还不为人所知。的确从很早的时候开始植物有时候被区分为雌雄，但是这种区分仅仅具有象征性。比如，布伦菲尔斯在关注植物彩色的品种时，称那些具有更深颜色的种类为雄性。[47]我们在迪奥斯科里德斯的著作中可以发现深红色的琉璃繁缕是雄性，蓝色的则是雌性，这又被布伦菲尔斯进行了复述，他也称紫花野芝麻（*Lamium maculatum*）为雄性，短柄野芝麻（*Lamium album*）为雌性。富克斯有时也是用这些术语，但是对他来说，这只不过意味着将两个植物品种称作"α"和"β"。[48]格鲁恰好在富克斯逝世一百周年的1672年写下了他的第一本书，尽管此时有关雄蕊功能的问题已经得到关注，但他在书中仍旧只字未提。格鲁注意到雄蕊具有讨人喜欢的美丽形态，或许它们在帮助人们辨识植物方面很有用处，然而它们在与昆虫生活相关联方面所起的作用也是很清楚的，格鲁觉察到对雄蕊的解释还不全面，他认为以植物自身的经济性来说，雄蕊必然还有某些未被破解的意义。数年之后格鲁得到了正确的结论，在他1682年出版的《植物解剖学》当中明确地采纳了雄蕊（或者他又称其为"attire"）的观点"就像雄性一样，为种子的产生而服务"。格鲁指出托马斯·米林顿（Thomas Millington）爵士曾在交谈中告诉他这个观点，但是很明显这是发生在格鲁靠自己得出这个结论之后的事情。米林顿尽管在其他领域为人所熟知，但是除了上述这个事件提到过他，他在植物学的历史上籍籍无名。米林顿仅仅是一闪而过，很快就消逝了。

格鲁并没有打算验证雄蕊的雄性属性，这项任务留给了一位德国植物学家卡梅隆（R. J. Camerarius），他在1694年的一本题名为《论植物性别之书信》（*De Sexu Plantarum epistola*）的小册子中完成了这项工作，当时他才二十九岁。作为文献这本小册子并没有格鲁著作的优点，它语言冗余、排版混乱，书中的拉丁语也是相当糟糕；但是这本书内容质量掩盖了这些缺陷，它的出现被认为是次一等的植物学经典之一。这本书写作于战争创伤中期，因为这是卡梅隆向他的一位友人书写的信件，所以它在结构上与现代论文有所不同。十七世纪的科学研究者习惯于通过信件来与他人交流自己的研究成果，这些信件被手手相传，或是在学会的会议上被宣读，这在很大程度上代替着我们今天依赖的杂志和抽印本。卡梅隆研究报告的日期不仅通过它的书信体形式得以显示，也可以通过其附属的一首由仰慕者创作的说教式颂歌得以说明。《论植物性别之书信》的论点在这首诗歌的二十六节诗当中以热情抒发的方式诠释了出来。诗作者的工作并不轻松，因为卡梅隆不仅仅谈论了百合和蔷薇，还大量地讨论了并不引人注意的单性花，诸如蛇麻、大麻、菠菜和多年生山靛的那些花，而后两者并不太切合诗歌的用语，不过诗人大胆地处理了这个问题，吟唱出"菠菜常备于庖厨"之类的词句。

《论植物性别之书信》作为一篇报告稍微使人有些困惑，人们需要从之前在这个主题方面撰写的所有学术性历史论述中挑选出讨论的主线。卡梅隆的关注始于一个早就为人所知的事实：一些物种的某些个体是不育的，但另一些个体则是可以结果的。他引用了当时流行的主流理论，即不育的花是由栽培中疏于管理的植物产生的。不过，他指出这种解释并不成立，部分原因是每一种植物的单独种类均具有持久的性特征，另一部分原因则是在野生状态和家养状态下，均可以发现两种性别的植物自由混杂生长在一起，因此这不可能是由环境造成的。卡梅隆接着思考他如何通过实验性工作来验证使人满意的假说。他选择了两个可以单独生出不育花与可育花的物种，蓖麻（*Ricinus communis*）和玉米，他在蓖麻雄蕊展开之前去除了不育花的花蕾，他发现当这样做之后，他就无法获得完全发育的种子。他以同样的方式去掉玉米不育的花穗，他发现自己收获的两个玉米穗中并没有种子。他在雌雄异株的植物上再次实验，获得了相同的结果。卡梅隆发现处于孤立状态的桑树，结出的种子没有胚芽；快速地从一群多年生山靛群落中切取一株拥有子房的植株，它结出的种子不能萌发。卡梅隆从这些植物以及其他相同类型植物的观察中得出，植物的繁殖可与动物的繁殖相类比，它们需要雄蕊的存在，然而他通过明显地排除自然发生和芽的无性繁殖限定了这个结论。卡梅隆很遗憾自己并不能确切地知晓花粉如何使胚珠受精，他写道：

> 非常期待有人可以通过他们那比猞猁眼睛还要敏锐的光学仪器，使我们可以了解到花粉囊所含颗粒中的物质进入雌性组织有多远的距离，它们抵达接纳种子的位置是否没有损伤，当它们张开的时候从其中释放出了什么东西。

这一成果直到一百五十多年之后的1846年才被发现，阿米奇（Amici）准确地发现了这一过程的主要情况[49]，然而第二个精核被发现还要再等半个世纪。[50]正如解剖学在马尔比基和格鲁之后长期没有进展一样，有关花朵各部分功能的知识也进入了一个类似的发展停滞时期。的确，直到进入十九世纪许多植物学家仍旧对植物存在性别表示怀疑。亚里士多德权威断言的持续性影响或许对此负有责任，因为他宣称植物并不具有性别，然而这种否定并不像它有时呈现的那样绝对，因为亚里士多德通过说明"甚至在树木当中我们发现同一类别的某些树木可以结果，而另一些自身并不结果，但是它们可以使那些可以结果的树木果实成熟"，他以无花果作为一个例证加以说明。[51]

卡梅隆并不仅仅是一位在观察和实验领域具有突出发现的

人，我们还需铭记他更为本质性的品格，他那纯粹性的"理智诚实"（intellectual integrity）。卡梅隆提出了自己的理论，但他并不像一位在职责上充分利用自己案件的律师，而像是一个追求真理的人，他既强调那些反对自己理论的观点，也重视那些有利于他理论的证据。他的著作明确地提到了弗朗西斯·培根的一个观点，人的头脑习惯于思考适合自己的事情，只是不太情愿地说服自己反思那些与自己重视的想法相左的事物。他是如此透彻地看到这种趋势带来的后果，以至于他自身坚决地抵制这种情况，他在其研究报告中对自己观点所遭遇的困难做了一个详尽的说明。

一开始，卡梅隆将石松（lycopodium）和木贼（equisetum）的孢子误认为花粉粒，把它们当作具有雄性组织却没有雌性组织的植物案例，这种想法并没有不合理之处，但在当时并不为人所关注。卡梅隆的确意识到了这两类植物隶属于起源和繁殖方式还鲜为人知的植物类别，故而他将关注点跳转到被子植物中那些不需要雄性帮助雌株就可以结果的植物上面，他说："这是不适用于我观点的另一种情况。"他在自己早期的研究报告中讨论了去除了雄花序的玉米植株，尽管其中有两个果穗没有种子，但第三个果穗生有十一粒饱满的种子，因而正如他所说："这突破了绝对需要雄性授粉的定律。"卡梅隆明白自己极为仔细地去除了玉米雄性花序，但是他并不认为其他的玉米会对此有影响，因为在其周围并无一株玉米。然而，在这个问题上他或许犯了一个错误，他没有意识到玉米花粉可能被输送的距离，依据现代研究[52]，玉米花粉在大风下或许可以被运送四分之一英里的距离。

卡梅隆在大麻上也发现与自身理论并不一致的实际情况，他将三株雌性大麻幼株从野外移植到自己的花园之中，尽管周围并没有任何雄株，但它们还是结了许多种子。他再一次实验，这一次他从种子开始种植，他将盆栽放在远离任何大麻植株的地方，他碰巧获得了三雌三雄的个体，他在花粉生长出来之前就将三棵雄株砍掉，在焦急地等待着其他三株的生长结果后，他再次收获了一些饱满的种子以及一些败育的种子。可能的解释就是一些花是两性花，并不是单性花，但卡梅隆并没有意识到这种可能性。这似乎极有可能是由于他注意到第一批花是可以结种子的，一个为人所知的事实是一枝花序上早期的花朵倾向于过度生长，这或许就表明在后续的花朵中仍然潜藏着部分的发育，不管是不是这样，最重要的一点是卡梅隆坦率地承认了自己的困惑，他至少并没有轻视那些似乎对其理论并无价值的事实，而且他还表达出想进一步实验的意图，以检查出任何可能潜藏在他早期观察中的错误。

卡梅隆按照新的实验哲学最严谨的信条来解决他理论的所有方面，作为《论植物性别之书信》的作者，卡梅隆的确值得像他的同时代前辈马尔比基和格鲁一样，受到人们的铭记。这两位作者比卡梅隆更富有才华，格鲁个人还拥有洞察的天赋，他具备将科学素材转化为著述的能力，这是其他两位所不具备的，不过他们的品质是互补的，这三位医生（一个意大利人、一个英国人、一个德国人）联合开创了现代科学意义的植物学。正如他们所想象的那样，这一学科形成了一个经验世界的界面，这完全不同于《草药大全》中那个由中世纪传说构成的组织，而这本书正是本文研究的起点。

《科学、医学和历史：科学思想和医学实践演变论文集，致敬查尔斯·辛格》（*Science, medicine and history: Essays on the evolution of scientific thought and medical practice written in honour of Charles Singer*），杰弗里·坎伯莱格（Geoffrey Cumberlege）于牛津大学出版社1953年出版。

注 释

[1] 这篇论文曾被用于剑桥大学科学史讲习委员会1944年1月29日的演讲报告。

[2] Charles Singer, *A short history of science*. Oxford, 1941, pp. 154–5.

[3] *Idem*, "The herbal in antiquity". *Journ. Hellenic Studies*, 1927, 47, 1–52.

[4] T. A. Sprague, "The herbal of Otto Brunfels". *Journ. Linn. Soc. Lond., Bot.*, 1928, 48, 79–124; cf. p. 82.

[5] Lynn Thorndike, *The Herbal of Rufinus*. Chicago, 1946; cf. p. 8.

[6] Otto Brunfels, *Herbarum vivae eicones*. Argentorati, apud Joannem Schottum, 1530–6, vol. 3, p. 13.

[7] Euricius Cordus, *Botanologicon*, Coloniae, apud Joannem Gymnicum, 1534, pp. 26–7.

[8] B. Hryniewiecki, "Anton Schneeberger (1530–81) ein Schuler Konrad Gesners in Polen". *Veroffentlichungen des Geobot. Institutes Rubel in Zurich*, Heft 13, 1938, p. 64.

[9] Sir J. Barrow, *Sketches of the Royal Society*. London, 1849, pp. 12–13.

[10] *The grete herbal*, Southwark, Peter Treveris, 1526.

[11] Cf. A. Arber, *Herbals, their origin and evolution*. 2nd edition. Cambridge, 1938, pp. 26–8, 44–50.

[12] F. R. Johnson, *Astronomical Thought in Renaissance England*. Baltimore, 1937, p. 3.

[13] 现在所知的沉香木源自沉香（*Aquilaria Agallocha*, Thymeleaceae）。

[14] T. A. Sprague, "Early Herbals", *Pharm. Journ.*, 1937, 139, 515–8.

[15] *Idem, op. cit*, (3).在接下来关于布伦菲尔斯草药志的描述中将大量使用这本回忆录中的内容。

[16] Dioscorides, *The Greek Herbal of Dioscorides Englished by John Goodyer*, 1655. Ed. By R. T. Gunther. Oxford, 1934, bk. 3, 148–9, pp. 377–8.

[17] Sprague, *op. cit*. (3), pp. 84–5.

[18] "nudas herbas, quarum tantum nomina germanica nobis cognita sunt, praeterea nihil", *Herbarum vivae eicones, op. cit*. (5), 1530, vol. 1, p. 217.

[19] Sprague, *op. cit*. (3), p. 90.

[20] *Ibid*., p. 79.

［21］ *Ibid.*, p. 113.

［22］ *Ibid.*, p. 89.

［23］ Leonhart Fuchs, *De historia stirpium*. Basileae, in officina Isingriniana, 1542. For an authoritative study of this herbal, see T. A. Sprague and E. Nelmes, "The Herbal of Leonhart Fuchs", *Journ. Linn. Soc. Lond., Bot.*, 1931, 48, 545–642.

［24］ Jerome Bock, *De stirpium*. Argentorati, 1552. Preface, cap. 8.（纵观博克这部著作的说明，我采用了他草药志的拉丁语版本）

［25］ *Ibid.*, 2, cap. 48, pp. 695–6.

［26］ *Ibid.*, 1, cap. 137, pp. 413–4.

［27］ *Ibid.*, 1, cap. 25, pp. 112.

［28］ Dioscorides, *op. cit.* (15), 2, 212, p. 227.

［29］ Bock, *op. cit.* (24), 2, cap. 82, pp. 783–5.

［30］ *Ibid.*, 2, cap. 101, pp. 934–7.

［31］ William Turner, *The first and seconde partes of the Herbal of William Turner… with the Third parte, lately gathered*. Collen (A. Birckman), 1568, p. 6.

［32］ 见于 T. A. 和 M. S. Sprague,《瓦勒留·科尔都斯的草药志》(*The Herbal of Valerius Cordus*)，*Journ. Linn. Soc. Lond., Bot.*, 1939, 52, 1–113.（摘自 *Proc. Linn. Soc.*, Lond., 1936–7, Session 149, 156–8）

［33］ *Ibid.*, p. 30.

［34］ *Ibid.*, pp. 25–6.

［35］ Nehemiah Grew, *The anatomy of plants*. London, 1682, pp. 279–82.

［36］ Sprague, *op. cit.* (3), p. 87.

［37］ M. L. Green, "History of plant nomenclature", *Kew Bull.*, 1927, 403–15.

［38］ Sprague, *op. cit.* (3), p. 79.

［39］ A. L. P. de Candolle, "La vie et les écrits de Sir William Hooker", *Bibliothèque Universelle*, Genève, 1886, 25, 44–62.（特别参见 p.59）

［40］ Green, *op. cit.* (37).

［41］ Mathias de L' Obel and Petrus Pena, *Stirpium adversaria nova*. London, 1570. 见于该书前言。

［42］ 见于 A. O. Lovejoy, *The Great Chain of Being*. Harvard, 1934.

［43］ A. Q. Rivinus, *Introductio generalis in rem herbariam*, Lipsiae.

［44］ 关于莫里森见于 S. H. Vines and G. C. Druce, *The Morisonian Herbarium*.

Oxford, 1.

[45] C. E. Raven, *John Ray Naturalist*. Cambridge, 1942.

[46] Grew, *op*, *cit*. (35)，序言.

[47] 见于Sprague, *op. cit.* (3), p. 87.

[48] Sprague和Nelmes, *op. cit.* (22), p. 552.

[49] G. Amici, "Sulla fecondazione delle Orchidee". *Giorn. Both. Ital.* 1846, 2, 237–48；译自 *Ann. d. Sci. nat.*, 3s., bot., 1847, 193–205.

[50] 这 个 发 现 参 见 P. Maheshwari, *An introduction to the embryology of Angiosperms*. New York, 1950, pp. 18–21.

[51] Aristotle, *De generatione animalium*, 1, 1; 715b.（*Works*, vol. 5，由 Arthur Platt 翻译，Oxford, 1910）

[52] P. Weatherwax, *The story of the maize plant*. Chicago, 1923, p. 128.

古代的草药志及其在后世的传播

查尔斯·辛格

一、简介

草药志是一种基于医学意图而将植物的描述汇编起来的作品集。绝大多数草药志中的药品非常缺乏合理性依据。人们理所当然地认为，草药志作者不会以一种科学性的依据来看待这些证据。他们在对待疾病时采用的是一种"直接切入"的方法，而没有采取任何"荒谬的理论"，因而草药志可以通过它那唯一的"实用"（practical）目的与科学化的植物学专著加以区别。"实用"是一个模糊且可笑的单词，自柏拉图时代至今，人类试图以实用性来向自己和他人隐瞒他们对任何事物基本概念属性认知的不足。

再者，草药志与大多数其他医学著作不仅在方法上，而且在形式上有所差别。草药志依据药物来编排，而不是按照被治疗的疾病或身体征状来编排。实际上，草药志主要是一部描述性的药物清单，或者我们现在称其为《药典》[1]（*Pharmacopoeia*）。药典中囊括了许多不能被归入植物来源的药物。不过，许多古代药典就像最现代的医学体系一样，它们呈现出一种药品具有草药性质的倾向。希腊-罗马世界的药典因而倾向于近似草药志的性质。草药志在公元前四世纪期间呈现出一种清晰的文学形态，就像我们将看到的那样，这种形态在整个希腊-罗马时代几乎没有变化的存续了下来。

最早涵盖尽可能广泛植物知识的希腊著作具有医学的目的。

在这组作品中为人所知的便是《希波克拉底文集》(*Hippocratic Collection*)，其中较为重要的基础部分可以追溯到公元前五至四世纪，书中提到了许多植物类药物。从这一组著作中现代研究者辑录出了一个包括三四百种植物的清单。[2] 值得注意的是，同时期的古代作者中并无人考虑做这件事情，我们还需注意到的是，公元前三世纪之前的希腊艺术极少流露出对植物的兴趣，几乎从没有试着以自然主义的风格将植物表现出来。与这种晚些时候才出现对植物的兴趣相一致的是，第一部希腊草药志在见证了亚历山大时代开启的那一代人时间里汇编完成了。

二、最早的希腊草药志

第一位知名的希腊草药志作者是卡里斯托斯的狄奥克勒斯（Diokles of Karystos），他大约于公元前350年在雅典行医并享有盛誉，据说他影响了亚里士多德的生物学著作。此外，他还是拉克罗伊的腓利斯提翁（Philistion of Lokroi）的学生，我们有理由认为这个腓利斯提翁参与了某项由亚里士多德学园承担的植物学研究，然而，这些调查的全部记录已经丢失，狄奥克勒斯自己的植物学专著就像他的其他作品一样也完全遗失了。我们仅仅知道这是一个有条理的植物描述，在对每种植物和它的习性进行一系列简短描述之后是一份药物使用清单。[3]

有关植物的许多著作都标有埃雷索斯的泰奥弗拉斯特之名（Theophrastus of Eresos，约前372-287），他是亚里士多德的学生及继承者。他的作品绝大多数都具有很高的科学水准，但是其中一些对于我们的研究来说是很有趣的，诸如其中包含了大量民间传说以及有关草药采集者的信息。甚至对泰奥弗拉斯特这些植物学作品进行一个粗略的考察，就能说明它们至少部分是汇编而来的。支持这一观点的一个很好例子便是泰奥弗拉斯特著作中的一些植物学素材源自于亚历山大军队指挥官的生活经历。[4]

泰奥弗拉斯特《植物探究》(*Historia plantarum*)第九卷的水准要比其他几卷低，这一卷源于草药志性质的著作，近来研究泰奥弗拉斯特植物学著作的学者进行了一种可能性的推断，这卷书的编撰时间要晚于它托名作者的去世时间（公元前287年）。[5]然而，不管怎样，《植物探究》中包含的最早希腊草药志遗存流传给了我们，第九卷的第9—12章节明显证明源自一部草药志，这些章节反映了已经遗失的亚历山大草药志的特征，而这些草药志也成了后世草药志的基础。[6]

三、亚历山大时代的草药志

亚历山大时期的医学发展中出现了丰富的植物研究著作，希罗菲卢斯（Herophilos，活跃于约公元前300年）是亚历山大时期最杰出的医生，他也撰写了一部这样的植物专著。如果我们相信老普林尼所说，这部植物著作相比于他的其他作品科学性较差。[7]亚历山大后期的草药学家有曼蒂亚斯[8]（Mantias，约前270），卡里斯托斯的安德烈亚斯[9]（Andreas of Karystos，约前220）以及阿波罗尼奥斯·麦斯[10]（Apollonios Mys，约公元前200年），这些人中最知名的是安德烈亚斯。[11]他是托勒密四世菲利普提（Philopater）的医生，他由于对菲利普提的一次失误而在公元前217年被杀害。安德烈西亚写有一部关于草药及其功效的著作，这本书被称为《纳泰克斯》（*Narthex*）。该书的数个片段被保存在后世作者的作品中。[12]盖伦嘲笑他是一个江湖郎中和庸医[13]，然而深受其影响的迪奥斯科里德斯对其评价颇高。[14]

在泰奥弗拉斯特《植物探究》第九卷的残留篇章之后，保存最早的草药志性质的著作是尼坎德（Nikander）的诗集《特里亚卡》（*Theriaka*）和《解毒剂》（*Alexipharmaka*），这两本书完成于大约公元前200年。[15]它们分别探讨了动物和植物毒药以及应对它们的解毒剂。无论是常规形式还是非理性的形式，这些诗歌都遵循了草药志传统这条主线。从很早时候起尼坎德的手稿就配有插图，我们可以从一部九世纪的抄本中得到验证，这部抄本的图像源于一种古典传统（图10-6、图10-7），我们极少可以对这个抄本现有的图像进行植物学方面的鉴定。

▲ 图10-6：BIBL. NAT. Sup. Gr. 274.尼坎德，9世纪，Fo. 20. χαμηλή=筋 骨 草（Bugle）？ άκανθος = 鼠尾草（Acanthus）

▲ 图10-7：BIBL. NAT. Sup. Gr. 274.尼坎德，9世纪，Fo. 16 V. άλκίβιον=药用牛舌草（Anchusa officinalis）

大约稍晚一些时期生活在塔苏斯的菲隆（Philon of Tarsus）提到过尼坎德，此人写过一首诗，有部分幸存至今，他写这首诗与尼坎德有类似的动机，然而表达得更加晦涩。[16] 罗马医生兼哲学家昆图斯·塞克提乌斯·尼日尔（Quintus Sextius Niger）到达了一个新高度，塞内卡（Seneca）充满钦佩地称赞他是"一位具有敏锐哲学洞察力的人，他是一位希腊式的大师而又有着罗马人的品德"。昆图斯活跃于大约公元前25年，他写有一部名为《论事物》（περί ύλης）的草药志，这本书力图阐释一种素食主义的机制。这本书之后遗失了，但我们可以在许多古代的著作中体察到这本书的特征和它的作者。[17]

四、克拉泰亚斯和他的植物绘图

提到艾丽西亚·朱莉安娜抄本，我们要先讲两个人，一个是君主，另一个是侍从，他们在草药志的发展历程中有着很大的影响力，在他们的助力下草药志得以定型。采药人克拉泰亚斯是本都王国米特拉达梯六世皇帝（Mithridates VI，前120—163）的贴身医生，皇帝自己也是一位草药学家。老普林尼这样向我们讲道：

> 国王亲自对植物 *skordion* 进行了描述，他说这种植物有一腕尺高，茎四棱，多分枝，多毛的叶子类似于橡树叶。这种植物生长在本都王国肥沃潮湿的土壤中，具有苦涩味。[18]

老普林尼继续说道：

> 这种植物具有独特的药效，与其他礼物比起来，这是人们获得的异乎寻常的馈赠。国王从各个方面收集信息，他有记录各类经验的习惯，这些备忘录落入了庞培（Pompey）之手，他曾经委托自己的公民，语法学家勒那乌斯（Lenaeus）将其翻译为拉丁语。[19]

米特拉达梯作为一名制毒师和解毒剂配制师而为人熟知，本文要对他的这些成就进行说明。塞尔苏斯（Celsus，约30）保存了他的神药配方，这些配方可以使他避免各种毒药的伤害。[20]塞尔苏斯这样做或许是希望米特拉达梯的解毒剂会比他的毒药更为灵验。在一种后世毒药配制者熟知的药物制剂当中保存了米特拉达梯的名字。中世纪几乎每一位医生都拥有自己独有的"米特拉达梯"（*mithridate*），这种骗局一直持续到了十八世纪。

采药人克拉泰亚斯是米特拉达梯医学助理，他在知识的贡献方面比自己的主人更加令人钦佩，他撰写了一本关于草药属性和用法的著作。克拉泰亚斯的继承者是迪奥斯科里德斯，我们提到克拉泰亚斯时满怀敬意，这是因为他是一部早期草药志作品《论矢车菊》（*On the Centaury*）的作者，这部流传到现在的作品被错误地归在了盖伦名下。[21]

不过，我们有更充分的理由来铭记克拉泰亚斯，除了上面提到的作品之外，克拉泰亚斯还撰写了第二本草药志，他在这本书中并没有对植物进行文字描述，而是进行了图像描绘，在这些图像之后是植物药用方法的简短讨论。在缺少专业术语（这是古代科学所有分支可以共享的一种诉求）的情况下，这种图绘的做法极具价值，故而克拉泰亚斯被称为植物插图之父。他不仅仅对随后的草药志发展具有很大的影响[22]，也影响了植物学科学化的进程。

我确信现存的材料可以恢复克拉泰亚斯这部作品中相当多内容。所谓的维也纳艾丽西亚·朱莉安娜抄本部分内容是迪奥斯科里德斯的文本，但也夹杂了许多其他的内容。这部大约撰写于512年的抄本是送给纳艾丽西亚·朱莉安娜的礼物，她是472年在位的罗马帝国西部皇帝阿尼修斯·奥利布里乌斯（Anicius Olybrius）的女儿。这个抄本的图像来源众多，绘图华丽，许多都具有令人赞赏的自然风格，某些图像复制自更早之前的抄本。这个抄本与克拉泰亚斯的传统有着清晰的相关性，在其中一幅图像中优秀的采药者克拉泰亚斯正在进行植物形态的描绘

▲ 图10-8：源自512年的艾丽西亚·朱莉安娜抄本，Fo.5 V.
艾皮诺艾娅手举一棵曼德拉草，克拉泰亚斯正在进行描绘，迪奥斯科里德斯正在抄本
上撰写有关它的说明。对原图进行了缩小，一些地方进行了推测性的恢复。

（图10-8），在他的旁边站着智慧天才艾皮诺艾娅（Epinoia），她
正举着一株曼德拉草，在她旁边是正在撰写书稿的迪奥斯科里
德斯。

　　对于我们来说重要的是，艾丽西亚·朱莉安娜抄本包含了
十一种植物的使用说明（图10-9到图10-17），就像抄写员特别
指出的那样，它们源自克拉泰亚斯的文本内容。因而，不管怎样
我们找到了克拉泰亚斯著作的大量片段。[23] 而且艾丽西亚·朱
莉安娜抄本中的这些章节配有植物的图像，文本中还讨论了植物
的功效，这些插图和配合它们的文本一样，可能都源自更古老的
克拉泰亚斯草药志。

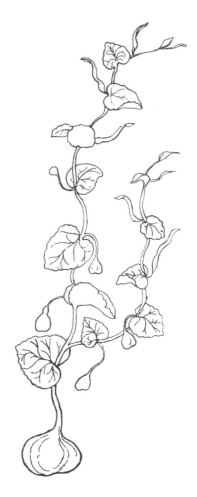

▲　图10-9：Greater Aristolochia
常青马兜铃（*Aristolochia sempervirens*，fol. 17 v.）[25]
将其浸泡在酒中，可作为清除爬虫和致命野兽毒素的药膏。将其与胡椒粉和没药调和可以排出分娩后产生的分泌物，也有排出月经及催产作用，作为一种末地药用的草药，它具有相同的功效。（Fol. 18.）

▲　图10-10：Round Aristolochia
帕丽达马兜铃（*Aristolochia pallida*，fol. 18 v.）
将其浸泡在黑葡萄酒中，对蛇咬伤有疗效。将其加入解毒剂中可用来治疗有毒兽类的伤害（即万能药），它也是治疗痛风的复合药和膏药的成分，它也具有促进月经和催产的作用。可治疗哮喘、打嗝、颤抖、生气、脓肿和惊厥。将其浸泡水中可用于去除刺和细小之物，将其调入膏药中可以去除碎骨、使脓疮结痂以及清洁污浊的创伤。它有助于牙齿和伤口的清洗。（Fol. 19v.）

▲　图10-11：Achilleios
多裂鼠尾草（*Salvia multifida*，fol. 24 v.）
这种植物平滑多汁的叶子可以愈合伤口、抑制炎症、收敛出血、收缩子宫。煎服可以抑制流血和痢疾。用陈旧的脂肪捣碎全株可以治疗长期的创伤和伤口愈合困难。将其晒干捣碎调以蜂蜜可以通便。（Fol. 25.）

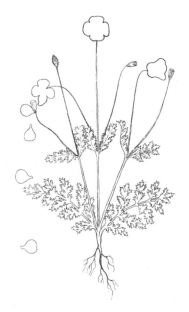

▲ 图10-12：Purple Anemone

长荚罂粟（*Papaver dubium*，fol. 25v.）

罂粟具有辛辣味，浸渍根部的汁液可用于清洗头部。咀嚼根部可以生津。将其与糖一起煮成糊状可以治疗眼睛炎症、清洁伤口。将叶子和茎秆与大麦浸液同煮并食用，可以断奶并引起月经。将其制成膏药可以去除疥癣。[26]（Fol. 24 v.）

▲ 图10-13：Asphodel

阿福花属植物（*Asphodelus* sp.，fol. 26 v.）

这种植物的根可以利尿并促进月经。一条根就可以治疗痛风、痉挛、咳嗽脓肿，一个指关节的量就可以轻易催吐。[27]三倍的剂量可以治疗毒蛇咬伤；咬伤需要涂抹被酒浸泡的全株。[28]它还可以治愈污秽和扩散的溃疡。用酒煮根，如果再加入大麦，这对治疗乳房和睾丸发炎、肿瘤和疮以及近期炎症很有作用。在根液中调入一点陈年老酒、没药和番红花，然后一起加热，再加入乳香和蜂蜜，这将制成一款用于治疗眼疾和耳朵流脓的药膏。（Fol. 26 v.）

▲ 图10-14：Argemone

夏侧金盏花（*Adonis aestivalis*，fol. 28 v.）

将这种植物与脂肪捣碎可用于治疗腺体肿胀。它对黑色皮疹有作用。干燥植株捣碎，筛入硝石和生硫黄[29]，这可以治疗人们初次的皮肤干皱，可以在沐浴时使用，它也可以治疗疥疮。（Fol. 29.）

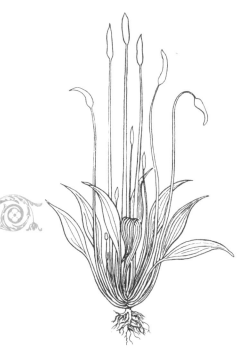

▲ 图10-15：Arnoglosson

车前草属植物（*Plantago* sp., fol. 29 v.）

这种植物可以减少并治愈炎症，将其与脂肪捣碎，对那些感染恶性毒疮的人很有作用，此外它还有助于……（段落遗失）。（Fol. 30.）

▲ 图10-16：Asaron

欧细辛（*Asarum europaeum*，fol. 30 v.）

这种植物性热、利尿，适合治疗长期坐骨神经痛和水肿。根可以促进月经。按照白铁筷子的方法，取六根根茎调和牛奶和蜂蜜可以通便。它是香水和解毒剂的一味成分。[30]（Fol. 31.）

▲ 图10-17：Asterion

线叶蝇子草（*Silene linifolia*，fol. 32 v.）

将这种植物的绿色植株与陈年脂肪捣碎，可用于治疗疯狗咬伤或甲状腺肿大。将其燃烧烟熏可以驱赶野生动物。（Fol. 33.）

在艾丽西亚·朱莉安娜抄本创作的时代，自然主义绘画早已经是一门失传的艺术。我们可以从图10-8中察觉到那时候绘图的一些理念。拜占庭画家对于展现鲜活植物完全不能胜任，只会循规蹈矩地复制更古老的绘图作品。五到六世纪所有的绘图转变为艾丽西亚·朱莉安娜抄本中的那种自然风格图像也并非原创，它们实际上是在复制，甚至再次复制自于一种非常古老的图式。整个希腊时代的历史就像拉丁罗马时代的一样，草药志也符合这一观点，图像自身产生的大量证据也进一步支持了这一观点。我们还发现艾丽西亚·朱莉安娜抄本中的插图不止一种笔法，这些图像描绘的水平参差不齐，但是与克拉泰亚斯文本相关联的图像是其中描绘最好的，不过其他插图就描绘得非常呆板且形式化，比如长药兰（Lochitis，图27）。那些描绘最精美的插图其风格表明它们的来源不可能晚于两世纪，或许还会更早，假如这种推测毫无疑问的话，那么它们最终便源自克拉泰亚斯，因而我们可以一瞥他作品中大约原初的样貌。[24]

五、克拉泰亚斯《采药者》（*Rhizotomikon*）部分的复原

我们推测艾丽西亚·朱莉安娜抄本中的绘图类似于克拉泰亚斯的图像或就源自于他本身，我们或许可以思考一下他插图草药志的样貌。在克拉泰亚斯的时代这本草药志会被写在长卷上，然而这种在长卷纵列上的一般性排列必然类似于莎草纸草药志抄本页面上的排布，本文在图版1和2中将其展示了出来。每一个纵列描绘一种植物的图像，在图像下方会写上植物的名称，紧随其后是它的简短药用说明。我尝试恢复克拉泰亚斯插图草药志的样貌，为此目的我在文中给了每种草药图像一个页面。从希腊语和拉丁语草药志中找到证据表明，最初这种原则是被大致遵守的。

翻译这个中世纪和现代草药志最初形态的早期残篇或许会很方便，其中的一些文本残缺了，我们感谢布里斯托尔大学的多布森教授（J. F. Dobson）帮助我们处理了一些更令人头疼的文本，大英自然博物馆植物学部的威尔莫特（A. J. Wilmott）先生友好

地为我们鉴定了其中的植物。我从艾丽西亚·朱莉安娜抄本的一个复制版本上通过非常仔细地勾勒植物轮廓线获得了它们的线描图。我为了可以更接近原初的图像形态，尽力避免表现阴影。我将线描图准确地缩小到原始图像大小的一半，但琉璃繁缕的图像除外（图10-18），它们被缩小到大约四分之一大小。需要注意的是所有植物都表现出了根部，这是草药志抄本中的一个通用做法。

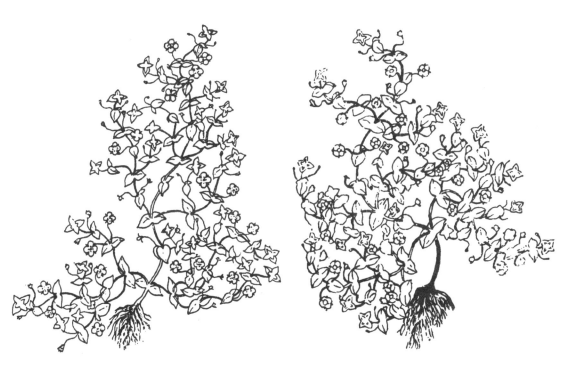

▲　图10-18：（左）：红花琉璃繁缕（*Anagallis arvensis*，fol. 39 v.）、（右）：紫花琉璃繁缕（*A. foemina*，fol. 40 v.）。

这两种植物可以减少炎症，均是金疮药。它们可以用于微刺提取，抑制疮疹扩散，通过鼻子吸入这种植物的汁液可以治愈牙痛，需要从与牙痛相反一边的鼻孔吸入。调和蜂蜜可以清理角膜溃疡，这也有助于治疗弱视。一些人声称开紫花的植株可以减少肛门脱垂，而红色花的植株可以刺激肛门脱垂。这也被用于德谟克里特（Democritus）的治疗当中。[31]（Fol. 40.）

六、公元一世纪的希腊草药学家

从克拉泰亚斯的时代起，草药志的发展，或者更准确地说是草药志的扩展就不缺少贡献。公元一世纪出现了一大批著作，它们影响了中世纪草药志的发展样貌。

这些创作于一世纪的草药志当中最早的一部也许是邦费罗斯（Pamphilos）的作品，此人是在罗马行医的一位希腊医生。他写了一部首次按照字母顺序排序的植物著作，这种排序方法在之后经常被采用。如果盖伦的评价公正的话[32]，邦费罗斯的作品与之后的草药志在其他方面有所类似，因为盖伦告知我们作者明显描述了他从未见到过的植物，作者在他那不完美的描述中混杂了许多荒谬且无充分依据的东西。[33] 邦费罗斯这部作品的部分内容保存在了艾丽西亚·朱莉安娜抄本中。

罗马皇帝提比略（Tiberius，公元14—37年）的医生梅涅克拉特斯（Menecrates）大约活跃在邦费罗斯的时代。他写了一本药物专著，这本书包含了今天医学从业者所说的药物制剂，这本书以《铅膏药剂》（Diachylon plaster）而为人所熟知，盖伦描述了书中的药物制剂。[34] 梅涅克拉特斯的作品已经遗失，但是有一种铅膏药剂保存到了现代医学之中，药剂的名字不间断地经由中世纪传递给我们，但是它的组成反复在改变。只有药剂的名称幸存到了今天，不过古代的药剂组分是植物的汁液，而现在的则是一种铅制剂。

克里特岛的安德洛马科斯（Andromachos），他是皇帝尼禄（Nero，54—68）的医生，也是第一个以御医（Archiater）名号相称的医生。[35] 我们已经描述了大量以他命名的药物制剂。[36] 安德洛马科斯是三本药物著作的作者，不过他的名气，至少可以说是恶名却来自于他对米特拉达梯（万能药）的改良。这种药剂在他手里变成了一种用来避免各种毒药、伤害和疾病的极为复杂混合物。一直到十八世纪末，某些欧洲城市的习俗是每年在公共场合和地方法官面前准备一次安德洛马科斯解毒糖浆[37]（Theriaca Andromachi）。单词Theriac在这个语境中具有单词糖浆（treacle）的意思。[38] 据盖伦所说，描述这种奇妙调和物的原初文本是由87对句子组成的，其中前39对句子在赞颂尼禄是"自由的给予者"[39]。安德洛马科斯的诗歌告知人们制作这种药品的45种原料，作为对照塞尔苏斯记录最初的米特拉达梯原料为

38种。而一种十八世纪的糖浆原料大约有140种，这真是草药使用方法的进步呀！

　　大约在安德洛马科斯的同时期生活着一位名为塞维利乌斯·达摩克拉底（Servilius Damocrates）的医生，盖伦对他的评价颇高。[40]达摩克拉底作品的一些内容幸存了下来[41]，其中包含了一个明显的草药志片段[42]，其文本对屈曲花（iberis）和罂粟的习性与用处进行了描述。盖伦大量地摘抄了他这本书中的药物内容。[43]

七、迪奥斯科里德斯

　　阿纳巴的迪奥斯科里德斯（Pedanios Dioskurides）的出现，使之前所有的草药志作者都黯然失色。他甚至将自己铭刻在了现代植物学命名之中。

　　迪奥斯科里德斯在亚历山大城和塔尔苏斯学成之后，于公元一世纪中期稍晚一些时候，成了罗马军团在亚洲地区的一名军医。他在其伟大著作的序言中告诉我们他游历了许多国家，自从青年时候起，迪奥斯科里德斯就在调查植物。然而他并不像许多草药志作者那样轻信，而是展现出无尽的精力以及在科学兴趣方面的超强天赋和才干。就像所有的草药学家一样，他的主要兴趣在于"实用"目的，与他介绍植物应用的篇幅相比，他对植物形态描述极为简略。在流传给我们的文本当中，至少在某些地方，对这些植物的描述很有可能被简化了。

　　有一本次一等的著作《论单味草药》（περί απλών φαρμάκων）归于迪奥斯科里德斯名下。[44]唯一能确定是他撰写的作品为περί ύλης ίατρικής，它通常以《论药物》（De materia medica）的名称为人所熟知。正如我们已经看到的希腊语书名，它也被塞克提乌斯·尼日尔（Sextius Niger）用在一本类似的作品上。迪奥斯科里德斯向读者保证他自己的作品与之前的著作并不相同，他在书中采用了一个清晰的体系进行植物的排列，然而他的这个框架并没有包含任何明确的植物分类方法。

迪奥斯科里德斯的草药志被划分为简短的章节，每一节通常讨论一种单独的药物。这些章节所探讨的首先是植物名称，接着是希腊语同义词，或者有一些情况是采用希腊字母拼写的拉丁语同义词；随后是一段简短的植物描述，紧接着谈及植物的起源地或生活环境。

迪奥斯科里德斯在许多描述中对植物进行了充分的辨别，但是另一些情况下植物就很难识别。然而，我们需要意识到的是，直到小亚细亚植物区系被全面地进行科学考察前，迪奥斯科里德斯的植物鉴别工作都没有被轻易地废弃。[45]植物学家图内福尔（J. P. de Tournefort，1656—1708）在小亚细亚旅行时鉴定了大批迪奥斯科里德斯描述的植物。[46]约翰·希布索普（John Sibthorp，1758—1796）在地中海东部进行广泛游历以及亲自考释艾丽西亚·朱莉安娜抄本时也识别了其中许多植物。[47]

迪奥斯科里德斯并没有采纳一个明确的植物分类体系，但是他会偶尔按照植物的外部特性将其归类分组，因此书中出现了诸如唇形植物、蝶形花植物、伞形植物和菊类植物的分组，它们将许多同类成员汇集在一起。这种方法不可避免地具有极大的误导性，因而我们发现毛茛科的翠雀属植物（*Delphinium*）和菊科的除虫菊（*Anthemis pyrethrum*）被置于伞形植物中。一定数量的分组则是按照植物的功效或推测的功效来划分的，因此我们会在第三卷书中遇到许多植物由于具有酸味或是被认为可以当作催情药而被划归在一起。

迪奥斯科里德斯的著作是采用地方性希腊语写的，他也并不精通文学化的语言，不过他意识到了自己的这点不足，故而在书的序言中他向阿瑞斯[48]（Areios）致谢并恳请道：

> 不要考虑他的解说能力，而是要关注他投入的经验和心血。

迪奥斯科里德斯的著作揭示了与其类似作品的一个很长的谱

系。他的作品很显然倚重于塞克提乌斯·布莱克和克拉泰亚斯，他从比提尼亚的伊欧拉斯（Iollas）、安德烈亚斯、塔伦图姆的赫拉克利德斯（Herakleides）、阿斯克勒庇阿德·朱利叶斯·巴苏斯（Julius Bassus the Asclepiad）等许多人那里获得了独特的观点，他从众多作品中大量引用，这些作品来自著名的希波克拉底、泰奥弗拉斯特、埃拉西斯特拉图斯（Erasistratos）和尼坎德，我们不能忽视的还有努米迪亚博学的国王朱巴（Juba），我们是从老普林尼那里获知他在草药志方面的成就。

迪奥斯科里德斯的著作提到大约500种植物，其中有大约130种出现在《希波克拉底文集》当中。[49]因此，许多药物在迪奥斯科里德斯成书之前就已经在希腊世界被使用了至少四个世纪。如果迪奥斯科里德斯记录的草药可以向前追溯，那么它们也可以向后追踪。他的药书中记录的大量药物保存在了欧洲文明的现代官方药典之中。[50]这其中就有扁桃、芦荟、胶氨芹、八角茴香、颠茄、洋甘菊、小豆蔻、儿茶、肉桂、秋水仙、药西瓜、芜菁、番红花、莳萝、阿魏、五倍子、龙胆、姜、天仙子、杜松、薰衣草、亚麻籽、甘草、绵马贯众、锦葵、甘牛至、芥末、没药、橄榄油、胡椒、薄荷、罂粟、大黄、芝麻、海葱、淀粉、斯塔维翠雀、安息香、曼陀罗、蔗糖、松节油、百里香、黄芪、苦艾。所有这些药物从中世纪一直流传到今天，有一些是持续不断的流传，还有一些则通过阿拉伯医生在十三至十五世纪编写的译本流传了下来。这其中有仅占大约四分之一的44种药物具有一定的药理学效果，剩下的则具有稀释、调味、润肤及类似作用。

八、迪奥斯科里德斯著作的希腊语抄本（图10-19）

迪奥斯科里德斯著作的希腊语抄本数量极多，之间的关系也极其复杂。[51]最近一个公元二世纪的莎草纸残片，知名的密歇根莎草卷研究稍有起色。[52]我在本文只探讨一些较为重要的抄本谱系传承，对于它们之间的关系，我也只是尝试构建一个框架。

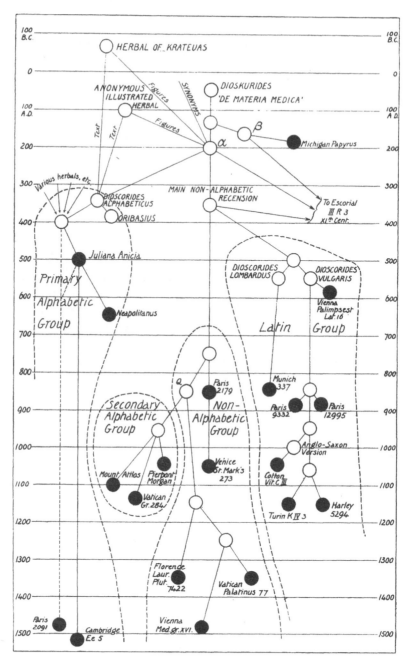

HERBAL OF KRATEUAS

100 B.C.
0
100 A.D.
200
300
400
500
600
700
800
900
1000
1100
1200
1300
1400
1500

ANONYMOUS ILLUSTRATED HERBAL

DIOSKURIDES 'DE MATERIA MEDICA'

Synonyms

Figures

α β

Michigan Papyrus

Text Text Figures

Various herbals, etc.

DIOSCORIDES ALPHABETICUS

ORIBASIUS

MAIN NON-ALPHABETIC RECENSION

To Escorial III R 3 XI.th Cent.

Juliana Anicia

Primary Alphabetic Group

Neapolitanus

DIOSCORIDES LOMBARDUS

DIOSCORIDES VULGARIS

Vienna Palimpsest Lat. 16

Latin Group

Secondary Alphabetic Group

Q

Non- Alphabetic Group

Paris 2179

Munich 337

Paris 9332

Paris 12995

Mount Athos

Pierpont Morgan

Venice St. Mark's 273

Anglo-Saxon Version

Vatican Gr. 284

Cotton Vit. C III

Turin K IV 3

Harley 5294

Florence Laur. Plut. 74.22

Vatican Palatinus 77

Paris 2091

Cambridge Ee 5

Vienna Med. gr. XVI.

▲ 图10-19：一些较为重要的迪奥斯科里德斯抄本谱系图（图中黑色圆点代表仍存在的手抄本）

迪奥斯科里德斯的著作大约出现在公元一世纪中期，到了二世纪末，至少出现了两个原始文本的修订本，其中一个修订本β，我们在密歇根的莎草卷中可以得到一个几乎同时期的片段，这个修订本唯一的另一个后代版本（Escorial III. R.3）似乎还存世，因而这个后代版本对于确定文本内容具有一定的重要性。所有现在已知的其他抄本都源于另一个修订本 α。

在三世纪末之前，或许是在二世纪末以前，我们定名为 α 的主要修订本与许多植物名称同义词，以及至少两部插图草药志（其中一部是克拉泰亚斯的作品）的图像可以联系到一起。这种联系成为现存抄本的源头，然而它们中有一些抄本里的同义词或图像或以上两者多多少少都被完全省略了，而且许多抄本因为程度不等地添入了其他材料而被污染，除此之外这些改动中还有普通抄写员的抄写失误。恢复迪奥斯科里德斯著作的原初文本需要花费极大的精力，还需要极为关键的研究技能，而这项任务已经被柏林的威尔曼教授完成了。

与迪奥斯科里德斯文本相关的同义词或许源自于公元一世纪亚历山大的词典编纂者邦费罗斯（Pamphilos），我们不应将其与同时期相同名字的植物学家兼罗马医生搞混。许多同义词的来源极不寻常，甚至其来源的语言我们现在也一无所知，对它们的进一步研究或许会产生有趣的语言学成果。[53] 这些植物称谓的语言包括：非洲的、"安德烈·美第奇"的、亚美尼亚的、"贝斯柯"的、皮奥夏的、卡帕多西亚的、达契亚的、"达达那"的、"戴蒙科蒂"的、埃及的、埃塞俄比亚的、高卢的、西班牙的、"伊斯特里奇"的、"卢卡尼卡"的、"马苏姆"的、奥斯塔尼斯的、"波菲泰"的、毕达哥拉斯的、罗马的、托斯卡纳的以及索罗亚斯德的语言。中世纪思想停滞不前的一个标志便是这些同义词在拉丁语和希腊语的草药书中不断地被复制和再复制，这种情形一直持续到十六世纪，到那时候这些被提及的语言已经消失了超过一千年。[54] 下文将对这些同义词进行深入的讨论。

那些早期的草药志除了将同义词和图像传递给修订本 α 外，克拉泰亚斯和另一部插图草药志的部分文本内容也传递给了这个修订本的一个后期版本。这个版本是按照字母顺序排序的，也许可以将其定名为《迪奥斯科里德斯字母顺序版》（*Dioscorides alphabeticus*，见图10-19）。依据这个重新整理的版本，朱利安皇帝的医生奥利巴斯（Oribasios，325—403）在大约公元400年完成了他那本伟大的节选汇编《药物汇编》（Ιατρικαί Συναγωγαί），此外这个按字母顺序排序的修订本还吸收了其他的内容，我们在此不再关注。艾丽西亚·朱莉安娜抄本便是出自于如此错综复杂源头。[55]

在迪奥斯科里德斯抄本中，源自于四世纪按字母顺序排序的类别，最早且最精美的版本首推写于君士坦丁堡的艾丽西亚·朱莉安娜抄本，精美度和年代次一等级的抄本是公元七世纪一本采用半安色尔体字母书写的《那不勒斯抄本》（Neapolitanus），这个抄本现藏于威尼斯的圣马可图书馆。[56]这部抄本中的许多图像制作精美且具有自然主义风格，人们初看这些图像或许就会发现这是七世纪某个具有天赋的画家所创作，画面保持着几分古典主义的活力，反映了他那个时期的特色。若是将这个抄本中的图像与艾丽西亚·朱莉安娜抄本中的那些图像进行比较的话，我们立马就会打消这种想法，并知晓画家的创作方式。那不勒斯抄本的图像简单且粗糙，有时还表现出对艾丽西亚·朱莉安娜抄本图像的误解，这些图像并没有试图对自然进行展现。（图10-20与图图10-21进行对比）

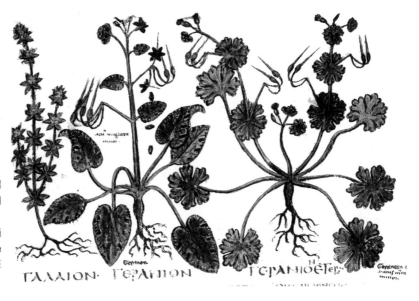

▲ 图10-20：源自那不勒斯抄本，Fo. 58，图中描绘了蓬子菜（左，*Galium verum*），地中海牻牛儿苗（中，*Erodium malacoides*）和软毛老鹳草（右，*Geranium molle*）。

▲　图10-21:（左）：源自艾丽西亚·朱莉安娜抄本，Fo. 85.地中海牻牛儿苗（Erodium malacoides）、
（右）：源自艾丽西亚·朱莉安娜抄本，Fo. 86.软毛老鹳草（Geranium molle）。
与插图17、18相比较，我们可以注意到那不勒斯抄本的画家虽然细致地描绘了地中海牻牛儿苗下垂的
叶片，但是他对叶片形态的理解还是有些失误。他是将艾丽西亚·朱莉安娜抄本中的图像进行了很大
程度的简化，画家在一幅页面中通常描绘三种植物，这种拥挤的图像导致了一些变化，画家将这种绘
制方法遍及整本书。请注意画面下方拉丁语的注释。

　　艾丽西亚·朱莉安娜抄本的图像本身时常被用来复制，尤其
是在文艺复兴时期。[57]除了直接复制外，这部抄本在中世纪时
期出现了一系列的子孙版本（比较图10-22中左右两图），这种
情况一直持续到十五世纪（比如代表的巴黎抄本，编号Gr.2091，
比较图10-23中左右两图）。[58]艾丽西亚·朱莉安娜抄本以及
所有与其相关的版本我们称之为"初代字母顺序组"（primary
alphabetic group），这一组的抄本与其他所有抄本都不同。

　　另一个按照字母顺序排序的文本类别起初被划分成了五
卷，它也保存了下来，但是五卷中每一本书的材料都按照字母
顺序来排序。这个排序有可能在九世纪之前并没有出现（图10-
19），这一类别的抄本我们或许可以称之为"第二代字母顺序组"
（secondly alphabetic group）。这一组抄本的母本似乎很有可能与

▲　图10-22:（左）：梵蒂冈Gr. 284.创作于大约1100年，Fo. 27v. **ΦΑΓΙΟΛΟΣ**，一棵豆类植物幼苗；（右）：艾丽西亚·朱莉安娜抄本，Fo. 370v. **ΦΑΓΙΟΛΟΣ**，一棵豆类植物幼苗。

▲　图10-23:（左）：巴黎，Gr. 2091. 15世纪，Fo. 116.线叶蝇子草（*Silene linifolia*）；（右）：艾丽西亚·朱莉安娜抄本，6世纪，Fo. 33.线叶蝇子草（由插图12缩小而成，用于与插图21进行比较）。

威尔曼猜想的抄本Q关系很近，抄本Q是后来被深入研究过的没有字母顺序类抄本的原初版本，而且我将第二代字母顺序组中最好的代表皮尔庞特·摩根抄本（Pierpont Morgan MS.）中的一些图像与艾丽西亚·朱莉安娜抄本复制版进行比较，由此证实这一组中的一些图像很有可能参考了艾丽西亚·朱莉安娜抄本。在一些情况下图像的相似度特别高，尽管另一种情况下它们之间差异极大。

保存下来没有按照字母顺序排序的迪奥斯科里德斯希腊语抄本数量巨大，绝大多数距今时间相对较近，尽管它们出现得较晚，但是它们缺少美感，而且保存状况糟糕，不过在这些抄本中可以发现修订文本最重要的材料。

在没有字母顺序排序的希腊语抄本中最佳的抄本是法国国家图书馆的藏书（编号Grec 2179），这部抄本创作于九世纪的埃及（图10-24），它是修订文本的标准版，巴黎Grec 2179号抄本拥有相当多的插图，但是这些图像的来源极为复杂，迄今为止几乎很难被研究。这些图像尽管没有一幅是原创的或源自于实物，但它们本身很大程度上是自然主义的描绘。这个抄本保存状况糟糕，以至于绝大多数的图像都有很大的损坏，书中的一些插图完全是初代字母顺序组的绘图风格，例如蓖麻的图像（图10-25）；另一些插图则与传统风格差异极大，我们可以特别参考曼德拉草和"lochitis"这两种植物的插图。

巴黎Grec 2179号抄本中有三幅曼德拉草的图像，但是没有一幅具有人形特征。我并不清楚其他没有按照字母顺序排序的中世纪抄本中表现的曼德拉草，很遗憾我们不能将巴黎Grec 2179

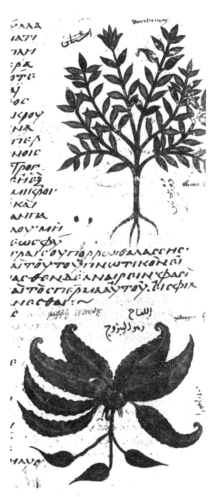

▲ 图10-24：抄本半个页面来自巴黎的法国国家图书馆编号Grec 2179。制作于9世纪的埃及，上图展示了一种不能鉴定的植物Δορύκνιον；下图为曼德拉草，页面上有阿拉伯与拉丁文注释。

▲ 图10-25:（左）：艾丽西亚·朱莉安娜抄本，Fo. l70v.蓖麻（*Ricinus communis*）;（右）：巴黎 Grec. 2179, Fo. l3lv.蓖麻。

号抄本中的曼德拉草图像与艾丽西亚·朱莉安娜抄本进行比较，
这是由于曼德拉草的形象尽管在艾丽西亚·朱莉安娜抄本的其他
地方出现过（图10-8），但是其中曼德拉草的原初章节已经丢失
了。不过在与艾丽西亚·朱莉安娜抄本相关的一系列抄本中仍然
可以找到拟人化的曼德拉草，与其密切关联的就是那不勒斯抄本，
皮尔庞特·摩根抄本中的拟人化曼德拉草与那不勒斯抄本中的极
为相似（图10-37），前一抄本与巴黎Grec 2179号抄本具有远亲关
系。就以上及其他的理由，我或许可以做以下两个推断：

（a）巴黎Grec 2179号抄本的图像具有的传统风格不同于任
何已知的抄本。

（b）这些传统非常的久远，可以追溯到自然主义风格的创作
者时代，这个时间不会晚于二或三世纪，有可能会更早，它们的
一些图像来源不同于艾丽西亚·朱莉安娜抄本的来源。

尽管巴黎Grec 2179号抄本没有将曼德拉草进行拟人化的描
绘，但是这必然不能归咎于九世纪描绘此画的画家能力不足，而

是因为他无疑仍然是从另一个古代的抄本里复制的图像，只是由于他不够熟练而已。例如这位画家描绘的λοχίτις（lochitis）与艾丽西亚·朱莉安娜抄本中的图像并不相似，完全就是拟人化的样貌（图10-26、10-27）。

巴黎Grec 2179号抄本的部分内容难以辨别，但是这可以从一本十一世纪制作于威尼斯的复制本中得到弥补。没有按照字母顺序排序类别里的其他抄本都是之后在佛罗伦萨、梵蒂冈和维也纳制作的。还有海量遭篡改或劣等的抄本都是源于同一传统，这些抄本一直延续到十七世纪乃至之后，但在这里我们不需要多费笔墨。

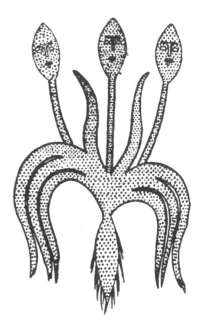

▲　图10-26：拟人化的"Lochitis"，不能被鉴定的植物。（巴黎，Grec. 2179号抄本，Fo. 65.）

九、后期的希腊语草药志

在迪奥斯科里斯德斯之后，我们所知对草药志具有深远影响的唯一重要希腊语作者便是盖伦。他的作品《论单味草药的功效》（περίν κράσεως καί δυνάμεως των απλών φαρμάκων）常常被称为《论单味草药》（De simplicibus），这部作品的部分内容保存在艾丽西亚·朱莉安娜抄本中，它由十一卷本组成，其中前八册在公元180年前就已经完成。卷一和卷二是有关药物成分构成的各种观点，因此它对于药剂学发展的重要性大于草药志。卷三至卷五包含了一个极为独特的药理学原理论述，这对于中世纪医学的发展有着很大的影响，不过我们在此并不关注。卷六至卷八包含一个药物及其使用的清单，清单按照药物名称的字母顺序排序。这是现存最早的按字母顺序排序的草药志。正如我们所见，按照字母顺序排序思想的流行，在四世纪影响了迪奥斯科里德斯的文本。

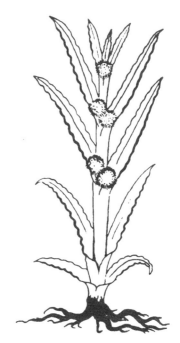

▲　图10-27：没有被拟人化的"Lochitis"，长药兰（Serapias lingua）。（艾丽西亚·朱莉安娜抄本，Fo. 213v.）

盖伦按字母顺序排序的草药志划分为段落，绝大多数对应一种单独的植物。这些段落以植物名称开始，有时还会添上名称同义词。盖伦还会提及植物的产地以及与其类似植物之间的异同。他几乎不对植物进行形态描述，而是偏向于关注植物的药用价值。

　　公元2世纪盖伦见证了希腊科学创造性时代的落幕，人类思想被堵塞的渠道在新知识的作用下又重新得到恢复。奥利巴斯（Oribasios，325—403）的作品成为黑暗时代最受欢迎的作品，就像盖伦从迪奥斯科里德斯的《论药物》中抄录其中的内容一样，奥利巴斯在撰写《药物汇编》（Synagoge）和《易得药方》（Euporista）的时候也从盖伦的《论单味草药》中随意地抄录了大量的内容。盖伦的《论单味草药》就像迪奥斯科里德斯的《论药物》以及奥利巴斯的《药物汇编》和《易得药方》一样，在很早就被翻译为拉丁语。

　　然而即便是迪奥斯科里德斯、盖伦和奥利巴斯的草药志作品也极难挽救黑暗时期衰退的智识。那些更短小简易的著作成了它们强有力的竞争者，这些简单的草药志存在的时间可以追溯至泰奥弗拉斯特的时代，但是随着西方智识的衰退，专业医生甚至又开始使用它们，在医生的圈子里这些简单的草药志倾向于取代那些稍微需要一点脑力思考的专业著作。在这些为人们穷其心力而准备的内容贫乏的著作中，也有类似于克拉泰亚斯的作品，它们仅仅给出了植物的名称，与此搭配的是一幅插图和简要使用说明。有两份希腊语形式的莎草纸残卷档案保存到了今天，其中一卷创作于公元二或三世纪，残卷中描述了数种植物，但只有其中一种植物的名称 *pseudo-dictamon* 可以辨识，这只不过是一个很小的残卷，但是我们足以获知它的插图是最具规范和图解特征的图像。[59] 另一卷创作于公元四到五世纪，我们现在正在对其进行解读，将其区别性地定名为约翰逊莎草残卷（*Johnson papyrus*）。

十、约翰逊莎草残卷（图版1，2）

　　这卷莎草残卷是约翰逊（J. de M. Johnson）先生在1904年发

现的，彼时他正在安底诺伊（Antinoe）为埃及考察基金会（现为埃及考察协会）工作。我要感谢约翰逊先生使我注意到这个残卷并授权允许我对其进行描述。与这个莎草卷一起发现的所有残卷大约创作于公元四世纪末或五世纪初，我们发现的残卷上的字迹很符合公元四世纪这个时间段的特征。

这个莎草残卷最大长度为227毫米，最大宽度为111毫米[60]，我们依据它复制的彩色图像略微小于这个尺寸。这个残卷是抄本上的一个页面，证据表明页面的完整尺寸大约是250×160毫米。这个残卷的保存状态不错，绘画的颜色清晰可辨，我们将其很好地展现在彩色图版中。我们之所以对这个莎草残卷特别感兴趣，是因为它的文本和图像与著名的拉丁语作品《阿普列乌斯草药志》（*Herbarium Apulei*）之间有关联。

在这个右页面上描绘了一棵类似甘蓝的植物，它那厚重的灰蓝色叶片彼此紧紧地挨着，它标注的名称是聚合草（*ΣΥΜΦΥΤΟΝ*），在艾丽西亚·朱莉安娜抄本中并没有聚合草（Symphyton）的图像，但是这个图像与公元七世纪莱顿阿普列乌斯抄本中的 *Sinfitos* 非常相符（图10-28），而且和九世纪的卡塞尔阿普列乌斯抄本图像更加相似（图10-29），这两部抄本我们接下来都会讨论。莎草残卷上甘蓝状植物的下方描绘着根部，在页面下方可以看到一些单词，大英博物馆的贝尔（H. I.Bell）先生友好地将这些文字核对并做了如下整理：

ΣΥΜΦ[ΥΤΟΝ]　　[

ΑΥΤΗ Η ΒΟΤΑΝΗ ΤΡ[Ι]ΒΟΜ[ΕΝΗ

ΘΕΡΑΠΕΥΕΙ ΠΑΣΑΝ[

ΚΑΙ ΤΡΑΥΜΑΤΑ Κ[ΑΙ

ΚΟΠΑΣ ΚΟΛΛ[

ΤΑΣ ΘΕΡΑΠΕΥ[ΕΙ

（丢失一行）

[…] ΠΕΡΙ[

▲ 图10-28：十一世纪 "Sinfitos"（莱顿，Voss Q 9.）。

▲ 图10-29："Sinfitos"。（卡塞尔，阿普列乌斯抄本，Fo. 14v.）

在残卷的反面描绘了一株植物，它从棕色球状根上发出四五条向上生长的嫩枝，向下还生长着无数的根须，枝条上长着黄绿色的叶片和蓝褐色的球果，在这一页面上并没有多少这种植物的文字介绍，但是贝尔先生和我还是辨识出了上面的文字：

ΦΛΟΜΜΟΣ

ΤΟΝ ΧΥΛΟΝ

[...]ΜΟ ΥΧΟΝ ΚΑΙ ΜΥΕΛΟΣ ΑΛ

ΚΑΙ ΚΟΡΟΝ ΚΑΙ/

ΟΝ

ΠΟΙΕΙ ΦΑ

ΘΡΟ

ΤΟΥ ΒΛΛ

ΩΝ ΚΑΙ Π

ΘΕΡΑΠΕΥΕΙ

这种植物Phlommos[61]有两部分，即汁液（*XYΛON*）和茎髓（*MYEΛOΣ*）可以使用。这个残卷上的毛蕊花（*ΦΛOMMOΣ*）图像与艾丽西亚·朱莉安娜抄本中毛蕊花的没有一点相似性，不过考虑到制作于七世纪的莱顿阿普列乌斯抄本的插画师通常会出现误解，这个抄本中的 *verbascum seu flogmon* 插图（图10-30）与残卷上的毛蕊花图像还有几分相似。

人们或许会问为何两种植物聚合草（*ΣYMΦYTON*，*Sinfitos*）和毛蕊花（*ΦΛOMMOΣ*，*Verbascum*）会出现在连续的莎草纸页面之上？这种顺序和关联是否还出现在其他的地方？现在我们在探讨插图版抄

heRua   uerbasc

▲　图I0-30："Verbascum"（莱顿，Voss Q 9. Fo. I08.）。

本草药志的时候，不能太过强调它们仅仅是文学作品。在那个考虑药物配制时并不涉及真正植物知识的时代，很多情形就像这些莎草卷草药志中的一样，即便是现代植物学家也很难识别其中的植物。我们推测任何带有大致相似图片的植物会对草药学家很有帮助，然而草药志的制作者却忽视了植物自然属性的研究，他们在文本中反复不断地展现同义词，用以特意强调植物的名称，通过这种方式，制作者们可以展示出他们在自己所属领域中具备的知识。在之后的时代利用这些文献的使用者经常用当地方言来对图像进行注释，这是因为同义词在这时已经变得毫无意义。在较早时候同义词清单具有辅助文本注释的作用，甚至在现代英格兰的各个地区，同一植物常常被叫作不同的名称，而不同的植物却拥有相同的名称。在地域广大、语言众多的罗马帝国，当时也没有科学化的植物学家来维持一个统一的标准，这种情形将更为复杂。对于古代植物的名称，我们最经常能做的就是处理那些与植物学不相关的词汇。现在恰好有权威性的手稿可以将 *ΣYMΦYTON* 和 *ΦΛOMMOΣ* 这些名字联系起来。在迪奥斯科里德斯的文本中我

们知晓植物*Ελένιον*的同义词是*Symplyton*（*σύμφυτον*）和*Flomos*
（*φλόμον*）：

όι δέ σύμφυτον……όι δέ φλόμον＇Ιδαίον καλούίν.

在接下来的一段，克拉泰亚斯描述了各种各样源自埃及的这
类植物：

Ελένιον άλλο ίστορεί Κρατεύας γεννάσθαι έν> Αιγύπτω.

因而我们可以将*ΣΥΜΦΥΤΟΝ*和*ΦΛΟΜΜΟΣ*这两个植物名称
与希腊传统联系在一起。

我们通过对这份莎草残卷的考察，可以推测它源自一部希腊
语抄本，这部抄本在形式、内容和插图方面与拉丁语版阿普列乌
斯抄本很相似，而后者在黑暗时期是流传度最广的拉丁语医学文
献。我们仅仅只有这个莎草卷的一个单页，但是它每一面的文本
和图像在样式、范围和排版上都是熟悉的拉丁语草药志样貌，因
而接下来我们就进入拉丁语草药志的探讨。

十一、早期的拉丁语草药志

流传到中世纪的拉丁语草药志源于希腊语草药志，然而希
腊草药志并未完全占据拉丁语草药志的领域。古罗马监察官卡托
（Cato）有一部药物书，他用这本书治好了他儿子、仆人以及朋
友的疾病。[62]我们可以从他的《论乡村》（*De re rustica*）中找到
这本书里的内容。这部药物书包含了许多单味草药药方，其间散
布各种咒语，不过在拉丁罗马时期流行的草药志中魔法的元素相
对要少很多。

比起依靠卡托，老普林尼在编写庞大的汇编著作时更加依靠
希腊语的资料，他这部著作的第20—25卷实际就是一部草药志。
老普林尼草药志的主要部分是由简短的段落组成的，这些段落描

述了植物的属性和使用方法，这与迪奥斯科里德斯的书写方式极为相似。老普林尼和迪奥斯科里德斯几乎是同代人，尽管他们时常有交集或互相有补充，但是他们彼此都没有提及对方。老普林尼不如迪奥斯科里德斯有条理性且更为盲从，他的药方没有什么效果，确切地说整体上更叫人无法接受。老普林尼的草药志信息大多源自于泰奥弗拉斯特，或是与后者有相同的来源。[63]

紧随老普林尼之后的时代我们尽管拥有许多低水平的医学作品，但是很少听说有拉丁语草药志出现，比如公元三世纪昆图斯·塞伦努斯·桑莫尼库斯（Quintus Serenus Sammonicus）的诗歌，以及归在加吉利斯·马蒂亚斯（Gargilius Martialis，死于360年）名下的作品。更直接处于草药志流传脉络中的作品是西奥多鲁斯·普里西亚努斯（Theodorus Priscianus）的《论染料和香料植物的功效》（*De virtutibus pigmentorum vel herbarum aromaticarum*），这位作者是格拉蒂亚皇帝（Gratian，375—383）的医生。[64]这本书是一本极为简单的按字母顺序排序的草药志，它与更为流行的托名阿普列乌斯的著作天生是一类作品。普里西亚努斯的著作引用过盖伦的草药志中的内容。

在公元五或六世纪的时候，盖伦的《论单味草药》和迪奥斯科里德斯的《论药物》都被翻译为拉丁语，它们对中世纪后期的草药志有极大的影响，这些中世纪的草药志对那些托名马塞勒斯·恩皮里库斯·布尔迪加利（Marcellus Empiricus Burdigaliensis）和塞克斯图斯·恩皮里库斯·帕皮里恩塞斯（Sextus Empiricus Papyriensis）的低劣作品也进行了引用借鉴，这两类著作可能都创作于公元五世纪。迪奥斯科里德斯的希腊文本在比这两本著作稍晚一些时候翻译成了拉丁语，我们接下来就对其进行讲述。

十二、迪奥斯科里德斯的拉丁语著作（图10-19）

公元六世纪，在意大利出现了两个由希腊语翻译为拉丁语的迪奥斯科里德斯著作版本。这两个版本中的一个通常被称为《迪奥斯科里德斯伦巴第抄本》（*Dioscorides Lombardus*），这个版本的很好代表是公元九世纪一本用贝内文托书写体（Beneventan script）的意大利南部抄本，而这种书写体时常被误导性地称为伦巴第书体，此抄本现在收藏于慕尼黑。[65]这部卓越的抄本仍旧保存了许多用希腊字母书写的章节，但是书中除去了同义词清单。书中还有一组非常独特的图像，它们与克拉泰亚斯谱系并无关联，慕尼黑所藏抄本中的这些图像来源至今仍不清楚。

另一个版本我们或许可以称为《迪奥斯科里德斯通用抄本》（*Dioscorides vulgaris*），在这个抄本或一些与其类似的版本中，我们见到一本大约制作于公元600年，几乎是同一时期样本的维也纳重写本。[66]《迪奥斯科里德斯通用抄本》因卡西奥多罗斯（Cassiodorus，490—585）而知名，此人曾向他在斯奎拉切植物园的修士推荐了这个抄本的插图版本，因为后者不能阅读希腊语。[67]这个抄本复制自一本没有按照字母顺序排序的修订本，这个修订本也是巴黎Grec 2179号抄本的母本。

在这个拉丁语传统主流中出现了大量的抄本，其中有许多都吸收或混入了《阿普列乌斯草药志》（*Herbarium Apulei Platonici*），而另有一些抄本则吸收或混入了叫作《迪奥斯科里德斯的妇女草药志》（*Dioscoridis de Herbis Femininis*）的内容。《迪奥斯科里德斯通用抄本》中图像的起源并不总是与其文本相一致，因为这个抄本的数量巨大，广泛地散布于欧洲各处，它们之间的关系很难被描述，我们在这篇文章中做试探性研究，仅仅探讨其中一至两条有趣的演化线路。

在这些较早融合了《阿普列乌斯草药》和《迪奥斯科里德斯通用抄本》的抄本中有两份公元九世纪的巴黎抄本，它们具有意大利南部抄本的特征痕迹（编号12995和9332）。还有一份十一世纪贝内文托书写体的都灵抄本（Turin K IV 3）[68]，这个版本距离上述两部抄本的创作地并不远，它也创作于意大利的南部，而另一种书写体的姊妹版抄本具有盎格鲁-撒克逊注释（Harley 5294）。另有一个盎格鲁-撒克逊版本的抄本也具有意大利南部的传统风格[69]，书中插入了许多其他内容，并有极佳的插图进行装饰，但部分内容毁于火灾（Cotton Vitellius C III）。[70] 盎格鲁-撒克逊抄本在很多地方都具有地中海来源的插图，比如，抄本中很好地展现了一只蝎子，其具有自然主义的风格（图版3）。此外，诸如天仙子和艾蒿（图版4）一类的普通植物虽然是盎格鲁-撒克逊魔法中重要的本土植物，但是它们都原产于欧洲南部，并不是英国的物种。甚至更为重要的一个事实是，大约在1481年罗马出版的第一本印刷版本的草药志，它的图像在所有幸存至今的抄本当中最为接近盎格鲁-撒克逊抄本中的插图，一直到我们发现了这个罗马印刷的草药志源自于蒙特卡西诺修道院所藏的抄本时，我们才清楚这其中的原因。（图10-31、图10-32）在同一时期与盎格鲁-撒克逊插图最接近的是一部巴黎抄本（Lat. 6862），尽管这部抄本是否在这个演化谱系上我们还不得而知，但它也具有意大利南部的风格（图10-33、10-34，比较图版3和4）。

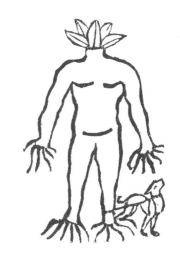

▲ 图10-31：印刷版阿普列乌斯草药志，罗马，约1481年。

　　在众多版本的《迪奥斯科里德斯通用抄本》当中有两部完成于十二世纪晚期的德语版姊妹抄本。一部藏于大英图书馆（Harley 4986），另一部则藏于伊顿公学，这两部抄本都吸收了阿普列乌斯的内容，后一部抄本在扉页还有一幅采药人正在工作的图像。（图版5）[71] 左侧图像中两位白胡子的采药人正在一位年轻人的指导下挖掘植物，这个年轻人可能是埃斯库拉庇乌斯（Aesculapius），两个采药

▲ 图10-32：盎格鲁-撒克逊抄本（Cotton Vitellius C III. Fo. 57 v. 约1050年）。

人使用一件特殊的工具以防止采药时损伤植物的根系。右侧图像中坐着一位手执罐子的医生，他正在指导一位正在称量药物的药剂师。在这幅绘画中保存了早期著名的特伦斯抄本中一些经典传统的特征。[72] 这两部抄本都有迹象要在书中描绘出植物的真实形态，这就形成了与众不同的盎格鲁-诺曼风格图像，另外这两部书还展示出了许多动物的形象。（图版6）

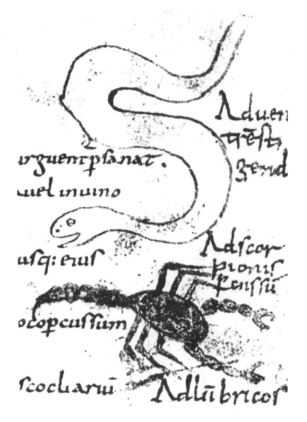

▲　图10-33：BIBL. NAT. Lat. 6862，10世纪，Fo. 23.
蛇和蝎子的图像，与图版3进行比较。

▲　图10-34：BIBL. NAT. Lat. 6862，10世纪，Fo. 30 v.
西北蒿（*Artemisia pontica*），与图版4进行比较。

中世纪拉丁人广泛阅读着迪奥斯科里德斯的著作，其中有部分内容被自然而然地吸收进了其他的著作之中，知名的《迪奥斯科里德斯的妇女草药志》就是这种情况，我将在下文进行探讨。由梅内的欧杜（Odo）在1161年撰写的著名草药志也有部分内容源自迪奥斯科里德斯的拉丁语著作，书中诗句题有"马切尔·弗洛里杜斯"（Macer Floridus）的名字。另一部由那不勒斯的马修·普拉塔留斯（Matthaeus Platearius）所著的十二世纪知名草药志《单味草药》（*Circa Instans*）也可以追溯到同样的来源。在接下来的一个世纪里，有证据表明热那亚的西蒙·科尔多（Simon Cordo）利用了《迪奥斯科里德斯伦巴第抄本》，即他依据现存的慕尼黑337号抄本编纂了非常受欢迎的单味药词典。[73]一些非常学术性的百科全书编纂者，诸如英国人巴塞洛缪（Bartholomew，约1260年）和博韦的文森特（Vincent，约1190—1264），他们都在编纂时依赖了迪奥斯科里德斯著作的拉丁语译著。

在印刷术出现的时候，古老的《迪奥斯科里德斯通用抄本》依然被人们研读。它以印刷书形式出现在了1478年[74]，在1512年又再次被印刷出版。阿尔杜斯·马努蒂斯（Aldus Manutius）在1499年出版了希腊文本的修订版（*editio princeps*），这成了十六至十七世纪无数版本和翻译版的母本。这里面最知名的是皮埃兰德雷亚·马蒂奥利（Pietro Andrea Mattioli，1501—1577）于1554年在威尼斯首次出版的著作，这本书出现了众多的多语种版本，也成为现代植物学的奠基之作。

十三、《阿普列乌斯草药志》（图10-35）

《阿普列乌斯草药志》是阅读最广泛的后期医学经典著作，也是在黑暗时期最常见到的拉丁语抄本，它的书名是*Herbarium Apulei Platonici Madaurensis*。书中的证据表明这部书吸收或翻译自希腊语抄本，现在外部证据也表明它的形式与约翰逊莎草残卷非常相似。《阿普列乌斯草药志》的插图的来源很早，或许源自最早的图像。最早的抄本图像与约翰逊莎草残卷上的图像很相

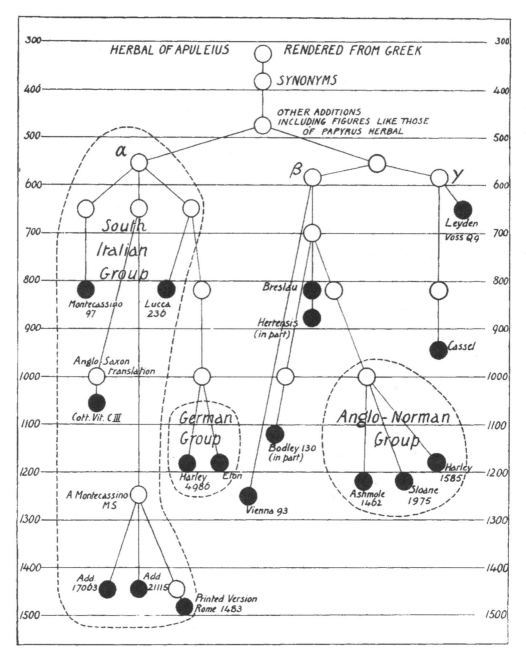

Figure text within illustration:

HERBAL OF APULEIUS — RENDERED FROM GREEK

SYNONYMS

OTHER ADDITIONS
INCLUDING FIGURES LIKE THOSE
OF PAPYRUS HERBAL

α

β

γ

South
Italian
Group

Leyden
Voss Q9

Montecassino
97

Lucca
236

Breslau

Hertensis
(in part)

Cassel

Anglo-Saxon
translation

Cott. Vit. C III

German
Group

Anglo-Norman
Group

Harley
4986

Eton

Bodley 130
(in part)

Ashmole
1462

Sloane
1975

Harley
1585

A Montecassino
MS

Vienna 93

Add
17063

Add
21115

Printed Version
Rome 1483

▲ 图10-35：阿普列乌斯草药志一些较为重要的版本的流传谱系图，黑色的圆点表示现在还存在的抄本。

似。我们并不知晓阿普列乌斯的名字如何与这本书联系在了一起，但是我们可以确定这部书并不是《金驴记》（*Golden Ass*）的作者所写。

在调查阿普列乌斯草药志各抄本之间关系的时候，我得到了莱比锡的祖德霍夫（Sudhoff）教授很大的帮助，他慷慨地赐予我许多照片，之后苏黎世的欧内斯特·霍尔瓦德（Ernest Howald）教授以及苏黎世和莱比锡的亨利·西格里斯特（Henry Sigerist）教授承担了阿普列乌斯草药志一个版本的文本研究工作。西格里斯特教授热心地给我寄来了这个版本的前言校样和相关书页。这些帮助使我对这些抄本，尤其是较早时期抄本的谱系有了清晰的认识。然而，我们对阿普列乌斯草药志的谱系以及这些抄本与拉丁语迪奥斯科里德斯著作之间关系的阐明仍然任重而道远。

阿普列乌斯草药志可能是在公元四世纪由一个希腊语抄本首次编纂而成，这个希腊语的母本现在已经遗失了，但是它必然和约翰逊莎草残卷具有很近的相似性。之后不久，或许就在译本出现的时期，阿普列乌斯草药志吸收了一个与迪奥斯科里德斯著作中类似的同义词清单。霍尔瓦德和西格里斯特将截至公元六世纪最初的修订本划分为 α，β 和 γ 三种类型（图10–35）。

霍尔瓦德和西格里斯特发现 α 类型抄本具有最好的文本内容，但是这类版本既没有最古老的抄本，也没有最漂亮的插图。我们已知的这类抄本残卷是公元七至八世纪的，在 α 类型的九世纪抄本中我们发现了两份意大利南部的抄本，一份在蒙特卡夏诺（Montecassino），另一份在卢卡。卢卡的抄本较为有趣，因为它的图像与盎格鲁–撒克逊抄本（Cotton Vitellius C III）中有关阿普列乌斯章节中的插图有几分相似，盎格鲁–撒克逊抄本与它的卢卡子孙抄本都在火灾中严重受损。我们已经开始关注盎格鲁–撒克逊抄本和巴黎6862号抄本之间的关系。

我们进行盎格鲁–撒克逊版本阿普列乌斯草药志的研究或许有了一点进展，盎格鲁–撒克逊版本阿普列乌斯草药志与一个盎格鲁–撒克逊版本的迪奥斯科里德斯拉丁语著作结合在了一起，毫无疑问这两本书是同时被翻译为盎格鲁－撒克逊语的，它们都源自于意大利南部地区。在十五世纪晚期，蒙特卡夏诺保存了一份阿普列乌斯拉丁语的抄本，其中的图像与盎格鲁－撒克逊版本中的极为相似，虽然蒙特卡夏诺抄本现在已经遗失了，但是它截止到十五世纪末被复制超过两次，这两个复制本现在都藏于大英图书馆（Additional 17063 和 Additional 21115）。这两个复制本图像都描绘得很仔细，它们接近的相似度说明了复制的可信性。这两个抄本的第三个姊妹版是菲利普·德·雷格纳明（Philip de Lignamine）印刷的阿普列乌斯草药志修订版的母本，这本书大约于1481年在罗马出版发行。因此，十五世纪在罗马出版的一本书中出现的图像与一本十一世纪相关的盎格鲁－撒克逊抄本中的图像最为接近（比较图10-31、10-32和图10-36、10-37）。

ragora est herba quedam radicem habentem si dinem hu manam cu st ligneus uncricius: tur qutiam niger con

▲ 图10-36：ADDITIONAL 21115，阿普列乌斯草药志，15世纪。

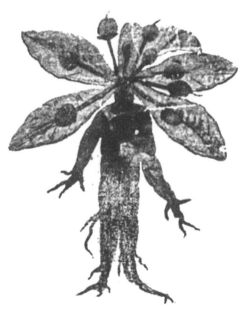

▲ 图10-37：皮尔庞特·摩根（Pierpont Morgan），迪奥斯科里德斯抄本。

　　β类型抄本是数量最多的此类抄本的母本，这一类抄本的文本内容也最为糟糕，而另一方面它们中却拥有装饰最为华丽的抄本。更重要的是在这类抄本中我们发现了最早回归自然主义风格的图像。β 类型的修订本很早的时候就分化为多条演化线路，在下文我们只能介绍其中一小部分。

　　β 类型抄本的其中一条演化路线里有一本公元九世纪的抄本，这个抄本的绘图非常拙劣，其中的 "*Hertensis*" 是一个很好的例子（图10-38、10-39）。[75] β 类型修订本中有一个稍微有些孤立的衍生抄本，一份公元九世纪的佛罗伦萨抄本（Laur. Plut. 73.41），我们对这个抄本保留下来的图像颇感兴趣，它比绝大多数的都要好，在一定程度上与 γ 类型修订本的谱系具有相似性（比较图10-40、10-41）。作为一种原始且无差别的类型，这个抄本的插图与希腊传统风格插图有一定的相似性（图10-42、10-43），这一点我们并不感到吃惊。

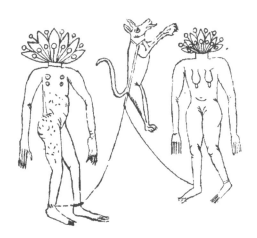

▲　图10-38: HERTENSIS. 曼德拉草，公元9世纪。

▲　图10-39: HERTENSIS.聚合草。

▲　图10-40: 卡塞尔阿普列乌斯草药志公元10世纪，天芥菜。

▲　图10-41: LAUR. PLUT. 73. 41.公元9世纪，Fo. 67.天芥菜。

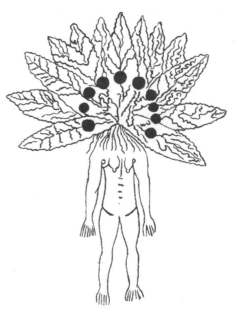

▲　图10-42: 皮尔庞特·摩根（Pierpont Morgan），
迪奥斯科里德斯抄本。

▲　图10-43: LAUR. PLUT. 73. 41.公元
9世纪，Fo. 69.曼德拉草。

　　β 类型抄本的演化在十二世纪的时候迎来了真正的繁荣，一部制作于贝里圣埃德蒙兹（Bury St. Edmunds）的精彩牛津抄本（Bodley 130）[76]，它那有缺陷的文本内容了无生趣，书中许多糟糕的图像（图版7-b）与那些同它相关的图像颇为相似，比如"Hertensis"，不过书中的另一些插图在植物学史和艺术史上都同等重要，它们也是令人信服的自然主义研究对象，比如，书中有一株唇形科植物、一株山黧豆属植物（Orobus）和一株蓟类植物的精致绘画（图版8）。

　　我们如何解释在其他形式的艺术中还没有自然风格的表现时，一本草药志中就出现了自然风格的植物绘画？这似乎有三个可能的原因。第一，自然风格的植物图像可能在很晚的时候才被添入到写好的抄本之中；第二，或者说这些图像代表着一个艺术流派，而这个流派的其他例子仍没有被人们发现；第三，或许是这些植物画作的画家超前于他那个时代数个世纪。

　　我们对牛津抄本130进行研究后表明书中是首先绘制了插

图，文本是之后写在图像周围的，少数一些情况则是刚好相反的制作顺序。书中的插图大体上是和文本同一时间完成的，那么第一种推测就可以被排除。[77] 第二种推测也不成立，这是因为某些绘画的传统风格（图版7-b），可以在已知的这类风格追踪出来。由此我们接受了第三种推测，早在十二世纪，贝里圣埃德蒙兹某位喜爱植物的修道士就投身于制作一本草药志，他绘制了不错但有些粗略的自然风格绘画作品，他也不时地参考现实中的植物。我们可以复原他的创作方法，这位修道士拥有一本在他创作之前，普通的阿普列乌斯–迪奥斯科里德斯类型草药志，于是他开始通过修道院花园中种植的植物来确认他手头抄本中的图像。他为了绘制 "Viperina"（图版8-b），选择描绘了水飞蓟（*Carduus marianus*），这是一种源自欧洲南部的花园植物，通常生长在荒废的土地上，现在是一种入侵英国的杂草。类似地，他为了描绘古代草药志中的 "Camedrum"，他选择了石蚕（*Teucrium chamaedrys*，图版8-c），这是另一种南欧和西亚的植物，尽管这种植物现在只在英国部分地区被发现，但它肯定是一种逸生植物。为了描绘 "Dracontia"，他描绘了欧洲南部的伏都百合（*Dracunculus vulgaris*，图版7-a），他还将芍药描绘为一种非英国产的山黧豆属植物（*Orobus*，图版8-a）。比起野生植物，这位修道士通常更喜欢花园植物，当他发现植物的时候便将其描绘下来，他很少会考虑到他参考的抄本中植物的顺序，他从这部抄本中获取他创作所需的文本内容。最后，对于自己所持抄本中那些不能识别出来的图像，他就将其临摹下来。例如，他所画的 "Solago minor"（图版7-b）就将错误的图像和文本联系在一起。这位修道士并未完成自己的植物文集，转而开始将动物图像与塞克斯托斯·普拉西图斯（Sextus Placitus）的文本联系起来，其中的一些图像生动活泼颇具盎格鲁–撒克逊时代风格（图版7-c和d）。可惜的是，这种风格消失了，艺术中的自然主义风格要到文艺复兴时期才重新复苏。

β 类型抄本中有一支非常具有活力且数量众多的分支，其中的一组盎格鲁–诺曼工艺优秀插图抄本将其推向了发展的顶峰，这些抄本大约制作于十二世纪末至十三世纪初，它们的插图绝大部分都是生硬且传统的风格，不过却具有华丽的装饰效果，从技术方面来讲，它们在草药志抄本中是无以匹敌的。在这一组抄本中可以列为头筹的是牛津抄本（Ashmole 1462，图版9），以及另两本稍稍次于它的大英图书馆藏抄本（Sloane 1975，Plate X 和 Harley 1585）。β 类型修订本还有极多的其他类型子孙本，其中有一组采用德语撰写的抄本，书中的插图与那些盎格鲁–诺曼抄本中的图像颇为相似，对于这组抄本我们已经在讨论迪奥斯科里德斯拉丁语抄本的时候有所提及。β 类型修订本的另一个子孙本是一部藏于维也纳的十三世纪抄本（93），这个抄本不仅包含植物的图像，还包含了令人极为愉悦的配制药物的场景插图。[78]

　　γ 类型抄本的子孙本目前有两个有趣的材料，在这一类抄本中包含了最古老的抄本，它们的插图最接近莎草卷草药志中的那些图像。在这个类别中我们需要讨论的只有公元七世纪的莱顿抄本（Voss Q. 9）和公元十世纪的卡塞尔抄本，我们将在第十四章做进一步的讨论。莱顿的阿普列乌斯草药志是一部来源不明的优美半安色尔书写体抄本[79]，不过，这部抄本中的某些咒语我曾在贝内文托书写体的医学抄本中发现过，由此我推测这个抄本也源自意大利南部地区。卡塞尔抄本与莱顿抄本关系较近，它来自莱茵兰（Rhineland）并在富尔达（Fulda）留存了很长一段时间，它或许是在此地被撰写的。

十四、莱顿和卡塞尔的阿普列乌斯抄本与约翰逊莎草残卷的比较

　　约翰逊莎草残卷中展现的两种植物都可以在莱顿阿普列乌斯草药志中得到鉴别。在莱顿抄本中描绘的植物下方写有 "SINFITOS" 的标题，就像约翰逊莎草残卷中的 ΣΥΜΦΥΤΟΝ 一样，这幅图像由五片紧紧环抱的宽大叶子组成。莱顿抄本中的这幅图像不像希腊文本中的那样，而更像是一个不太像甘蓝状的样

貌，然而在与其相关的九世纪卡塞尔抄本中这幅图像显得更加饱满一些（图10-44、10-45）。

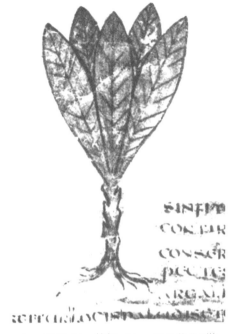

▲　图10-44：莱顿，Voss Q 9.公元7世纪，"Sinfitos."

▲　图10-45：卡塞尔，阿普列乌斯草药志，Fo. 14 v. "Sinfitos."

　　在莱顿阿普列乌斯草药抄本的*Sinfitos*图像之下有一系列同义词，紧随其后是对植物生长地点的描述，然后书中用了四行文字来描述其药用方法。这个短小简洁的最后一小节与约翰逊莎草残卷的文本颇为相似。莱顿阿普列乌斯草药抄本中*Sinfitos*的文本里出现了那个时期抄本中经常出现的抄写错误，我们将它紧随其后的拉丁语文本摘录如下：

　　　　LVIII HERBA SINFITOS

　　　　ALII CONFIRMAM

　　　　ALII CONSERRA

　　　　ALII PECTES

　　　　ITALI ARGALLICUM

NASCITUR LOCIS PALUDIS ET CAMPIS

HERBAE CONFIRMAM PULUERE MOLLIS

SIMUL ET TRITUM PUTUI DABIS IN UINUM

MOX FLUUIUM RESTRINGET

除了 γ 类型抄本谱系外，在绝大多数阿普列乌斯草药志文本当中 Sinfitos 的图像被当作 *Confirma* 或 Comfirma major，其下的文本这样描述：

我们将研磨好的 Confirmae 草药粉末放入酒中，然后用它来止血。[80]

▲ 图10-46：莱顿的阿普列乌斯草药志，Fo. 108.公元7世纪，毛蕊花（Verbascum）

我们也许会注意到英国植物名称"Comfrey"源于同义词"Confirma"，Comfrey 就是植物学家所说的聚合草（*Symphytum officinale*），这种植物的确不是莎草残卷以及莱顿阿普列乌斯草药志中的聚合草。

现在我们再来谈谈莎草残卷上的 *ΦΛΟΜΜΟΣ*，这种植物的形态与艾丽西亚·朱莉安娜抄本中的 *ΦΛΟΜΜΟΣ* 图像并不一致，不过迪奥斯科里德斯著作的文本在 *ΦΛΟΜΜΟΣ* 的标题下给出了两个同义词，这将帮助我们追索这种植物，书中是这样写的："*POMAIOI ΒΕΡΒΑΣΚΛΟΥΜ ΟΙΔΕ ΦΛΟΝΟΝ.*"[81] 因而我们转向莱顿的阿普列乌斯草药志中的毛蕊花（*Verbascum*），寻找我们要找的东西。（图10-46）

莎草纸残卷中的 *ΦΛΟΜΜΟΣ* 在莱顿的阿普列乌斯草药志中由它的同义词 *Verbascum* 所表示。这本拉丁语抄本中的图像显得非常呆板（图10-46），然而，正如Sinfitos一样，它也写有一个与希腊语形式类似的通用文本，莱顿的阿普列乌斯草药志中与毛蕊花相联系的拉丁语文本摘录如下：

> *LXXI. HERBA VERBASCUM*
> *A GRAECIS DICITUR FLOGMON*
> *PROFETAE HERMURABDOS*
> *AEGYPTI NATAL*
> *DACI DIESSATHEL*
> *ITALI VERBASCUM DICUNT*

之后是这种草药使用方法说明，就像阿普列乌斯草药志文本中的其他段落一样，这其中包含异教魔法的元素，以及附带的与其有关的咒语。在此我们将这种草药使用说明的原始形态摘录如下（图10-46只有前两行）：

> 据说墨丘利在到达竞技场时将这种草药赐给了尤利西斯，这样他将不再惧怕任何的邪恶行为，当遭遇恶灵袭击时，他带上一株药草将不再有任何畏惧之情，避免任何恶灵造成的麻烦。

希腊语莎草残卷与莱顿拉丁语抄本中图像的相似性充分地展示出一种常规的传统风格。实际上上述两抄本的这种相似性远远超过了许多拉丁语草药志之间或希腊语草药志之间的相似性，而展示出的这种常规传统风格也可以得到证实。我曾处理过绝大多数带插图的希腊语草药志抄本和海量拉丁语抄本的原始材料和照片，我毫不怀疑有一种常规的传统风格隐藏在莱顿的拉丁语抄本、卡塞尔的抄本以及莎草纸草药志之中。

当我们的关注点从拉丁语的阿普列乌斯草药志抄本转向莎草残卷与常规的希腊语草药志比较时，我们将遇到一个非常不同的情形。莎草卷草药志的常规排序与古老的克拉泰亚斯草药志排序一样。不过莎草卷草药志上的绘图呆板且常规，它取代了克拉泰亚斯草药志上那种自然主义的绘图风格。希腊语草药志的发展路线遵循着克拉泰亚斯的传统，而拉丁语草药志则遵循着约翰逊莎草残卷的传统。这种存在于公元四世纪的希腊，呆板且形式化的植物表现传统，它未来的发展并不在希腊，而是在拉丁欧洲，尤其反映在伪阿普列乌斯草药志的子孙版本之中。

十五、阿普列乌斯草药志之间的联系

在中世纪期间阿普列乌斯草药志通常会吸收其他一些小型作品，在这其中首先是一部小型专著《论维托尼克草药》（*De herba vettonica*），这本书被错误地归在安东尼·穆萨（Antonius Musa）名下，此人是凯撒·奥古斯都（Caesar Augustus）的医生。第二本是一部匿名的作品《论分类》（*De taxone*），讨论了獾的药用方法。第三本是一本托名塞克斯托斯·普拉西图斯·帕皮里恩塞斯（Sextus Placitus Papyriensis）令人扫兴的混杂材料，作者是谁并不重要，这本书的书名为《药用动物之书》（*Liber medicinae ex animalibus*）。这三本书没有一本受到我们过多的关注，但是这里有三本其他的著作引起了我们的兴趣，它们的内容也经常被阿普列乌斯草药志所吸收。第一本是《迪奥斯科里德斯通用抄本》，这本书我们已经详细讨论过。第二本是《迪奥斯科里德斯妇女草药志》，第三本书是一组独特的祷词和咒语。

《迪奥斯科里德斯妇女草药志》是一本不寻常的专著，它由七十一种草药及其功效的描述组成，但书中没有列出同义词。它的内容源自拉丁文迪奥斯科里德斯著作、伪阿普列乌斯草药志和老普林尼的著作。这本书现存最早的抄本制作于公元九世纪[82]，但是作品的完成不会晚于公元六世纪，因为塞维利亚的伊西多尔（Isidore，约560—636）知道这本书。《迪奥斯科里德斯妇女草药

志》有可能是在哥特人统治时期（493—555）的意大利汇编完成的。[83]它的抄本与真正的迪奥斯科里德斯拉丁语抄本混杂在一起[84]，这本书在现代被印刷出版。[85]这个抄本的图像有许多有趣的地方，例如，其中一些图像与阿普列乌斯β类型抄本的图像颇为相似，另一些则与阿普列乌斯α类型抄本的图像类似，剩下的则源自于阿普列乌斯的盎格鲁–撒克逊抄本。[86]一些《迪奥斯科里德斯通用抄本》和《迪奥斯科里德斯妇女草药志》似乎是难解难分地混杂在一起。

最近，我们不得不考虑与许多阿普里乌斯抄本联系在一起的祷词和咒语，其中最早的是莱顿抄本中的内容。这些祈祷者通过向大地女神祷告，保留了一些异教的氛围，而草药志最初就是在这种氛围中产生的。在英国的抄本中有一些这样的咒语，它们的拉丁文本已经被印刷出版。[87]我们可以很方便地从翻译本中获得这些祷词（译自 Harley 1585 号抄本）。

　　大地呀，神圣的女神，您是自然之母，您创造了万物，您为整个国家孕育出一个崭新的太阳，您护佑着蓝天碧海及一切的神灵和力量，通过您的神力自然万物保持静默并沉睡。您又再一次带来了光明，驱散黑夜，您又用自己的阴凉为我们提供了最安全的保护。您拥有无穷无尽的混沌之力，甚至斜风细雨和暴风骤雨；您随心所欲地驾驭它们，并使大海咆哮；您遮蔽太阳并唤起暴风雨；当您乐意的时候您会产生令人愉悦的日子，用您那永恒的护佑给予生命以滋养；当灵魂离去时，我们回到您的身边。您确实被称为众神的伟大母亲，您以神圣之名征服世界。您是国家和众神力量的源泉，没有您一切都不完善，也不能诞生；您是伟大的众神女王。女神！我仰慕您的神圣；我呼唤您的名字，请赐予我之所求，我将以挚诚之信念感谢您，女神！

　　请您倾听我的祈求，并赐予我祈祷以恩惠。您用力量孕育出所有的草药，我祈求您以善意将它们赐予所有国家以拯救众生，并祈求您赐予我所需的药物。您带着您的力量来到我身边，无论我怎么使用这些草药，都会有好的结果；无论我把草药给哪个人，也都会有好的结果。凡是您所赐予的，都将兴旺发达，万物皆会归于您。女神，我向您祈求，那些从我这里以正确方式获得草药的人，请让他们万全无恙。我以一位祈求者向您请求，请以您的威严赐予我这些。

十六、迪奥斯科里德斯著作在东方

之前我们已经讨论了迪奥斯科里德斯著作在拜占庭和拉丁西方的各种版本，事实上，它在东方的阿拉伯世界也有很大的影响。大约在公元854年，生活在哈里发·穆塔瓦基尔治下巴格达的基督徒巴西利奥斯之子斯蒂芬诺斯（Stephanos）将迪奥斯科里德斯的著作由希腊语翻译为了阿拉伯语，约阿尼提乌斯（Joannitius，809-873年）可能对他的作品进行过修订。[88]斯蒂芬诺斯在自己能力所及的时候将这个译本中的希腊语植物名称翻译为了阿拉伯语，如果他不能胜任他就留下希腊语名称，他希望"神将点化那些可以将其翻译的人"。

斯蒂芬诺斯翻译的这本有缺憾的译本在阿拉伯世界大体上流行到了公元948年，在这一年君士坦丁七世的儿子兼摄政、之后的拜占庭皇帝罗曼努斯二世将一本精美插图的希腊语迪奥斯科里德斯抄本送给了西班牙哈里发阿卜杜勒拉赫曼三世。在当时西班牙没有一个人通晓希腊语，因此哈里发要求拜占庭国王派遣一位翻译，公元951年一位博学的修道士尼古拉斯被派遣过去，他在科尔多瓦（Cordova）向许多医生进行了开放性的希腊语指导。尼古拉斯和他的学生们开始着手对斯蒂芬诺斯旧的译本进行修订，他们调整了书中翻译的词汇，形成了一个新的版本。[89]

大约到了十三世纪中期，叙利亚学者巴·赫布拉乌斯（Bar Hebraeus）制作了一个带插图的叙利亚语译本，这本书也流传到了阿拉伯。我们现在已知有许多阿拉伯语插图的迪奥斯科里德斯抄本，这些抄本的插图与其出处的尼古拉斯抄本和巴·赫布拉乌斯抄本中的图像差距有多大，又有多少插图属于新的传统，这些我们至今都不得而知。希腊语迪奥斯科里德斯抄本中的许多植物插图绝大多数描绘的是地中海沿岸的植物，这些对于大多数东方读者是毫无价值的，因而译本中加入了许多新的图像并进一步加入了新的条目，由此产生了一个新的传统，在东方一直延续到今天。直到现在，迪奥斯科里德斯的著作还在这里被使用。[90]整个讲阿拉伯语人群中的医学实践都受到了迪奥斯科里德斯的影响。

十七、草药志在西方的终结

我们对草药志进行了从古至今的追踪，现在是时候对西欧草药志的终结做一总结。我们见到过一部十二世纪自然主义风格的草药志早期案例（Bodley 130），然而这种自然主义风格的转变直到十四世纪末至十五世纪初才开始有一些影响力，此时它主要影响了更新兴的文本，比如《单味草药》（*Circa Instans*），它是为人所熟知的几部具有精美插图的抄本之一。[91]随着印刷的进步，源自于旧草药志并吸纳新知识的复杂草药志纲要开始出现，这些著作中的一些文本材料和插图是古代的传统形式；还有一些则是吸收了诸如《单味草药》这类中世纪汇编中的内容，更有一些则是真正新的内容。这样一部优秀的汇编类型作品于1485年在美因茨，由彼得·修菲尔（Peter Schöffer）印刷出版。[92]在接下来的一个世纪里自然主义风格兴盛了起来，旧有的作品被评注并认真审视，新的作品被书写出来，科学化的植物学就此诞生。阿尔伯（Arber）博士和克雷白（Klebs）博士对十五世纪晚期到十六世纪的草药志发展史进行了研究。[93]植物学在十七世纪开始摆脱草药志，草药志所代表的体系落入了很不称职的人手中，然而，草药志并没有完全消亡，它还在继续存在着。

在我们大城市的小巷子里到处散布着窗户上贴着"草药医生"（Herbalist）单词的商店，在这些还保存着旧式迷信元素的小聚点，天真的民俗学家有时会在此寻找英国早期民间信仰的残迹。实际上这种残迹令人吃惊的稀少罕见，假如他进入这样的小店寻找这种残迹，毫不知情的寻访或会让他失望而归，若假使他获得了满意的结果，那他也会被欺骗。穷困潦倒的行医者传授给民俗学家的知识并不是来自于古老的盎格鲁－撒克逊，因为这种医学体系太过低劣和原始而不能留存下来。他传授的知识是老普林尼、阿普列乌斯、迪奥斯科里德斯和盖伦经过多道手而被极度曲解的知识遗存。英国草药医生的方法沾染了太多星占术的气息，正如他的图书室没有尼古拉斯·卡尔佩珀（Nicholas Culpepper）1643年出版的《英国医师增订药典》众多子孙本中的一本一样，这个可怜的、寒酸且自命不凡的家伙，他一面是受骗者，一面又是欺骗者。他是雅典的狄奥克勒斯和本都的克拉泰亚斯的继承者，这些先贤的知识不仅在时间的长河中受到了污染，但它依然不曾间断地传给了他。

十八、总结

总结里的编号对应之前每章编号：

1. 没有早于公元前四世纪的希腊语草药志。

2. 我们已知的最早草药志由狄奥克勒斯作于约公元前350年，现存最早的草药志是泰奥弗拉斯特的《植物探究》第九卷，它是从其他草药志中汇编而来的，并不是泰奥弗拉斯特所作，它有可能完成于大约公元前250年的亚历山大时期。

3. 其他亚历山大时期的草药志很少被记录，无一幸存，不过，尼坎德的作品（约公元前200年）流传给了我们，我们拥有一部插图粗略的尼坎德著作复制本，这本书的制作可以追溯到古典时期。

4. 本都的克拉泰亚斯（约公元前75年）完成了第一本带插图的草药志，图像依据实物描绘，但他忽略了植物的描述，他确定了草药志的形式。克拉泰亚斯被称为植物学绘图之父。

5. 我们从公元512年的艾丽西亚·朱莉安娜抄本中复原了克拉泰亚斯草药志的一部分，既有文本又有图像，此外一个新获得的大约制作于公元400年的莎草卷草药志材料对其进行了补充。

6. 有数份希腊语的草药志完成于公元一世纪，这其中有一些是罗马的邦费罗斯的作品，其著作《论植物》的部分内容幸存至今；还有罗马皇帝提比略的医生梅涅克拉特斯首撰《铅膏药剂》一书；以及安德洛马科斯的作品，他发明了一种复杂的解毒剂或一种一直延续到现在的药物"米特拉达梯"；还有塞维利乌斯·达摩克拉底的作品，我们现在有大量他撰写的草药志片段；最后还有军医阿纳巴的迪奥斯科里德斯的作品。

7. 迪奥斯科里德斯的著作被完整地保存了下来，这也是曾经创作的草药志中最具影响力的一本，虽然它是基于之前的草药志而创作的，在现代植物学中留有迪奥斯科里德斯的名字，在现代医学中出现有大量迪奥斯科里德斯描述的药物。

8. 迪奥斯科里德斯著作的文本在早期是有插图的，其中一些图像源自克拉泰亚斯，另一些源自其他材料。迪奥斯科里德斯这部著作也与多种语言的同义词清单有所关联，由此形成的组合是拜占庭时期利用的主要草药志。许多草药志抄本幸存至今，它们的谱系可以追溯到现代时期。这其中最精美也是最古老的是艾丽西亚·朱莉安娜抄本，这个抄本中的许多图像具有克拉泰亚斯的风格。迪奥斯科里德斯文本最重要的一个特征就是流传给我们的源自众多语言的同义词清单，其中许多语言现已失传。

9. 迪奥斯科里德斯之后的希腊语草药志只有盖伦（约180）的《论单味草药》具有重要价值。奥利巴斯在他大约创作于公元四百年的《草药汇编》中摘抄了盖伦的著作内容。迪奥斯科里德斯、盖伦和奥利巴斯的著作都在早期被翻译为拉丁语。

10. 我们将一份大约制作于公元四百年的带插图的希腊语莎草残卷草药志命名为《约翰逊莎草残卷》，书中有"聚合草"和"毛蕊花"的图像。这个残卷具有重要价值的原因如下：

（1）它是克拉泰亚斯和阿普里乌斯类型的草药志通用形式现存最早的起源。

（2）尽管它是用希腊语书写的，但是它的绘图与其他希腊语草药志的绘图风格不同，也不同于克拉泰亚斯的绘图风格。

（3）它的两幅绘图呆板且形式化，与某些早期拉丁语的阿普里乌斯草药志插图极为类似，通过这本书中的两幅插图可以鉴定出莎草残卷中的植物。

（4）莎草残卷中图像残留物呈现的传统风格一直保存到现代的拉丁语草药志之中。

11. 最早的本地拉丁语草药志散布着魔法，老普林尼的草药志（大约创作于公元60年）源自希腊语的材料。我们也拥有写于公元三至四世纪的希腊语草药志。

12. 迪奥斯科里德斯的著作在公元六世纪被翻译为拉丁语。我们明显有两个版本可以利用，它们被命名为《迪奥斯科里德斯伦巴第抄本》和《迪奥斯科里德斯通用抄本》。《迪奥斯科里德斯伦巴第抄本》中的插图很特别，《迪奥斯科里德斯通用抄本》则囊括了近乎所有的海量的抄本。在这条主线上演化的抄本中许多图像毋庸置疑属于克拉泰亚斯风格，不过图像在转绘过程中被极大地改动了。拉丁文草药志的一个有趣的分支是大约制作于公元一千年的盎格鲁－撒克逊版本。《迪奥斯科里德斯通用抄本》通常会与其他文本联系起来，明显的就有阿普列乌斯草药志，它还从希腊语草药志中延续了古代同义词清单。

13. 最重要的拉丁文草药志和阿普列乌斯的名字关联在了一起，这本书很早就像迪奥斯科里德斯那些抄本一样和同义词联系在了一起。有两个重要的同义词作为题目出现在莎草卷草药志上面。"阿普列乌斯"也与其他的材料联系在一起，较为明显的就是拉丁语的迪奥斯科里德斯著作。阿普列乌斯的抄本数量巨大，它们的演化谱系可以追踪到现代。盎格鲁－撒克逊这一分支再次使人产生了特别兴趣，创作于英格兰的阿普列乌斯－迪奥斯科里德斯抄本（约1120）出现了最早的自然主义植物绘图。阿普列乌斯草药志插图的传统可以连续地追溯到印刷时代，第一部印刷版本草药志中的图像类似于一本盎格鲁－撒克逊草药志中的插图。

14. 在最早的阿普列乌斯草药志抄本（约650）中有两幅图像

与约翰逊莎草残卷（约400）中的图像保持一致。阿普列乌斯草药志和莎草残卷具有一致的常规形式。阿普列乌斯草药志是源自于一本类似于莎草残卷的希腊语草药志的译本，因而它的插图风格与拉丁语《迪奥斯科里德斯通用抄本》或《伦巴第抄本》的插图并不一样。

15. 人们发现"阿普列乌斯的草药志"、《迪奥斯科里德斯通用抄本》和《迪奥斯科里德斯妇女抄本》经常与其他文本之间具有联系或将其内容混入其中。在这些别的文本之中有许多异教徒向大地女神祈祷的咒语，这些咒语使人回想起草药志首次产生的原因。

16. 就像在希腊和拉丁欧洲一样，迪奥斯科里德斯在东方的阿拉伯也变得广为人知。他的作品大约于公元854年在巴格达被翻译为阿拉伯语，在公元951年一个新的阿拉伯译本出现在哥多毕。大约在1250年出现了一个带有插图的叙利亚译本，此时又在此出现了一个阿拉伯语译本。我们现在已知有许多的迪奥斯科里德斯阿拉伯抄本，在这些流传下来的抄本中，有一些阿拉伯语的文本和插图是无法追溯其源流的，但是这些插图与那些经典的流传谱系之间的关系并不清晰。

17. 经典的草药志传统一直持续到印刷时代，此时它们被新的材料所弱化，但并没有遭到全部的破坏。现代的医生仍旧依靠古老的草药知识来行医，因而草药志的故事几乎可以从公元前四世纪持续不断地讲到现在。[94]

▲ 图版1：约翰逊莎草残卷 ΣΥΜΦΥΤΟΝ

▲ 图版2：约翰逊草药残卷 ΦΛΟΜΜΟΣ

▲ 图版3：Cotton Vitellius C Ⅲ. fo.40. 大约制作于1050年的盎格鲁－撒克逊抄本。
蝎子和蛇斗争，图中的蝎子描绘出色，从这幅临摹的图像可以看出最初绘制此图的画家是在地中海地区从业。图中植物为"Solago minor"人们认为它就是植物学家所说的天芥菜（*Heliotropium europaeum*）。

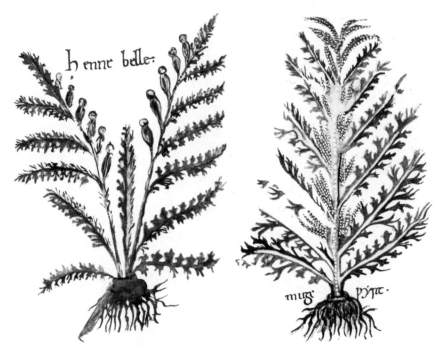

▲　图版4：Cotton Vitellius C Ⅲ. 大约制作于1050年的盎格鲁−撒克逊抄本。

插图a fo. 23v. Hennebelle = Henbane = *Hyoscyamus reticulatus*（天仙子），一种地中海植物，作为一种英格兰本土植物并不为人所知。

插图b 'Mugcwyrt' = Mugwort, *Artemisia pontica*（西北蒿），一种引入英格兰的外来植物。

▲　图版5：源自伊顿公学收藏的一份大约制作于1200年的阿普列乌斯−迪奥斯科里德斯抄本。

▲ 图版6：大约于1200年制作于德国的一份阿普列乌斯–迪奥斯科里德斯抄本，编号Harley 4986。
（图版5中展示的是其姐妹抄本）
插图a fo. 26v. 伊利里亚鸢尾或剑兰
插图b fo. 1v. 车前草
插图c fo. 43v. 蛇怪

▲ 图版7：大约于1120年制作于贝里圣埃德蒙兹的草药志抄本，编号Bodley 130。
插图a fo. 14v. "Dracontea" = Dracunculus vulgaris（伏都百合）
插图b fo. 15v. 天芥菜
插图c fo. 86v. 狼
插图d fo. 93v. 鹰

▲ 图版8：大约于1120年制作于贝里圣埃德蒙兹的草药志抄本，编号Bodley 130。

插图 a fo. 16. "Peonia" = *Orobus* sp.（山黧豆属植物）

插图 b fo. 37v. "Viperina" = *Carduus marianus*（水飞蓟）

插图 c fo. 58v. "Camedrium" = *Teucrium chamaedrys*（石蚕）

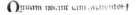

▲ 图版9：公元8世纪的盎格鲁-诺曼抄本，编号MS. Ashmole 1462。

插图 a fo. 23. 半人马手举矢车菊

插图 b fo. 26. 墨丘利为荷马带来了一种名为"Electropion"的草药。

legei eam meruit augue us, adhibita
herbam eam edrim bustum,
de ligno mlignum coinunde
ruuum uer admet spotui dabis
uehenter. do podagram;
erba eam edrios inpuluere
mollissimo refacta. cum aq
calida. murte parregonam p̄ ſtat.
erba ca ados serpentuum inoz
medris inpuluerem sus;
mollissimum redacta. anumo ne
teri potiu dam. omie uenenum
forussime disquint reigt.

erbe eam estee sue ado epateicos;
cut potiu dar cum uino, febri
tauti augen cu aqua caluda dabis
bibare murifice libetabunr. Conta
erbam eam deram de uenenu
siccatam, un puluerem redacta

nomen ithuſ herbe Cameleia.

图版10：公元8世纪的盎格鲁-
诺曼抄本，编号MS. Sloane 1975。
插图a fo. 25. "camelia"（译者注：
此单词译为山茶，但依据图像可知此
植物为起绒草）
插图b fo. 19v. 马兜铃，可与插图5进
行对比

osis loci safolidis reultas. ut lapidosis

herbam ariſto dum uenem.

注释

[1] 古时候 "药典" 这个单词被用于描述复合性药物而非药物清单，这个单词的英文用法可以追溯到十七世纪，伯顿（Burton）的《忧郁症的成因》（*Anatomy of Melancholy*，1621）或许提到了它。一部现代药典仅仅描述了药物和它们的制备，并没有讨论它们的应用。

[2] 《希波克拉底文集》中提及的植物参见 R. von Grot, "Ueber die in der hippokratischen Schriftsammlung enthaltenen pharmakologischen Kenntnisse", in R. Kobert's *Historische Studien aus dem Pharmakologischen Institut der Kaiserlichen Universität Dorpat*, Halle, 1889, I, p. 58, and J. Berendes, *Die Pharmacie bei den alten Kulturvölkern*, 2 vols., Halle, 1891.

[3] 狄奥克勒斯的探讨参见 M. Wellmann, *Die Fragmente der Sikelischen Aerzte Akron, Philistion und des Diokles von Karystos*, Berlin, 1901; Pauly Wissowa, *Realencyclopadie*, in the *Festgabe fur Susemihl*, 1898, and in *Hermes* for 1912, XLVII. p. 160, and 1913, XLVIII. p. 464. 一批公元三世纪的莎草纸抄本碎片可能是狄奥克勒斯的著作，现已被描述，参见 G. A. Gerhard, *Ein dogmatischer Arzt des vierten Jahresbericht vor Christ*, Heidelberg, 1913. 这部莎草纸抄本参见 A. Körte, *Bursians Jahresbericht* for 1919, III. p. 33.

[4] H. Bretzl, *Botanische Forschungen des Alexanderzuges*, Leipzig, 1903.

[5] Lynn Thorndike, "Disputed Dates, Civilisation and Climate, and Traces of Magic in the Scientific Treatises ascribed to Theophrastus," in *Essays on the History of Medicine presented to Karl Sudhoff*, edited by Charles Singer and Henry Sigerist, Zürich, 1924.

[6] 泰奥弗拉斯特植物学著作标准的版本是 F. Wimmer 编辑的第二版（巴黎版）（Didot，无出版时间，大约是1850年），《植物探究》第九卷容易获得的版本是洛布文库（Loeb Library）的 A. Hort 爵士版本。

[7] Pliny, *Historia naturalis*, XXV, 5.

[8] Galen, K. XII. p. 989. 所有关于盖伦的参考均来自 Kuhn 的版本，除非有另外的说明。

[9] Celsus, *De re medica*, V. 18, 47, 13.

[10] Galen, K. XII. p. 776.

[11] 迪奥斯克里德斯引注他四次，老普林尼一次，盖伦数次。

[12] Polybius, V. 81.

[13] 由 M. Wellmann 采集自 *Pauly Wissowa*, I. col. 2136.

[14] Galen, K. XI. p. 975.

[15] 尼坎德的作品有一个由 F. S. Lehrs 编辑的版本，已经在巴黎（迪多，Didot）出版重印，

没有出版时间，但大约是1850年。

［16］ Galen, K. XIII. p. 267. Celsus, VI. 3.

［17］ 这些由M. Wellmann整理，见于他编辑的Dioskurides, 3vols., Berlin, 1914, III. p. 146. 本文提到的迪奥斯科里德斯均来自这个标准版本，除非有另外的说明。

［18］ Pliny, XXV. 62.

［19］ *Ibid.*, 3.

［20］ Celsus, *De re medica*, V. 23.

［21］ Pseudo-Galen, *De virtute centaureae*, 2.

［22］ 克拉泰亚斯在植物插图史上的地位参见M. Wellmann in the *Abhandl. Der Kon. Ges. Der Wissensch. Zu Gottingen, Phil. Hist. Klasse*, Neue Folge, Bd. 2, Nr. 1, Berlin, 1987, and Charles Singer, *Studies in the History and Method of Science*, 2nd series, Oxford, 1921, and *Edinburgh Review*, 1923, p. 95.

［23］ 我们可以从艾丽西亚·朱莉安娜抄本的复制本中获取源自克拉泰亚斯文本章节，但是更为方便的复制版参见Wellmann的Dioskurides, III. p. 144.

［24］ 这些与被归于克拉泰亚斯的文本相关联的绘图具有相同的笔法和风格。

［25］ 叶片状态参考了艾丽西亚·朱莉安娜抄本，在这个抄本中对植物用处的描述常常与相应的图像置于不同的页面。

［26］ 参见Pliny, XXI. 94.

［27］ 接下来的段落已被损坏。

［28］ 在此接入的复杂段落或许被老普林尼篡改过，见于Pliny, XXII. 33.，这段话与老普林尼对克拉泰亚斯的引用没有任何相似之处，见于Pliny, XXII. 34.

［29］ 也许值得注意的是，将干燥的植株和硝石与硫黄混合，这提供了制作火药的配方。

［30］ Cp. Pliny, XXI. 78.

［31］ 最后的句子也许已经遗失，无论如何它的意思已经丢失了。老普林尼的书数次提到"德谟克里特的治疗"，见于XX. 9, 13, 53; XXV. 6. 关于琉璃繁缕的汁液吸入鼻子参见Cp. Pliny, XXV. 92.

［32］ Galen, K. VI. P. 792 seq., XII. p. 31.

［33］ 有关邦费罗斯参见M. Wellmann, *Hermes*, LI. p. 1.

［34］ Galen, K. XIII. p. 996. 也见于K. XII. pp. 846, 946.

［35］ 关于御医参见R. Briau, *L' Archiatrie Romaine ou la médicine officielle dans l' Empire Romain*, Pairs, 1877, and G. Cros-Mayrevieille, "L' Assistance médicale dans l' antiquité," in *Revue Philanthropique*, Pairs, October, 1897.

［36］ Galen, K. XII. p. 626.

［37］ 词条保存在斯特拉斯堡大学图书馆，抄本MS. Als. 35, is an "Expositio theriacae Andromachi

et coelestis ut ex mithridati in officina Stroepliniana 1744." 参见 E. Wickersheimer in the *Bulletin de la Société de la Pharmacie*, March, 1920.

［38］ 更多关于中世纪糖浆和米特拉达梯的研究参见 H. Schelenz, *Geschichte der Pharmazie*, Berlin, 1904; A. Schmidt, *Drogen und Drogenhandel im Altertum*, Leipzig, 1924，他给予了安德洛马科斯解毒糖浆一个便捷的形态；参见同一作者的 *Die Kolner Apotheken*, Bonn, 1918; L. Lewin, *Die Gifte in der Weltgeschichte*, Berlin, 1920.

［39］ 安德洛马科斯的诗歌由 I.L. Ideler 印制，见于他所著的 *Physici et Medici graeciminores*, 2 vols., Berlin, 1841, I. p. 138; Galen, K. XIV. p. 32. 此首诗歌也见于大英博物馆藏十五世纪的手抄本：Additional 10053, F. 161 v.，以及另一份藏于威尼斯圣马可图书馆的抄本 MS. 281.

［40］ Galen, K. XII. p. 889.

［41］ 达摩克拉底这个文本片段由 C. Bussemaker 收录在了他所著的 *Fragmenta poematum rem naturalem vel medicinam spectantium*, Paris. 1850.

［42］ 保存于 Galen, K. XIII. p. 350.

［43］ Galen, K. XIII. p. 996.

［44］ 参见 M. Wellmann, Die Schrift des Dioskurides, περί απλών φαρμάκων, Berlin, 1914. 这部作品由 Wellmann 在自己编辑的 Dioskurides 中重印，见于该书第三卷，第150页。

［45］ 对迪奥斯科里德斯所描述植物最让人满意的鉴定见于 J. Berendes, *Des Pedanios Dioskurides aus Anazarbos Arzneimittellehre*, Stuttgart, 1902.

［46］ J. P. de Tournefort, *Relation d'un voyage du Levant*, Pairs, 1717.

［47］ 西布索普的《希腊植物志》（*Flora Graeca*）是其死后才出版的，一个十卷本的版本仅仅印刷了三十份，该书由 J. E. Smith 和 J. Lindley 在1806-1840年间出版。

［48］ 译者注：阿瑞斯是希腊神话中的战争之神，迪奥斯科里德斯是罗马军医，可能将其视为守护神。

［49］ R. Mock, *Pflanzliche Arzneimittel bei Dioskurides die schon in Corpus Hippocraticum vorkommen*, Inaug. Diss., Tübingen, 1919.

［50］ R. Schmidt, *Die noch gebräuchlichen Arzneimittel bei Dioskurides*, Inaug. Diss., Tübingen, 1919.

［51］ 迪奥斯科里德斯著作抄本研究是 M. Wellmann 的主要工作，他在此课题上花费了很大的精力，他的研究结论可见于 Pauly Wissowa, *Realencyclopädie*, Vol. V., Stuttgart, 1905; Vol. II 序言中他关于迪奥斯科里德斯的研究文字。更多的研究信息见于 H. Diels, *Die Handschriften der antiken Arzte*, II., Berlin, 1906. 一些结论见于 Charles Singer, *Studies in the History and Method of Science*, II. p. 64, Oxford, 1921.

［52］ C. Bonner, *Transactions of the American Philological Association*, LIII. 1922, p. 142.

［53］ 对于这一研究的一些参考书目见于J. de Karabacek, *De codicis Dioscuridei Aniciae Julianae*, Leyden, 1906, p. 83.

［54］ 对其中一些名称的讨论见于M. Wellmann, *Hermes*, XXXII. p. 369, Berlin, 1898.

［55］ 对艾丽西亚·朱莉安娜抄本各种来源的描述见于Charles Singer, *Studies in the History and Method of Science*, II. p. 63, Oxford, 1921.

［56］ 那不勒斯抄本的复制版见于*New Palaeographical Society*, II. Plate 45.

［57］ 剑桥大学有一个十五世纪较好的艾丽西亚·朱莉安娜抄本复制本Ee. 5.其他研究见于O. Penzig, *Contribuzione alla storia della botanica*, Genoa, 1904.

［58］ Paris 2091版本是一卷医学片段，在此讨论的图像出现在113-117页。在博洛尼亚有一部艾丽西亚·朱莉安娜抄本的子孙版本。

［59］ J. de M. Johnson, *A Botanical Papyrus with Illustrations*; *Archiv für Geschichte der Naturwissenschaften und der Technik*, VI. p. 403, Leipzig, 1912.

［60］ 译者注：原文为长22.7毫米，宽11.1毫米，核对国会图书馆网站公布的信息发现作者数据有误，在此更正，详见https://www.loc.gov/item/2021667641

［61］ 译者注：Phlommos据推测可能是毛蕊花，参见https://www.historyofinformation.com/detail.php?entryid=2234

［62］ Pliny, XIX. 8.

［63］ J. G. Sprengel, *De ratione quae in Historia plantarum inter Plinium et Theophrastum intercedit*, Marburg, 1890.

［64］ 编者Valentine Rose, Leipzig, 1894.

［65］ Munich 337.全本印刷见K. Hoffmann, T. M. Auracher and H. Stadler, in K. Vollmoller's *Romanische Forschungen*, I. 50; X. 181; X. 301; XI. 1. Erlangen, 1882-1897.

［66］ Vienna, Lat. 16. 见于Oder, *Berl. Phil. Wochens*., 1906, p. 522; Eichenfeld, *Wiener Jahrbuch der Litteratur*, XVI. p, 36.

［67］ Cassiodorus, *Institutio divinarum literarum*, c. 31. "Si vobis non fuerit graecarum litterarum nota facundia, imprimis habetis herbarium Dioscoridis qui hebas agrorum mirabilia proprietate disseruit atque depinxit."

［68］ 复制版见于P. Giacosa, *Magistri Salernitani nondum editi*, Rome, 1901. 本书第352页参见作者的文章。

［69］ 有大量采用贝内文托书写体的医学抄本源于意大利南部，其清单见于E. A. Lowe, The Beneventan Script, Oxford, 1914, pp. 18-19.不过也有许多意大利南部医学抄本并没有使用这种书写体。

［70］ 复制版见于O. Cockayne, Leechdoms, *Wortcunning, and Starcraft of Early England*, 3 vols., Vol. I., London, 1864.

［71］ 此幅扉页插图复制版见于E. Rohde, *Old English Herbals*, London, 1922. 本文图像使用获得了Messrs. Longmans, Green and Co. 的许可。

［72］ 抄本Vatican, Lat. 3868和Paris, Lat. 7859均创作于大约公元900年，巴黎抄本可以容易地通过一个复制本进行研究。

［73］ H. Stadler, *Janus*, IV. 548, Leyden, 1889.

［74］ 这本书由Johannes de Medemblich在意大利锡耶纳附近的科莱出版，这是唯一一次在科莱印刷出版。Hain-Copinger 6258, Proctor 7241.

［75］ 描述见于K. Sudhoff, *Archiv für Geschichte der Medizin*, X. 226, Leipzig, 1917.

［76］ 克罗斯堡俱乐部制作的复制版见于R. T. Gunther, *The Herbal of Apuleius Barbarus, from the early twelfth-century Manuscript formerly in the Abbey of Bury St. Edmunds*. The Roxburgh Club, Oxford, 1925.

［77］ 我很高兴可以从M. R.詹姆士（M. R. James）博士的私人来信中确定这一推断。

［78］ 描述及描绘见于K. Sudhoff, *Archiv für Geschichte der Medizin*, X. 105, Leipzig, 1916.

［79］ L. Traube, *Die lateinischen Handschriften in alter Capitalis und in Uncialis*，在这篇文章中并未给出这部抄本的任何出处，参见此作者的*vorlesungen und Abhandlungen*, Vol. I., Munich, 1909.

［80］ 在绝大多数阿普里乌斯草药志的文本之中也有聚合草（*Symphytum album*），这是一种与我们在此讨论的sinfitos不同的植物。

［81］ 艾丽西亚·朱莉安娜抄本中的片段已经不幸遗失了。

［82］ Rome, *Barberini*, 160.

［83］ M. Wellmann, Krateuas, in *Abh. d. kgl. Gesellschaft d. Wissenschaften zu Gottingen, Phil.-hist. Klasse*, Berlin, 1897.

［84］ 这本著作的十个抄本被记录见于H. Diels, *Die Handschriften der antiken Arzte*, Berlin, 1906. 但是许多其他的版本或多或少都有被篡改的现象。

［85］ H. F. Kastner, *Pseudo-Dioscoridis de Herbis Femininis*, in *Hermes*, XXXI. p. 578, Berlin, 1896.

［86］ 将十一世纪的Laur. Plut. 73/41与卡塞尔阿普列乌斯抄本、十世纪的巴黎6862号抄本以及阿普列乌斯的盎格鲁-撒克逊抄本进行比对

［87］ 参考书目见于Mr. A. D. Nock, Folklore, XXXVI. p. 93, London, 1925，在一篇文章中他纠正了作者的一些错误之处。

［88］ Sylvestre de Sacy, *Abd-Allatif Relation de l'Egypte*, pp. 495, 549.

［89］ E. H. F. Meyer, *Geschichte der Botanik*, Konigsberg, 1852-57, III. p. 136.

［90］ 迪奥斯科里德斯的作品在东方见于M. Steinschneider, "Die griechischen Aerzte in arabischen Uebersetzungen"; Virchow, *Archiv fur pathologische Anatomie usw.*, Vol. CXXIV. p. 480,

Berlin, 1891; "Die toxicologischen Schriften der Araber bis Ende des XII Jahrhunderts," Virchow, *Archiv* LII. p. 353, Berlin, 1871, "Heilmittelnamen der Araber," 还有一系列相关文章见于 the *Zeitschrift fyr Kunde der Morgenlande*, Vols. XI., XIII., Vienna, 1896−1900.

[91] G. Camus, *L' opera salernitana Circa Instans ed il testo primitive del Grant Herbier en Francois*, Modena, 1886.

[92] W. L. Schreiber, *Die Krauterbucher des XV. Und XVI. Jahrhunderts*，该书附有 Peter Schöffer 1565 年在美因茨出版的 *Hortus Sanitatis Deutsch*（*Gart der Gesundheit*）的复制版。

[93] A. Arber, *Herbals, their Origin and Evolution*, Cambridge, 1912; A. C. Klebs, "Incunabula Lists, Herbals," in *Papers of the Bibliographical Society of America*, XI. And XII, Chicago, 1918, and *Early Herbals*, Lugano, 1925: E. S. Rohde, *The Old English Herbals*, London, 1922, and C. Singer, "Herbals," in the *Edinburgh Review*, London, 1923.

[94] 除了在文中的致谢外，本人还要感谢 Messrs. Longmans，Miss E. S. Rohde，感谢伊顿公学的教务长允许我复制图版 5 中的图像，并允许我使用印刷这张图版的铅版。

植物学前史

附　录

1470—1670年主要草药志以及相关植物学著作出版目录

　　这个为植物学家而非书目编纂家准备的目录远未收罗详尽，特别是那些在十七世纪出版的著作，多数情况我只参考了第一版，之后的版本以及译本虽然常常数目众多且重要，但除非我在书中特别提到它们，通常并不会对其引用。本书如果引用这些版本的话，它们的书名会被置于第一版之下（例如，将其置于第一版的出版日期之后）。不过，本书是按照时间顺序对同一作者的独立著作进行排序的，这样一来，这个目录中所有给出作者名称的著作就不能聚集在一起，我们必须通过它们各自的出版日期对其进行检索；这个附录里的书名被收录在一般索引中。作者的名字，如果作者匿名我们通常使用书名，以上两者都用加粗字体印刷。除了两本书是以脚注形式收录外，本书所有列举到的著作都由作者亲自查阅。

1472年?

巴塞洛缪斯·安格利卡（Bartholomaeus Anglicus）　　他被错误地称为巴塞洛缪·德·格兰维尔（Glanville, Bartholomew de），《物性论》（*Liber de proprietatibus rerum*）。书名开头：Incipit prohemium de proprietatibus rerum fratris bartholomei anglici de ordine fratrum minorum? Cologne? 1472。这是一本综合著作，书中有一个章节探讨植物。

　　另一版本：《物性论》（*Liber de proprietatibus rerum*.? Westminster? 1495）。此译本由特里维萨（Trevisa）翻译，温肯·德·沃德（Wynkyn de Worde）印刷。

1475年

康拉德·冯·梅根贝格（**Konrad von Megenberg**）　他又被称为库拉特（Cunrat）。书名开头：《自然之书……汉斯·巴姆勒》（Hye nach volget das puch der natur… Hanns Bämler, Augspurg, 1475）。这是一本综合著作，书中有一个章节探讨植物。

1477年

埃米利乌斯·马切尔（**Macer，Aemilius**）　他又被称为欧杜（Odo）。书名开头：《马切尔哲学书，探讨动植物的各种属性和特效》（Incipit liber Macri philosophi in quo tractat de naturis qualitatibus et virtutibus Octuagintaocto herbarum），书籍尾页：Neapoli impressus per Arnoldum de Bruxella 1477。[1]

另一版本：《想要获知草药各种药效的人，来马切尔这里，他将指导你成为医生》（*Herbarum varias q vis cognoscere vires Macer adest: disce quo duce doct' eris*）。书名开头：《马切尔的特效草药书》（Macer floridus de viribus herbarum），书籍尾页：Impressus Parisius per Magistrum Johannem Seurre. Pro Magistro Petro Bacquelier，1506。

另一版本：《特效草药书，之前马切尔以拉丁文写成……本书全部翻译为法语》（Les fleurs du livre des vertus des herbes, composé iadis en vers Latins par Macer Floride:… Le tout mis en François, par M. Lucas Tremblay, Parisien… Rouen. Martin, et Honoré Mallard，1588。

1478年

迪奥斯科里德斯（**Dioscorides**）　书名开头：[（m）ulti voluerunt]本书有一个不起眼的注释开头：迪奥斯科里德斯笔记（Notādum…diascorides），书籍尾页：Impressus colle…ioh'em allemanum de Medemblik. 1478。这是《论药物》的第一个拉丁语印本。

另一版本：《论药物》（*περί ύλης ίατρικής*. Aldus Manutius, Venice, 1499）。这是《论药物》的第一个希腊语印本。

大阿尔伯特（**Albertus Magnus**）　《大阿尔伯特特效草药秘集》（Liber aggregationis seu liber secretorum Alberti magni de virtutibus herbarum ...）这部著

作被错误地归在他的名下。书籍尾页：per Magistrum Johannem de Annunciata de Augusta. 1478。[2]

另一版本：《植物、矿物、动物的特效和奇异之物的世界》（De virtutibus herbarum. De virtutibus lapidum De virtutibus animalium et mirabilibus mundi. Thomas Laisne，Rouen.? 1500）。

另一版本：《大阿尔伯特关于植物、矿物和某些动物特效的秘密之书，以及同一作者的另一本书：奇异之物的世界》（The book of secretes of Albartus Magnus, of the Vertues of Herbes, Stones and certaine beastes. Also a book of the same author, of the marvaylous things of the world.… London. Wyllyam Copland.? 1560）。

1481年? [3]

阿普列乌斯（Apuleius Platonicus）　　书名开头：《阿普列乌斯答马库斯·阿格里帕草药》（Incipit Herbarium Apulei Platonici ad Marcum Agrippam. J. P. de Lignamine. Rome,? 1481）。

1483年

泰奥弗拉斯特（Theophrastus）　　《植物本原六卷》（De causis plantarum lib. Ⅵ. Impressus Tarvisii per Bartholomaeum Confalonerium de Salodio. 1483），这是本书的第一个拉丁语印本。

另一版本：《植物本原》（περί Φυτῶν. Aldus Manutius, Venice, 1497），这是本书的第一个希腊语印本，它被收入阿尔丁·亚里斯多德的著作中。

1484年

《拉丁语草药志》（The Latin Herbarius）　　此书被许多作者称作《拉丁语草药志》（Herbarius in Latino）、《单味药汇方》（Aggregator de Simplicibus）、《美因茨草药志》（Herbarius Moguntinus）、《帕多瓦草药志》（Herbarius Patavinus）等。[Herbarius Maguntie impressus.（Peter Schöffer. Mainz.）1484]

另一版本：书名开头：Dye prologhe de oversetters uyt den latyn in dyetsche. [Veldener，Kuilenburg.] 1484.。这是一个佛兰芒语版本。

另一版本：书名开头：《草药功效专论》（Incipit Tractatus de virtutibus herbarum），

书籍尾页：（Impressum Venetiis per Simonem Papiensem dictum Biuilaquam ... 1499）。有时这本书也被称为《源自阿维森纳的阿诺德新草药志》（Herbarius Arnoldi de nova villa Avicenna）。

1485年

《德语草药志》（The German Herbarius）　此书被许多作者称作《德文草药志》（Herbarius zu Teutsch）、《健康花园》（Gart der Gesundtheit）、《德语健康花园》（the German Ortus Sanitatis）、《小型花园》（the smaller Ortus）、《约翰·冯·库伯草药志》（Johann von Cube's Herbal）等。书名开头：Offt und vil habe ich [Peter Schöffer.] Menca, 1485。

另一版本：书名开头：（Offt und vil hab ich [Schönsperger.] Augspurg, 1485.）

1491年

《健康花园》（Ortus Sanitatis, Hortus Sanitatis）　前言开头：全能永恒的上帝……（Omnipotentis eternique dei ...），书籍尾页：Jacobus Meydenbach. Moguntia, 1491。

另一版本：书籍尾页：Impressum Venetiis per Bernardinum Benalium: Et Joannem de Cereto de Tridino alias Tacuinum. 1511。

另一版本：《拉丁语翻译为法语版健康花园》（Ortus sanitates translate de latin en francois. Anthoine Verard. Paris, n. d.? 1501）。

另一版本：列·雅尔丹·德·桑特（Le Jardin de sante）由拉丁语将其翻译为法语，近来在巴黎出版。本书在巴黎圣雅克街出售，印刷社门口有"带皇冠的白玫瑰标志"，书籍尾页：Imprime a Paris par Philippe le noir.? 1539。

1500年

杰罗姆·布伦瑞克（Braunschweig, Hieronymus）　他又被称为Jerome of Brunswick,《单味药蒸馏技艺之书》（Liber de arte distillandi. De Simplicibus. Johannes Grüeninger. Strassburg, 1500）。

另一版本：《草药水蒸馏大全》（The vertuose boke of Distyllacyon of the waters of all maner of Herbes⋯ Laurens Andrewe. London, 1527）。

1516年

约翰内斯·卢利乌斯（**Ruellius, Johannes**）　他又被称为琴·吕埃尔（Ruel, Jean），《迪奥斯科里德斯论药物评注五卷》（Pedacii Dioscoridis Anazarbei de medicinali materia libri quinque… Impressum est in… Parrhisiorum Gymnasio… in officina Henrici Stephani. 1516）。

1525年

《草药志》（*Herball*）　《此处开始一种新的材料，将其称为草药志，用以展示草药的疗效和特性》（Here begynneth a newe mater, the whiche sheweth and treateth of ye vertues and proprytes of herbes, the whiche is called an Herball. Rychards Banches. London, 1525）。

另一版本：《马切尔草药志》（*Macers Herbal*. Practysyd by Doctor Lynacro. Robert Wyer. N. d. London,? 1530）。

另一版本：《马切尔新版草药志，由拉丁语翻译为英语》（A new Herball of Macer, Translated out of Laten in to Englysshe. Robert Wyer… in seynt Martyns Parysshe… beside Charynge Crosse. London, n. d.? 1535）。

另一版本：《一本称为草药志的书，书中记载植物特性并增加植物、花朵和种子的采集的时间》（A boke of the propreties of Herbes called an herbal, whereunto is added the tyme y herbes, Floures and Sedes shoulde be gathered… by W. C.[4] Wyllyam Copland. London, n. d. 1550）。

另一版本：《小型植物特性草药志，在书的末尾增添某些附录，以说明草药受到某些星星的影响》（A little Herball of the properties of Herbes… with certayne Additions at the ende of the boke, declaring what Herbes hath influence of certain Sterres… Anthony Askham, Physycyon. Jhon Kynge. London, n. d.）1555年或之后。

1526年前

《草药大全》（*Grand Herbier*）　《法国大型草药志：包含草本、树木和树胶的特性、功效和属性》（Le grand Herbier en Francoys: contenant les qualitez, vertus et proprietez des herbes, arbres, gommes.… Pierre Sergent. Paris, n. d）。

另一版本：《草药大全，书中提供了部分有关所有种类草药的知识和说明，以及它们的优良功效》（The grete herbal whiche geveth parfyt knowledge and understanding of all maner of herbes and there gracious vertues.…），书籍尾页：（Peter Treveris. London, 1526）。

另一版本:《草药大全》（The grete herbal…），书籍尾页：Imprynted at London… by me Peter Treveris… 1529。

1530年

奥托·布伦费尔修斯（Brunfelsius, Otho） 他又被称为奥托·冯·布伦菲尔斯（Otto von Brunfels），《植物写生图谱》（Herbarum vivae eicones.… Argentorati apud Joannem Schottum. 1530, 1, 6）另一个版本出版于1532年6月。

其他版本:《驳斥草药志之书》（Contrafayt Kreüterbuch. Strasszburg. Schotten. 1532, 7.），《驳斥草药志之书》（Kreüterbuch Contrafayt. Strasszburg. Schotten. 1534）。

1533年

罗丹·尤恰里乌斯（Rhodion, Eucharius） 他又被称为罗斯林（Rösslin）。《草药志，最早由约翰·古巴医生收集，现在因专注于全部草药而再版》（Kreutterbuch… Anfenglich von Doctor Johan Cuba zusamen bracht, Jetz widerum new Corrigirt… Mit warer Abconterfeitung aller Kreuter. Zu Franckfurt am Meyn, Bei Christian Egenolph, 1533）。这本书出现了众多的版本，主要由多尔斯蒂尼乌斯（Dorstenius）、朗尼切（Lonicerus）等编辑。

1536年

阿玛图斯·卢西塔努斯（Amatus Lusitanus） 他也被称为卡斯泰尔-布兰科（Castell–Branco）或J. R.德（J. R.de）。《迪奥斯科里德斯索引》（Index Dioscoridis… Excudebat Antverpiae vidua Martini Caesaris, 1536）。

约翰内斯·卢利乌斯（Ruellius, Johannes） 《论植物的本性三卷》（De Natura stirpium libri tres… Parisiis Ex officina Simonis Colinaei，1536）。

1537年

安东尼奥·穆萨·布拉萨沃拉（Brasavola, Antonio Musa） 《新单味药检

验大全》(Examen omnium Simplicium… Lugduni,… apud Ioannem et Franciscum Frellaeos, Fratres, 1537)。[5]

1538年

威廉·特纳（Turner, William）　《新草药志，除了专业名称之外还包含植物的希腊语、拉丁语和英语名称》(Libellus de re herbaria novus, in quo herbarum aliquot nomina greca, Latina, et Anglica habes, una cum nominibus officnarum… Londini apud Ioannem Byddellum, 1538)。

1539年

希罗尼穆斯·特拉格斯（Tragus, Hieronymus）　他又被称为杰罗姆·博克（Bock, Jerome），《新草药志，包含植物的区别、功效和名称》(New Kreütter Buch von underscheydt, würckung und namen… gedruckt zu Strassburg, durch Wendel Rihel, 1539)。

另一版本：《草药志》(*Kreütter Buch*. Wendel Rihel. Strasburg, 1546; Strassburg, 1551)。

另一版本：《论植物，特别是德国本土的植物，现在由大卫·基贝罗翻译为拉丁语》(De stirpium, maxime earum, quae in Germania nostra nascuntur… nunc in Latinam conversi, Interprete Davide Kybero…), 书籍尾页：Argentorati Excudebat Vuendelinus Rihelius… 1552。

1541年

康拉德·格斯纳（Gesnerus, Conradus）　他也被称为 Konrad Gesner，《源自迪奥斯科里德斯、保罗·埃伊纳……的植物描述和功效》(Historia plantarum et vires ex Dioscoride, Paulo Aegineta… Parisiis Apud Ioannem Lodoicum Tiletanum. 1541)。

1542年

莱昂哈杜斯·福修斯（Fuchsius, Leonhardus）　他也被称为莱昂哈特·富克斯（Leonhart Fuchs），《植物志论》(De historia stirpium… Basileae, in officina

Isingriniana··· 1542 ）。

另一版本:《新草药志》（ New Kreütterbuch. Michael Isingrin. Basell, 1543 ）。

另一版本:《莱昂哈特·富克斯医学，植物志评注第一卷，配有缩小版的生动图像》（ Leonharti Fuchsii medici, primi de stirpium historia commentariorum tomi vivae imagines, in exiguam··· formam contractae.··· Isingrin. Basileae, 1545 ）。

康拉德·格斯纳（Gesnerus, Conradus） 《植物拉丁语、希腊语、德语和法语名录》（ Catalogus plantarum latinè, graecè, Germanicè, et Gallicè.··· Tiguri apud Christoph. Froschouerum, 1542 ）。

1544年

彼得·安德烈亚斯·马特希洛斯（Matthiolus, Petrus Andreas） 他又被称为皮埃兰德雷亚·马蒂奥利（Mattioli, Pierandrea），《五卷本迪奥斯科里德斯药物描述意大利语译本》（ Di Pedacio Dioscoride Anazarbeo libri cinque Della historia, et materia medicinale tradotti in lingua volgare Italiana.··· Venetia per Nicolo de Bascarini da Pavone di Brescia, 1544 ）。

《六卷本迪奥斯科里德斯论药物评注》（ Commentarii, in libros sex Pedacii Dioscoridis Anazarbei, de medica materia.··· Venetiis··· apud Vincentium Valgrisium. 1554. ）

另一版本:《草药志》（ Herbarz: ginak Bylinar,··· Prague, 1562. ）

另一版本:《六卷本迪奥斯科里德斯论药物评注》（ Commentarii in sex libros Pedacii Dioscoridis Anazarbei de Medica materia,··· Venetiis, Ex Officina Valgrisiana, 1565 ）。

1548年

威廉·特纳（Turner, William） 《草药师和药剂师使用的植物希腊语名、拉丁语名、英语名、荷兰语名、法语名和俗名》（ The names of herbes in Greke, Latin, Englishe, Duche and Frenche with the commune names that Herbaries and Apotecaries use. John Day and Wyllyan Seres. London, 1548 ）。

1551年

威廉·特纳 《新草药志》（A new Herball. Steven Mierdman. London, 1551）。

《威廉·特纳草药志第二部分》（The second parte of Vuilliam Turners herbal, Arnold Birckman. Collen, 1562）。

《威廉·特纳草药志前两部分以及之后增添的第三部分》（The first and seconde partes of the Herbal of William Turner… with the third parte, lately gathered.… Arnold Birckman. Collen, 1568）。

1553年

阿玛图斯·卢西塔努斯（**Amatus Lusitanus**） 《对迪奥斯科里德斯五卷药物分析的评注》（In Dioscoridis Anazarbei de medica materia libros quinque enarrationes.… Venetiis, 1553），书籍尾页：（apud Gualterum Scotum）。

佩特鲁斯·贝鲁尼乌斯（**Bellonius, Petrus**） 他又被称为皮埃尔·贝隆（Belon, Pierre），《论树木，其中包括针叶树、分泌树脂的树以及其他常绿树》（De arboribus coniferis, resiniferis, aliis quoque nonnullis sempiternal fronde virentibus… Parisiis Apud Gulielmum Cavellat,… 1553）。

1554年

伦贝图斯·多东奈乌斯（**Dodonaeus, Rembertus**） 他又被称为伦伯特·多东斯（Rembert Dodoens），《草药志》（Cruydeboeck）， 书籍尾页：（Ghedruckt Tantwerpen… Jan vander Loe… 1554）。

另一版本：《植物志，最新由克卢修斯翻译为法语》（Histoire des plantes,… Nouvellement traduite… en Francois par Charles de l' Escluse. Jean Loë. Anvers, 1557）。

另一版本：《新草药志，植物志，首次由亨利·莱特先生从法语翻译为英语》（A Nievve Herball, or Historie of Plantrs: nowe first translated ou of French into English, by Henry Lyte Esquyer. At London by me Gerard Dewes.… 1578），书籍尾页：Imprinted at Antwerpe, by me Henry Loë Bookeprinter, and are to be solde at London in Povvels Churchyarde, by Gerard Devves。[6]

1559年

巴塞洛缪斯·马兰塔（**Maranta, Bartholomaeus**） 《三卷本单味药方》
（Methodi cognoscendorum simplicium libri tres. Venetiis Ex officina Erasmiana
Vincentii Valgrisii, 1559）。

1561年

路易吉·安圭拉拉（**Anguillara, Luigi**） 《灵验单味药方，它们源自众
多对贵族的书面诊断建议当中，由乔瓦尼·马里内洛先生再次发掘》（Semplici
dell' eccellente M. L. A., Liquali in piu Pareri a diversi nobili huomini scritti appaiono,
Et Nuovamente da M. Giovanni Marinello mandate in luce. In Vinegia··· Vincenzo
Valgrisi, 1561）。

瓦勒留·科尔都斯（**Cordus, Valerius**） 《由瓦勒留·科尔都斯撰写的迪奥
斯科里德斯药物论评注》（In hoc volumine continentur Valerii Cordi··· Annotationes
in Pedacii Dioscoridis··· de Medica materia··· eiusdem Val. Cordi historiae stirpium
lib. Ⅳ··· Omnia··· Conr. Gesneri··· collecta, et praefationibus illustrata.）书籍尾页：
（Argentorati excudebat Iosias Rihelius, 1561）。

1563年

加西亚·霍顿（**Horto, Garcia ab**） 他又被称为德·奥尔塔（de Orta）
《印度的单味药、麻醉药和药用之物对谈录》（Coloquios dos simples, e Drogas he
cousas medicinais da india.··· Impresso em Goa, por Ioannes de endem as X. dias de
Abril de 1563, annos）。

1564年

安东尼乌斯·米扎尔杜斯（**Mizaldus, Antonius**） 他又被称为安托万·米
佐尔德（Mizauld, Antoine），《阿列克谢普斯，辅助性花园》（Alexikepus, seu
auxiliaris hortus··· Lutetiae, Apud Federicum Morellum··· 1564）。

1566—1568年

伦贝图斯·多东奈乌斯（**Dodonaeus, Rembertus**） 《谷类、豆类、湿生

和水生植物志》（Frumentorum, leguminum, palustrium et aquatilium herbarum…
historia:… Antverpiae, Ex officina Christophori Plantini, 1566）。

《花卉和芳香花冠草药志》（Florum, et coronariarum odoratarumque nonnullarum
herbarum historia… Antverpiae, Ex officina Christophori Plantini, 1578）。

1569年

尼古拉斯·莫纳德斯（Monardes, Nicolas）　《治疗所有病症的西印度药物
两卷书》（Dos libro, el veno que trata de todas las cosas que traen de nuestras Indias
Occidentales… Impressos en Sevilla en casa de Hernando Diaz… 1569）。

《治疗所有病症的西印度药物第二部分》（Segunda parte del libro, de las cosas
que se traen de nuestras Indias Occidentales… En sevilla En casa Alonso Escrivano,
1571）.

《从西印度带回之物的医学描述三卷书》（Primera y segunda y tercera partes
de la historia medicinal de las cosas que se traen de nuestras Indias Occidentales… En
Sevilla, 1574）。

另一版本：《来自新世界的好消息，书中记录了多种稀有且具独特药效的
草药》（Joyfull newes out of the newe founde worlde, wherein is declared the rare
and singular vertues of diverse… Hearbes…），由约翰·弗兰普敦·马钱特（Jhon
Frampton Marchaunt）翻译为英文（伦敦，W.诺顿（W. Norton），1577年）。这本
书的出版者在同一时间以其他书名出版了这本书：《由著名的医生莫纳德斯以西班
牙语完成这三卷书，约翰·弗兰普敦·马钱特将其译为英文》。

1570年

帕拉塞尔苏斯（Paracelsus）　他又被称为博姆巴斯茨·冯·霍恩海姆
（Bombast von Hohenheim），《经验丰富且著名的菲利普·塞奥弗拉斯特·帕拉塞
尔苏斯的数篇论著：1.自然事物，2.一些草药的描述，3.金属，4.矿物，5.宝石》
（Ettliche Tractatus des hocherfarnen unnd berümbtesten Philippi Theophrasti Paracelsi…
Ⅰ. Von natürlichen dingen. Ⅱ. Beschreibung etilcher kreütter. Ⅲ. Von Metallen. Ⅳ.
Von Mineralen. Ⅴ. Von Edlen Gesteinen. Strassburg. Christian Müllers Erben, 1570）。

《帕拉塞尔苏斯的处方集及外科学，由 W. D. 翻译的忠实英译本》（Paracelsus

his Dispensatory and Chirurgery··· Faithfully Englished, by W. D. London: Printed by T. M. for Philip Chetwind··· 1656）。

1570（1年）

马赛厄斯·洛贝琉斯（**Lobelius, Mathias**）　他又被称为德·洛贝尔（de l'Obel）、马赛厄斯·德·洛贝尔（de Lobel，Mathias）或彼得·佩纳（Pena, Petrus），《新植物备忘录》（Stirpium adversaria nova. Londini. 1570）书籍尾页：（Londini. 1571··· excudebat prelum Thomae Purfoetii）。

另一版本：《新植物备忘录》（Nova Stirpium adversaria,··· Antverpiae Apud Christophorum Plantinnum, 1576）。

《植物志，附有目录清单》（Plantarum seu stirpium historia,··· Cui annexum est Adversariorum volume. Antverpiae, Ex officina Christophori Plantini, 1576）。

另一版本：《草药志》（Kruydtboeck. T' Antwerpen. By Christoffel Plantyn, 1581）。

1571年

彼得·安德烈亚斯·马特希洛斯（**Matthiolus, Petrus Andreas**）　《植物纲要，迪奥克里斯德斯评注》（Compendium De Plantis omnibus··· de quibus scripsit suis in commentariis in Dioscoridem editis··· Accessit praetera ad calcem Opusculum de itinere, quo e Verona in Baldum montem Plantarum refertissimum itur··· Francisco Calceolario··· Venetiis, In Officina Valgrisiana, 1571）。

尼古拉斯·温克勒（**Winckler, Nicolaus**）　《常备草药、花卉和种子志》（Chronica herbarum, florum, seminum,··· Augustae Vindelicorum, in officina Typographica Michaelis Mangëri, 1571）。

1574年

伦贝图斯·多东奈乌斯（**Dodonaeus, Rembertus**）　《提纯的药物以及制作所用的其他物品，包括根茎类、旋花类和有毒药物描述四卷》（Purgantium aliarumque eo facientium, tum et Radicum, Convolvulorum ac deleteriarum herbarum historiae libri Ⅳ. Antverpiae, Ex officina Christophori Plantini, 1574）。

1575年

巴塞洛缪斯·卡里克特（**Carrichter, Bartholomaeus**） 《草药志》
（Kreutterbuch … Gedruckt zu Strassburg … bey Christian Müllers, 1575）。

1576年

卡罗卢斯·克卢修斯（**Clusius, Carolus**） 他也被称为莱克鲁斯（l'Écluse）
或查尔斯·德·莱克鲁斯（l'Écluse, Charles de），《卡罗卢斯·克卢修斯·阿特
雷巴特，西班牙一些稀有植物的观察描述》（Caroli Clusii Atrebat. Rariorum aliquot
stirpium per Hispanias observatarum Historia… Antverpiae, Ex officina Christophori
Plantini… 1576）。

1578年

克里斯托瓦尔·阿科斯塔（**Acosta, Christoval**） 《东印度植物药专
论》（Tractado de las drogas y medicinas de las Indias Orientales con sus Plantas. En
Burgos. Por Martin de Victoria… 1578）。

莱昂哈特乌斯·特恩奈瑟斯（**Thurneisserus, Leonhardus**） 莱昂哈特·特
恩奈瑟尔·苏姆·特恩（Leonhardt Thurneisser zum Thurn），《植物志》（Historia
sive description plantarum… ），书籍尾页：Berlini Excudebat Michael Hentzske, 1578.

另一版本:《国内外所有土生之物的影响、要素以及自然功效描述》（Historia
unnd Beschreibung Influentischer, Elementischer und Natürlicher Wirckungen, Aller
fremden unnd Heimischen Erdgewechssen… ），书籍尾页：Gedruckt zu Berlin, bey
Michael Hentzske, 1578。

另一版本:《植物志》（Historia sive description plantarum… Coloniae Agrippinae,
apud Ioannem Gymnicum… 1587。

1580年

伦贝图斯·多东奈乌斯（**Dodonaeus, Rembertus**） 《葡萄及葡萄酒志，以
及其他类别的描述》（Historia vitis vinique: et stirpium nonnullarum aliarum. Coloniae
Apud Maternum Cholinum, 1580）。

1581年

马赛厄斯·洛贝琉斯（**Lobelius, Mathias**） 他又被称为德·洛贝尔（de l'Obel）、马赛厄斯·德·洛贝尔（de Lobel, Mathias），《植物与植物图谱》（Plantarum seu stirpium icons. Antverpiae Ex officina Christophori Plantini, 1583）。

1582—1583年

莱昂哈德·劳沃尔夫（**Rauwolff, Leonhard**） 《1582—1583年莱昂哈德·劳沃尔夫在布尔根兰的奥夫冈地区旅行游记》（Leonharti Rauwolfen… Aigentliche beschreihung der Raiss, so er vor diser zeit gegen Auffgang inn die Morgenländer… 1582, 1583）。这是一部旅行游记，但是书的第四部分有一个独立的书名《莱昂哈德·赖因米歇尔车行劳因根》（Getruckt zu Laugingen, durch Leonhart Reinmichel），时间可追溯到1583年，这部分包含了许多外国植物的木刻版画。

1583年

安德烈亚斯·凯萨尔皮努斯（**Caesalpinus, Andreas**） 他也被称为安德里亚·切萨皮诺（Cesalpino, Andrea），《论植物十六卷》（De plantis libri XVI… Florentiae, Apud Georgium Marescottum, 1583）。

卡罗卢斯·克卢修斯（**Clusius, Carolus**） 《潘诺尼亚、奥地利以及邻近地区珍稀植物志》（Car. Clusii atrebatis Rariorum aliquot Stirpium, per Pannoniam, Austriam, et vicinas… Historia… Antverpiae Ex officina Christophori Plantini, 1583）。

伦贝图斯·多东奈乌斯（**Dodonaeus, Rembertus**） 《六乘五三十卷植物志》（Stirpium historiae pemptades sex. Sive libri XXX… Antverpiae Ex officina Christophori Plantini, 1583）。

1584年

杰弗罗伊·利尼科（**Linocier，Geofroy**） 《由拉丁语翻译为法文版植物志》（L' histoire des plantes, traduicte de latin en François:… à Paris, Chez Charles Macé… 1584）。

1585年

卡斯托·杜兰特（**Durante, Castor**）　《新编草药志》（Herbario Nuovo…
Roma, Per Iacomo Bericchia, e Iacomo Turnierii, 1585）。另一版本出现在同一时期，
由巴托洛梅奥·邦法迪诺（Bartholomeo Bonfadino）和蒂塔·迪亚尼（Tita Diani）
出版。

《健康花园》（Hortulus sanitates… Ein… Gahrtlin der Gesundtheit… Durch Petrum
Uffenbachium… Getruckt zu Frankfortam mayn, durch Nicolaum Hoffmann, 1609）。

1586年

彼得·安德烈亚斯·马特希洛斯（**Matthiolus, Petrus Andreas**）　《植物概
要论，由博士约阿希姆·卡梅隆增补，这是一部去往巴尔都斯山旅程的独特之
书》（De plantis Epitome utilissima… aucta et locupletata, a D. Ioachimo Camerario…
accessit… liber singularis de itinere… in Baldum montem… auctore Francisco
Calceolario Francofurti ad Moenum, 1586）。

《草药志，由博士约阿希姆·卡梅隆增补》（Kreuterbuch… Jetzundt… gemehret
und verfertiget Durch Ioachimum Camerarium… Getruckt zu Franckfurt am Mayn,
1586）。

雅克·列·穆瓦纳·德·莫格斯（**Le Moyne de morgues, Jacques**）　《香榭
丽舍大街》（La Clef des Champs… Imprimé aux Blackfriers, 1586）。

1586—1587年

雅各布斯·达莱汉普乌斯（**Dalechampius, Jacobus**）　他又被称为达莱汉
普斯（d'Aléchamps）或雅克·达莱汉普斯（Daléchamps, Jacques），《综合植物
志》（Historia generalis plantarum… Lugduni, apud Gulielmum Rovillium, 1586, 7）。

1588年

约阿希姆·卡梅隆（**Camerarius, Joachim**），《医生与哲学家花园》（Hortus
medicus et philosophicus:… Francofurti ad Moenum, 1588）。

《花园常见植物写生图像》（Icones accurate… delineatae praecipuarum stirpium,
quarum descriptions tam in Horto… Impressum Francofurti ad Moenum, 1588）。这些

图像通常与《医生花园》（Hortus medicus）有密切联系。

约翰·巴蒂斯塔·波尔塔（**Porta, Johannes Baptista**）　他也被称为吉安巴蒂斯塔·波尔塔（Giambattista Porta），《草药形补学》（Phytognomonica… Neapoli, Apud Horatium Saluianum. 1588）。

1588—1591年
塔伯纳蒙塔努斯（**Tabernaemontanus**）　他又被称为雅各布·西奥多鲁斯（Theodorus, Jacobus），《新草药志》（Neuw Kreuterbuch… Frankfurt am Mayn, 1588），书籍尾页：durch Nicolaum Bassaeum, 1591。

另一版本：《植物与植物图鉴》（Eicones plantarum seu stirpium. Nicolaum Bassaeum, Francofurti ad Moenum, 1590）只有这个版本拥有插图。

另一版本：《新编草药大全，由加斯帕尔·博安增补》（Neuw vollkommentlich Kreuterbuch… gemehret, Durch Casparum Bauhinum… Franckfurt am Mayn, Durch Nicolaum Hoffman, In verlegung Johannis Bassaei und Johann Dreutels, 1613）。

1592年
普洛斯彼·阿尔皮诺斯（**Alpinus, Prosper**）　他又被称为普洛斯彼罗·阿尔皮诺（Alpino, Prospero），《论埃及植物》（De plantis Aegypti… Venetiis… Apud Franciscum de Franciscis Senensem, 1592）。

法比乌斯·科隆纳（**Columna, Fabius**）　他也被称为法比奥·科隆纳（Colonna, Fabio），《植物检验》（Phytobasanos sive plantarum aliquot historia… Ex Offcina Horatii Saluiani. Neapoli, 1592. Apud Io. Iacobum Carlinum, et Antonium Pacem）。

亚当·扎鲁赞斯基·冯·扎鲁赞（**Zaluziansky von Zaluzian, Adam**），《草药方三卷》（Methodi herbariae libri tres. Pragae, in officina Georgii Dacziceni, 1592）。

1596年
加斯帕鲁斯·鲍维努斯（**Bauhinus, Casparus**）　他又被称为加斯帕尔·博安（Bauhin, Gaspard），《植物学条目与植物登记》（Phytopinax seu enumeration plantarum… Basileae, per Sebastianum Henricpetri, 1596）。

1597年

约翰·杰勒德（**Gerard, John**）　　他也被称为John Gerarde，《草药志》或《通俗植物志》（The Herball or Generall Historie of Plantes… Imprinted at London by John Norton, 1597）。

另一版本：《草药志》或《通俗植物志，本书由伦敦市民和药剂师托马斯·约翰逊修订并大规模扩充》（The Herball or Generall Historie of Plantes… Very much Enlarged and Amended by Thomas Johnson Citizen and Apothecarye of London. London, Printed by Adam Islip, Joice Norton and Richard Whitakers, 1633）。

另一版本：没有重要的修订，1636年。

1601年

加斯帕鲁斯·鲍维努斯（**Bauhinus, Casparus**）　　《里昂通俗植物志评注》（Animadversiones in historiam generlem plantarum Lugduni editam… Francoforti, Excudebat Melchior Hartmann, Impensis Nicolai Bassaei… 1601）。

卡罗卢斯·克卢修斯（**Clusius, Carolus**）　　他也被称为莱克鲁斯（l'Écluse）或查尔斯·德·莱克鲁斯（l'Écluse，Charles de），《珍稀植物志》（Caroli Clusii atrebatis,… rariorum plantarum historia… Antverpiae Ex officina Plantiniana Apud Joannem Moretum, 1601）。

1606年

法比乌斯·科隆纳（**Columna, Fabius**）　　《艺格敷词》（Minus cognitarum stirpium aliquot, Ekphrasis… Romae. Apud Guilielmum Facciottum, 1606）。

此书另一部分（Pats altera. Romae. Apud Jacobum Mascardum, 1616）。

阿德里安乌斯·斯皮格留斯（**Spigelius, Adrianus**）　　他又被称为阿德里安·斯皮格尔（Spieghel, Adrian）《草药绪论二卷》（Isagoges in rem herbariam Libri Duo… Patavii, Apud Paulum Meiettum. Ex Typographia Laurentii Pasquati, 1606）。

1611年

保罗·瑞尼莫斯（**Renealmus, Paulus**）　　他又被称为保罗·瑞尼尔（Reneaulme, Paul），《植物标本志》（Specimen Historiae Plantarum. Parisiis, Apud

Hadrianum Beys… 1611）。

1612年

约翰·西奥多·德·布里（**Bry, Johann Theodor de**）　《花谱新鉴》（Florilegium Novum. Cive Oppenheimense, 1612）。

另一版本：《增修花谱新鉴》（Florilegium Renovatum. Prostat Francofurti apud Matthaeum Merianum, 1641）。

1613年

巴西利乌斯·贝斯勒乌斯（**Beslerus, Basilius**）　他又被称为巴西利·贝斯勒（Besler, Basil），《艾希施泰特花园》（Hortus Eystettensis… 1613）。

1614年

克里斯皮安努斯·帕塞乌斯（**Passaeus, Crispianus**）　他又被称为克里斯皮安·德·帕塞（Passe, Crispian de），《群芳之园》（Hortus Floridus… Extant Arnhemii. Apud Ioannem Ianssonium… 1614）。

另一版本：《鲜花之园》（A Garden of Flowers… Printed at Utrecht, By Salomon de Roy, 1615）。

1615年

弗朗西斯科·埃尔南德斯（**Hernandez, Francisco**）　《新西班牙所用药物的属性和功效四卷，弗朗西斯科·西梅内斯翻译》（Quatro libros. de la naturaleza, y virtudes de las plantas,… en el uso de Medicina en la Nueva Espana… Traduzido… Francisco Ximenez… En Mexico… Viuda de Diego Lopez Davalos… 1615）。

1616年

约翰·奥洛里努斯（**Olorinus, Johanne**）　他又被称为来自茨维考的约翰·索玛（Sommer, Johann, aus Zwickau），《一百种神奇的植物》（Centuria Herbarum Mirabilium Das ist: Hundert Wunderkräuter… Magdeburgk, Bey Levin Braunss… 1616）。

《一百种神奇的树木》（Centuria Arborum Mirabilium Das ist: Hundert Wunderbäume … Magdeburgk, Bey Levin Braunss… 1616）。

1619年

约翰·鲍维努斯（**Bauhinus, Joannes**）　他又被称为吉恩·博安（Bauhin, Jean）或 J. H. 查鲁乌斯（Cherlerus, J, H.），《吉恩·博安普通植物志初编》（J. B. … et J. H. C. … historiae plantarum generalis… prodromus… Ebroduni, Ex Typographia Societatis Caldorianae, 1619）。

一个更全的版本：《通用植物志》（Historia plantarum universalis … Quam recensuit et auxit… Chabraeus… publici fecit, Fr. Lud. A Graffenrid… Ebroduni, 1650, 1）。

1620年

加斯帕鲁斯·鲍维努斯（**Bauhinus, Casparus**）　《植物学大观序论》（Prodromos Theatri botanici… Francofurti ad Moenum, Typis Pauli Jacobi, impensis Ioannis Treudelii, 1620）。

1622年

丹尼尔·拉贝儿（**Rabel, Daniel**）　他又被称为阿农（Anon），《花卉大观》（Theatrum Florae. Apud Nicolaum Mathonier, 1622）[7]。

另一版本：《花卉大观》（Theatrum Florae In quo Ex toto Orbe selecti Mirabiles … Lutetiae Parisiorum Apud Petrum Firens, 1633）。

1623年

加斯帕鲁斯·鲍维努斯（**Bauhinus, Casparus**）　《植物学大观登记》（Pinax theatri botanici… Basileae Helvet. Sumptibus et typis Ludovici Regis, 1623）。

1625年

约翰·波普（**Popp, Johann**）　《草药志》（Krauter Buch… nach rechter art der Signaturen der himlischen Einfliessung nicht allein beschrieben… Leipzig, In Verlegung Zachariae Schurers, und Matthiae Gotzen… 1625）。

1628年

居伊·德·拉·布罗斯（**Brosse, Guy de la**）　《论植物的本质、功效和应用》（De la Nature, Vertu, et Utilité des Plantes… Chez Rollin Baragnes… 1628）。

1629年

托马斯·约翰逊（**Johnson, Thomas**）　《公元1629年7月13日，十个同伴在肯特郡进行的植物研究旅行》（Iter plantarum investigationis Ergo Susceptum A decem Sociis, in Agrum Cantianum. Anno Dom. 1629. Iulii 13. Ericetum Hamstedianum Sive Plantarum ibi crescentium observation habita, Anno eodem I. Augusti Descripta studio, et opera Thomae Iohnsoni）只在牛津大学莫德林学院藏有作者已知的一份书稿。

另一版本：《肯特郡旅行中的植物描述》（Descriptio Itineris Plantarum… in Agrum Cantianum… et Enumeratio Plantarum in Ericeto Hampstediano locisque vicinis Crescentium… Excudebat, Tho. Cotes. London, 1629）。

约翰·帕金森（**Parkinson, John**）　《尘世天堂里的阳光花园，栽种各种令人愉悦花卉的花园，这些花卉均可在英国生长》（Paradisi in Sole Paradisus Terrestris. A Garden of all sorts of pleasant flowers which our English ayre will permit to be noursed up…），书籍尾页：London, Printed by Humfrey Lownes and Robert Young at the signe of the Starre on Bread-street hill, 1629。

1631年

安东尼奥·多纳蒂（**Donati, Antonio**）　《单味药专论》（Trattato de semplice, … in Venetia… Appresso Pietro Maria Bertano, 1631）。

1634年

托马斯·约翰逊（**Johnson, Thomas**）　《梅尔克利乌斯植物学》（Mercurius Botanicus: … Londini, Excudebat Thom. Cotes, 1634）。

1640年

约翰·帕金森（**Parkinson, John**）　《植物学大观：植物的剧场，或扩增版草药志》（Theatrum botanicum: the theater of plants, or, an herbal of a large extent…

London, Printed by Tho. Cotes, 1640）雕刻的副标题用词不同于书名。

1649年

尼古拉斯·卡尔佩珀（**Culpeper, Nicholas**） 《药物指南，翻译自伦敦医师学会的药典，新增数百个处方》（A Physicall Directory or A translation of the London Dispensatory Made by the College of Physicians in London… with many hundred additions… London, Printed for Peter Cole… 1649）。

另一版本：《英国医师增订药典》（The English Physitian enlarged… London, Printed by Peter Cole… 1653）。

1650年

威廉·豪（**How, William.**） 《英国植物学》（Phytologia Birtannica, natales exhibens Indigenarum stirpium sponte Emergentium. Londoni, Typis Ric. Cotes, Impensis Octaviani Pulleyn, 1650）。

1656年

威廉·科勒（**Cole, William**） 他又被称为威廉·科勒斯（Coles, William），《单味药技艺》（The Art of Simpling. London, Printed by J. G. foe Nath: Brook, 1656）。

1657年

威廉·科勒（**Cole, William**） 《伊甸园里的亚当》（Adam in Eden: or, Natures Paradise… London, Printed by J. Streater, for Nathaniel Brooke… 1657）。

1658年

加斯帕鲁斯·鲍维努斯（**Bauhinus, Casparus**） 《植物剧场，植物志》（Caspari Bauhini… Theatri botanici sive historiae plantarum… liber primus editus opera et cura Io. Casp. Bauhini. Basileae. Apud Joannem Konig, 1658）。

1659年

罗伯特·洛弗尔（**Lovell, Robert**） 《植物学手册，草药志大全》（Pambotanologia, sive Enchiridion botanicum, or a compleat herbal… Oxford, Printed by William Hall, for Ric. Davis… 1659）。

1662年

约翰内斯·琼斯顿努斯（**Jonstonus, Johannes**） 《木本植物志十卷》（Dendrographias sive historiae naturalis de arboribus et fruticibus… libri decem… Francofurti ad Moenum. Typis Hieronymi Plichii. Sumptibus Haeredum Matthaei Meriani 1662）。

1664年

罗伯特·特纳（**Turner, Robert**） 《植物学，英国医生：英国植物的特性与功效》（Botanologia The British Physician: or, The Nature and Vertues of English Plants. London, Printed by R. Wood for Nath. Brook, 1664）。

1666年

多梅尼科·查布拉埃斯（**Chabreaus, Dominicus**） 他也被称为D.查伯瑞（Chabrey, D.），《植物图鉴》（Strpium icons et sciagraphia… Genevae, Typis Phil. Gamoneti et Iac. Da la Pierre, 1666）。

1667（8年）

乌利希斯·阿尔德罗万德斯（**Aldrovandus, Ulysses**） 他又被称为乌利塞·阿尔德罗万迪（Aldrovandi, Ulisse），《树木志两卷》（Ulyssis Aldrovandi… Dendrologiae naturalis scilicet arborum historiae libri duo… Bononiae typis Io. Baptistae Ferronii. 1667, 8.）这部冠以阿尔德罗万迪名字，由O.蒙塔尔巴尼（O. Montalbani）编辑的著作，是否是其遗作很值得怀疑。

1670年

佩特鲁斯·尼兰特（**Nylandt, Petrus**） 《荷兰草药志》（De Nederlandste Herbarius of Kruydt–Boeck… t' Amsterdam, voor Marcus Doornick… 1670）。

注 释

[1]　本书作者检阅了这部相当珍稀著作的照片翻拍复制本，复制本来自曼彻斯特约翰·赖兰
　　　　兹图书馆。

[2]　这部著作可能并不是初版。

[3]　《铭刻全录》（*Gesamtkatalog der Wiegendrucke*）给出的时间是1483年4月，但是F. W. T.
　　　　Hunger（19352）给出的时间是1481年。

[4]　从姓名首字母"W. C."可能涉及威廉·科普兰（William Copland），或者又是推测是沃
　　　　尔德·卡里（Walter Cary），参见附录2巴洛（Barlow）。

[5]　本书参考过一个1536年版本，但是没有发现作者名字。

[6]　该版本也有一个变体的书名页，在其中迪维斯由以下语句所替换"亨利·罗伊（Henry
　　　　Loe）在安特卫普重印"。

[7]　该版本以及1627年的版本中都未看到作者名字，研究见Savage（19231），见附录二。

本书参考的史料类和文献类目录（以作者姓氏首字母顺序排列）

Adam, M. (1620)   Vitae Germanorum Medicorum. Heidelberg.

Adanson, M. (1763)   Familles des Plantes. Contenant une Préface Istorike sur l'tat ancien et actuel de la Botanike. Paris.

Alcock, R. H. (1876)   Botanical Names for English Readers. London.

Arber, A. (1913[1])   The Botanical Philosophy of Guy de la Brosse. Isis, vol. i, pp. 361–9.

Arber, A. (1913[2])   Nehemiah Grew, 1641–1712. In Makers of British Botany, edited by F. W. Oliver. Cambridge.

Arber, A. (1921)   The Draughtsman of the Herbarum Vivae Eicones. Journ. Bot., vol. lix, pp. 131–2.

Arber, A. (1928)   On a French version of the herbal of Leonard Fuchs. Notes and Queries, vol. cliv, pp. 381–3.

Arber, A. (1931)   Edmund Spenser and Lyte's "Nievve Herball. Notes and Queries, vol. clx, pp. 345–7.

Arber, A. (1936)   A Recent Discovery in Sixteenth Century Botany. Nature, vol. cxxxvii, pp. 258–9.

Avoine, P. J. d'   See **Morren, C.**

Baldensperger, L.   See **Crowfoot, G. M.**

Banchi, L.   See **Fabiani, G.**

Barlow, H. M. (1913)   Old English Herbals. 1525–1640. Proc. Roy. Soc. Med., vol. vi (Sect. Hist. Med.), pp.108–49.

Bauhin, J. (1591)   De Plantis à Divis Sanctis.... Additae sunt Conradi Gesneri Medici Clariss. Epistolae... à Casparo Bauhino. Basileae Apud Conrad. Wald– kirch.

Béguinot, A. (1909)   Flora Padovana, pt. i. Padua.

Bellini, R. (1898)   Gli autograft dell' "Ekphrasis di Fabio Colonna. Nuovo Giomale Bot. Ital., vol. v, N.S., pp. 45–56.

Berendes, J. (1902)   Des Pedanios Dioskurides aus Anazarbos Arzneimittellehre... übersetzt. .. von. J. Berendes. Stuttgart.

Britten, J. (1881)   The Names of Herbes. by William Turner. a.d. 1548. Edited by James Britten. London.

Britten, J. & Holland, R. (1886)   A Dictionary of English Plant-names. English Dialect Society. London.

Broadwood, L. E. (1925)   The Magical Herb Wormwood in Switzerland Folklore, vol. xxxvi, pp. 387–8.

Brosig, M. (1883)   Die Botanik des lteren Plinius. Kgl. evangel. Gymnasium zu Graudenz. xvii. Jahresber. über das Schuljahr Ostern 1882 bis Ostern 1883. Programm 32., pp. 1–30.

Camus, G. (1886)   L' Opera Salemitana "Circa Instans ed il testo primitivo del "Grant Herbier en Francoys. Memorie della Regia Accademia di Scienze, Lettere ed Arti in Modena, ser. ii, vol. iv, Mem. della Sezione di Lettere, pp. 49–199.

Camus, J. (1894)   Les Norns des Plantes du Livre d'Heures d'Anne de Bretagne. Journ. de Bot., vol. viii, pp. 325– 35, 345–52, 366–75, 396–401.

Camus, J. (1895)   Historique des premiers herbiers. Malpighia, Anno 9, pp. 283–314.

Candolle, C. de(1904)   L'Herbier de Gaspard Bauhin déterminé par A. P. de Candolle. Bull. de 1'herbier Boissier,ser. ii, vol. iv, pp. 201–16, 297–312, 458–74, 721–54.

Choate, H. A. (1917)   The Earliest Glossary of Botanical Terms; Fuchs 1542. Torreya, vol. xvii, pp. 186–201.

Choulant, L. (1832)   Macer Floridus de viribus herbarum. . .secundum codices manuscriptos... recensuit... Ludovicus Choulant.... Lipsiae.

Choulant, L. (1841, 1926)   Handbuch der Bücherkunde für die aeltere Medizin. 2nd ed. Leipsic, 1841. (Reprinted in facsimile, 1926.)

Choulant, L.
(1857,1858, 1924)

Botanische und anatomische Abbildungen des Mittelalters. Archiv für die zeichnenden Knste.Jahrg. in, pp. 188–309. (Reprinted in 1858 as Graphische Incunabeln für Naturgeschichte und Medizin; and in facsimile under this title in 1924, Leipsic.)

Christ, H. (1912)

Die illustrierte spanische Flora des Carl Clusius vom Jahre 1576. sterreich. bot. Zeitschrift, vol. lxii, pp. 132–5, 189–94, 229–38, 271–5.

Christ, H.(1912, 13)

Die ungarische–sterreichische Flora des Carl Clusius vom Jahre 1583. sterreich. bot.Zeitschrift, vol. lxii, pp. 330–4, 393–4, 426–30; vol. lxiii, pp. 131–6, 159–67.

Christ, H. (1913)

Eine Basler Flora von 1622. Basler Zeitschrift für Geschichte und Alterthumskunde, vol. xii, pp. 1–15.

Christ, H. (1927)

Otto Brunfels und seine Herbarum vivae eicones. Ein botanischer Reformator des XVI. Jahrhunderts. Verhandl. d. Naturforsch. Gesellsch. Basel, vol. xxxviii, pp. 1–11.

Church, A. H.(1919)

Brunfels and Fuchs. Joum. Bot., vol. lvii, pp. 233–44.

Clarke, W. A.(1900)

First Records of British Flowering Plants. Edition 2.London.

Cockayne, T. O. (1864)

Leechdoms, Wortcunning, and Starcraft of Early England. Chronicles and Memorials of Great Britain and Ireland during the Middle Ages. Rolls Series, vol. i.

Copinger, W. A.
(1895, 1898, 1902)

Supplement to Hain's Repertorium Bibliographicum. London.

Courtois, R. (1835)

Commentarius in Remberti Dodonaei Pemptades. Nova Acta Physico–Medica Acad. Caes. Leopold.–Carol. Naturae Curiosorum, vol. xvii, pt. II, pp. 763–840.

Crane, W. (1906)

Of the Decorative Illustration of Books Old and New. London.

Crowfoot, G. M. & Baldens per ger, L. (1932)	From Cedar to Hyssop: A Study in the Folklore of Plants in Palestine. London.
Cuvier, G. (1841)	Histoire des Sciences Naturelies, depuis leur origine jusqu'à nos jours, complété. . .par M. Magdeleine de Saint Agy, pt. ii, vol. ii. Paris.
Daubeny, C. (1857)	Lectures on Roman Husbandry. Oxford.
Degeorge, L. (1886)	La Maison Plantin à Anvers. dition 3. Bruxelles.
Denucé, J.	See Rooses, M.
Dorveaux, P. (1913)	Le Livre des Simples Medecines. Traduction franhise du *Liber de simplici medicina dictus Circa instans* de Platearius tirée d'un manuscrit du xiiie siècle. Publications de la Soc. fran. d'histoire de la médecine, No. i. Paris.
Downes, H. (1917)	Henry Lyte of Lyte's Cary. Notes and Queries for Somerset and Dorset, vol. xv, pp. 157–9.
Drewitt, F. D. (1928)	The Romance of the Apothecaries' Garden at Chelsea. 3rd edition. Cambridge.
Druce, G. C. (1923)	Herbaria. Rept. Bot. Exchange Club, vol. vi, pt. 5 (1923 for 1922), pp. 756–66.
Emmanuel, E. (1912)	tude comparative sur les plantes dessinées dans le *Codex Constantinopolitanus* de *Dioscoride.* Travail exéuté dans l'Institut pharmaceutique de l'Université de Berne et l'Herbier Boissier à Chambésy près Genève. Schweiz. Wochen–schrift f. Chemie und Pharmazie: Journal suisse de Chimie et Pharmacie, Zurich, vol. lxi (Jahrg. 50), pp. 45–50, 64–72.
Emmart, E. W. (1935)	Concerning the Badianus Manuscript, an Aztec Herbal, "Codex Barberini, Latin 241 (Vatican Library). Smithsonian Misc. Collections, vol. xciv, No. 2, 14 pp.
Fabiani, G. (1872)	La Vita di Pietro Andrea Mattioli, edited by L. Banchi. Siena.

Faraglia, N. (1885) Fabio Colonna Linceo. Archivio Storico per le Province Napoletane. Anno 10, pp. 665–749.

Fellner, S. (1881) Albertus Magnus als Botaniker. Jahres–Ber. des kais. kn. Ober–Gymnasiums zu den Schotten in Wien, pp. 1–90.

Field, H. (1878) Memoirs of the Botanic Garden at Chelsea belonging to the Society of Apothecaries of London. Revised by R. H. Semple. London.

Fischer, H. (1929) Mittelalterliche Pflanzenkunde. Munich.

Forster, E. S. (1927) The Turkish Letters of Ogier Ghiselin de Busbecq. Oxford.

Gabrieli, G. (1929) Due codici iconografici di piante miniate nella Biblioteca Reale di Windsor. Rendiconti della r. Accad. Naz. dei Lincei. Rome. Classe di Sci. fis. mat. e nat., vol. x, ser. *6a,* 2nd sem., fasc. 10, pp. 531–8.

Gaselee, S. (1925) Joyfull Newes out of the Newe Founde Worlde written in Spanish by Nicolas Monardes physician of Seville and Englished by John Frampton, Merchant anno 1577. With an Introduction by S. Gaselee. London.

George, W. ([(1880)]) Lytes Cary Manor House, Somerset. Bristol, n.d.

Gesamtkatalog der Wiegendrucke See Kommission f.d.G.d.W. (1925 onwards).

Giacosa, P. (1901) Magistri Salernitani nondum editi. Catalogo ragionato della esposizione di storia della medicina aperta in Torino nel 1898. Torino. [In 2 parts, text and atlas.]

Gibson, S. (1931–2) Fragments from Bindings at Queen's College,Oxford. Trans. Bibl. Soc. (The Library), ser. iv,vol. xii, pp. 429–33.

Greene, E. L.(1909) Landmarks of Botanical History. A Study of Certain Epochs in the Development of the Science of Botany. Pt. i. Prior to 1562 a.d. Smithsonian Misc. Coll. No. 1870. Pt. of vol. liv. Washington.

Gunther, R. T. (1922) Early British Botanists and their Gardens based on unpublished writings of Goodyer, Tradescant, and others. Oxford.

Gunther, R. T. (1925) The Herbal of Apuleius Barbarus from the early twelfth-century manuscript formerly in the Abbey of Bury St Edmunds (MS. Bodley 130) described by R. T. Gunther. Oxford, for the Roxburghe Club.

Gunther, R. T.(1934) The Greek Herbal of Dioscorides illustrated by a Byzantine a.d. 512, Englished by John Goodyer,a.d. 1655, Edited and printed a.d. 1933 (*sic*) by R. T. Gunther. Oxford.

Hain, L.(1826, 27, 31, 38) Repertorium Bibliographicum.. .ad annum MD. Stuttgart, Tubingen and Paris.

Haller, A. von (1771–2) Bibliotheca botanica. Tiguri.

Hanhart, J. (1824) Conrad Gessner. Ein Beytrag zur Geschichte... im 16ten Jahrhundert. Winterthur.

Hartmann, F. (1896) The Life of Philippus Theophrastus Bombast of Hohenheim known by the name of Paracelsus. 2nd edition. London.

Hatton, R. G. (1909) The Craftsman's Plant–Book. London.

Henslow, G. (1899) Medical Works of the Fourteenth Century together with a List of Plants Recorded in Contemporary Writings, with their Identifications. London.

Heron-Allen, E. (1928) Barnacles in Nature and in Myth. Oxford.

Hess, J. W. (1860) Kaspar Bauhin's...Leben und Character. Basel.

Hett, W. S. (1936) Aristotle. Minor Works. Translated by W. S.Hett. London.

Hill, A. W. (1915) The History...of Botanic Gardens. Ann. Missouri Bot. Gard., vol. ii, pp. 185–240.

Hill, A. W. (1937) Préface by Sir Arthur Hill to Turrill, W. B., A Contribution to the Botany of Athos Peninsula Kew Bull., pp. 197–8.

Hizlerus, G. (1566) Oratio de vita et morte Leonharti Fuchs. Tubingae.

Holland, P. (1601) The Historic of the World. Commonly called, the naturall historic of C. Plinius Secundus. Translated by Philemon Holland. London.

Holland, R. See **Britten, J.**

Hort, A. (1916) Theophrastus. Enquiry into Plants. With an English Translation by Sir Arthur Hort. London.

Howald, E. & Sigerist, H. E.(1927) Anton Musae de Herba Vettonica Liber. Pseudoapulei Herbarius, etc. Leipsic.

Hunger, F. W. T. (1917[1]) Catalogus van de Tentoonstelling gehouden te Leiden 29 Juni 1917, ter Gelegenheid van den 400sten Geboortedag van Rembertus Dodonaeus. Leiden.

Hunger, F.W. T.(1917[2]) Dodonée comme botaniste. Janus, année 22, pp.158–62.

Hunger, F.W. T.(1927) Charles de l'Escluse (Carolus Clusius), 1526–1609. Janus, année 31, pp. 139–51.

Hunger, F.W. T.(1935[1]) Catalogue of Botanical Incunabula and Postincunabula. Exhibition of Books. Vlth Intern.Bot. Congress. Amsterdam, Sept. 2–7, 1935.

Hunger, F. W. T. (1935[2]) The Herbal of Pseudo–Apuleius from the ninthcentury Manuscript in the Abbey of Monte   Cassino [Codex Casinensis 97] together with the first printed edition of Joh. Phil, de Lignamine [Editio Princeps Romae 14–81]. Leyden.

Irmisch, T. (1859) Literaturgeschichtl. Bemerkung ber eine Ausgabe von dem Kruterbuche des Tragus. Bot. Zeit., Jahrg. 17, pp. 30–1.

Irmisch, T. (1862) Ueber einige Botaniker des 16. Jahrhunderts. Öff. Prüfung des F. Schwartzburg. Gymnasiums zu Sondershausen, pp. 3–58.

Istvánffi, G. de (1898-1900) Caroli Clusii Atrebatis leones Fungorum in Pannonis Observatorum sive Codex Clusii Lugduno Batavensis...cura et sumptibus Dr[ls] Gy. de Istvánffi. tudes et Commentaires sur le Code de l'Escluse augmentés de quelques notices Biographiques. Budapest.

Jackson, B. D.(1876)   A Catalogue of Plants cultivated in the Garden of John Gerard, In the years 1596–1599. Edited with...a life of the author, by B. D. Jackson. London.

Jackson, B. D. (1877)   Libellus de re herbaria novus, by William Turner, originally published in 1538, reprinted in facsimile, with notes, modern names, and a life of the author by B. D. J. London.

Jackson, B. D. (1881)   Guide to the Literature of Botany. London.

Jackson, B. D.(1906)   The History of Botanic Illustration. Trans. Hertfordshire Nat. Hist. Soc., vol. xii, pp. 145–56, 1906, for 1903–5.

Jackson, B. D.(1924)   Botanical Illustration from the Invention of Printing to the Present Day. Journ. Roy. Hort.Soc., vol. xlix, pp. 167–77.

Jardine, W. (1843)   The Naturalist's Library. Edited by Sir W. Jardine, vol. xii, Memoir of Gesner. Edinburgh.

Jayne, K. G. (1910)   Vasco da Gama and his successors, 1460–1580. London.

Jessen, K. F. W.(1864)   Botanik der Gegenwart und Vorzeit in culturhistorischer Entwickelung. Leipzig.

Jorge, R. (1916)   Comentos...Amato Lusitano. Pòrto.

Kaestner, H. F.(1896)   Pseud o–Dioscoridis de her bis femininis. Hermes, vol. xxxi,pp. 578–636.

Karabacek, J. de (1906)   Dioskurides. Codex Aniciae Julianae picturis illustratus, nunc Vindobonensis. Med. Gr. xx. phototypice editus. Lugduni Batavorum.

Kessler, H. F. (1870)   Das lteste und erste Herbarium Deutschlands, im Jahr 1592 von Dr Caspar Ratzenberger angelegt...beschrieben...von Dr H. F. Kessler. Cassel.

Kew, H. W. & Powell, H. E. (1932)   Thomas Johnson, Botanist and Royalist. London.

Kickx, J. (1838)   Esquisses sur les ouvrages de quelques anciens naturalistes beiges. i. Auger–Gislain Busbecq. Bull, de l'acad. roy. des sciences et belles–lettres de Bruxelles, vol. v, pp. 202–15.

Killermann, S.(1909)	Zur ersten Einführung amerikanischer Pflanzen im 16.Jahrhundert. Naturwissenschaftliche Wochenschrift, vol. xxiv (N.S., vol. viii), pp. 193–200.
Killermann, S. (1910)	A. Durer's Pflanzen–und Tierzeichnungen. Studien zur deutschen Kunstgeschichte. Heft 119.Strasburg.
Killermann, S.(1911)	Albrecht Dürer als Naturfreund. Der Aar (Regensburg), Jahrg. 1, Heft 6, pp. 751–65.
Klebs, A. C.(1917, 18)	Herbals of the Fifteenth Century. Incunabula Lists I. Papers of the Bibliographical Society of America, vol. xi, Nos. 3–4, pp. 75–92; vol. xii, Nos. 1–2, pp. 41–57.
Klebs, A. C. (1925)	Herbal Facts and Thoughts. Reprint of an introduction to the Catalogue of Early Herbals from the Library of Dr Karl Becher. L'Art Ancien S.A. Lugano.
Klebs, A. C. (1926)	(Letter) Hortus Sanitatis. Times Lit. Sup., Aug. 5.
Klebs, A. C. (1932)	Gleanings from Incunabula of Science and Medicine. Papers of the Bibliographical Society of America, vol. xxvi, pp. 52–88.
Kommission f.d.G.d.W. (1925 onwards)	Gesamtkatalogder Wiegendrucke. (Inprogress.) Leipzig.
Kristeller, P. (1905)	Kupferstich und Holzschnitt in vier Jahrhunderten. Berlin.
Langkavel, B. (1866)	Botanik der spaeteren Griechen. Berlin.
Legrè, L.(1899–1904)	La Botanique en Provence au xvie siècle: Pierre Pena et Mathias de Lobel, 1899. Félix et Thomas Platter. 1900[1]. Leonard Rauwolff. Jacques Raynaudet. 1900[2]. Louis Anguillara. Pierre Belon. Charles de 1'Escluse. Antoine Constantin. 1901. Les deux Bauhin, Jean–Henri Cherler et Valerand Dourez. 1904. Marseille.
Locy, W. A. (1921)	The Earliest Printed Illustrations of Natural History. Sci. Monthly, New York, vol. xiii, pp. 238–58.
Lones, T. E. (1912)	Aristotle's Researches in Natural Science. London.

Macfarlane, J.(1900)	Antoine Verard. Bibl. Soc. Illustrated Monographs, No. 7, 1900 for 1899. London.
Magdeleine de Saint Agy, T.	See **Cuvier, G.**
Maiwald, V. (1904)	Geschichte der Botanik in Bhmen. Wien und Leipzig.
Markham, C. (1913)	Colloquies on the Simples and Drugs of India by Garcia da Orta (New edition, Lisbon, 1895, edited by the Conde de Ficalho) translated by Sir Clements Markham. London.
Maitirolo, O. (1897)	L' Opera Botanica di Ulisse Aldrovandi (1549–1605). Bologna.
Mattirolo, O. (1898)	La Nuova *Sala Aldrovandi* nell' Istituto botanico della R. Università di Bologna. Malpighia, Anno 12, pp. 140–54.
Mattirolo, O. (1899)	Illustrazione del primo Volume dell' Erbario di Ulisse Aldrovandi. Genova.
Mattirolo, O. (1907)	Parole…in occasione delle onoranze per Ulisse Aldrovandi nel III centenario dalla sua morte. Atti d. Accad. R. delle Sci. di Torino (Anno 1906–7), vol. xlii, pp. 1037–40.
Maxwell-Lyte, H. C. (1892)	The Lytes of Lytescary. Proc. Somerset. Arch. and Nat. Hist. Soc. vol. xxxviii, pt.ii, pp. 1–110.
Meerbeck, P. J. van (1841)	Recherches historiques et critiques sur la vie et les ouvrages de Rembert Dodoens (Dodonaeus).Malines.
Meusnier de Querlon, A. G. (1774)	Journal du voyage de Michel de Montaigne en Italie...en 1580 et 1581. Rome and Paris.
Meyer, E. H. F. (1854–7)	Geschichte der Botanik. Knigsberg.
Meyer, E. H. F. & Jessen, K. F. W. (1867)	Alberti Magni ex ordine praedicatorum de vegetabilibus libri VII,..editionem criticam ab Ernesto Meyero coeptam absolvit Carolus Jessen. Berlin.

Miall, L. C. (1912) The Early Naturalists. Their Lives and Work (1530–1789). London.

Milt, B. (1936) Notizen zur schweizerischen Kulturgeschichte von H. Schinz und K. Ulrich. 102. Conrad Gessner's *Historia Plantarum* (Fragmenta relicta). Vierteljahrsschrift der naturf. Gesellsch. in Zürich, Jahrg. 81, pp. 285–91.

Moehsen, J. C. W. (1783) Beitrge zur Geschichte der Wissenschaften in der Mark Brandenburg von den ltesten Zeiten an bis zu Ende des sechszehnten Jahrhunderts. i. Leben Leonhard Thurneissers zum Thum. Berlin und Leipzig.

Mohl, H. von (1859) Einige Worte zur Rechtfertigung von Leonhard Fuchs. Bot. Zeit., Jahrg. 17, p. 189.

Montaigne, M. de See **Meusnier de Querlon, A. G.**

Morren, G. (1851) Prologue consacré à la mémoire de Rembert Dodons. La Belgique Horticole, Liége, vol. i.

Morren, C. (1853) Prologue consacré à la memoire de Charles de 1'Escluse. La Belgique Horticole, Liége, vol. iii.

Morren, G. & d'Avoine, P. J. (1850) loge de Rembert Dodoens,...suivi de la Concordance des espèces végétales décrites et figurées par Rembert Dodons avec les noms que Linné et les auteurs modemes leur ont donnas. Malines.

Morren, . (1875[1]) Charles de 1'Escluse, sa vie et ses ceuvres. 1526–1609. Bull, de la Féd. des Soc. d'Hort. de Belgique. Liége (1874). (There are some original notes in a review of this work by B. D. Jackson, Joum. Bot., vol. xiii (New Ser. vol. iv), 1875, pp. 347–9.)

Morren, . (1875[2]) Mathias de l'Obel, sa vie et ses ceuvres, 1538–1616. Bull, de la Féd. des Soc. d'Hort. de Belgique. Liége.

Muther, R. (1884) Die deutsche Bücherillustration der Gothik und Frührenaissance (1460–1530). München und Leipzig.

Nelmes, E.	See **Sprague, T. A.**
Netter, W.	See **Peters, H.**
Olmedilla y Puig, J. (? 1896)	El sabio médico Portugués del siglo XVI García da Orta, [? Madrid.]
Olmedilla y Puig, J.(1897)	Estudio histórico. . .Nicolás Monardes. Madrid.
Olmedilla y Puig, J. (1899)	Estudio histórico...Cristóbal Acosta. Madrid.
Parkinson, J. (1904)	Paradisi in Sole Paradisus Terrestris. Faithfully reprinted from the edition of 1629. London.
Payne, J. F. (1885)	Old Herbals: German and Italian. The Mag. of Art, vol. viii, pp. 362–8.
Payne, J. F. (1903)	On the "Herbarius and "Hortus Sanitatis. Trans. Bibliographical Soc., vol. vi, 1903 (for 1900–2), pp. 63–126.
Payne, J. F. (1908)	English Herbals (Summary of a paper). Trans. Bibl. Soc., vol. ix, 1908 (for 1906–8), pp. 120–3.
Payne, J. F. (1912)	English Herbals. Trans. Bibliographical Soc., vol. xi, 1912 (for 1909–11), pp. 299–310. (This article is a posthumous reprint of Payne, J. F. (1908) with figures.)
Penzig, O. (1905)	Contribuzioni alia Storia della Botanica. I. Illustrazione degli Erbarii di Gherardo Cibo. II. Sopra un Codice miniato della Materia Medica di Dioscoride. Milan.
Petermann, W. L.	See **Richter, H. E.**
Peters, H. (1889)	Pictorial History of Ancient Pharmacy....Trans, by Dr W. Netter. Chicago.
Pfeiffer, F. (1861)	Das Buch der Natur von Konrad von Megenberg... herausgegeben von Dr Franz Pfeiffer. Stuttgart.
Pitton de Tournefort, J. (1694)	Elemens de Botanique, vol. i. Paris.
Pitton de Tournefort, J. (1700)	Institutiones rei herbariae. Ed. 2, vol. i. Paris,

Planchon, J. E. & G.(1866) Rondelet et ses Disciples ou la Botanique à Montpellier au xvime Siècle. Appendix by J. E. and G. Planchon. Montpellier.

Pouchet, F. A. (1853) Histoire des sciences naturelles au moyen ge ou Albert le Grand et son époque, considérés comme point de départ de l'école expérimentale. Paris.

Powell, H. E. **See Kew, H. W.**

Prideaux, W. R. B. (1926) (Letters) Hortus Sanitatis. Times Lit. Sup., July 22 and August 19.

Prior, R. C. A.(1879) On the Popular Names of British Plants. 3rd edition. London.

Pritzel, G. A. (1846) Meister Johann Wonnecke von Caub. Bot. Zeit., Jahrg. 4, pp. 785–90.

Pritzel, G. A. (1872, 7) Thesaurus literaturae botanicae...editionem novam reformatam. . .Lipsiae.

Pryme, A. de la(1870) The Diary of Abraham de la Pryme, the Yorkshire Antiquary. Surtees Society's Publications,vol. liv (for 1869). Durham, London and Edinburgh.

Pulteney, R. (1790) Historical and Biographical Sketches of the Progress of Botany in England, from its Origin to the Introduction of the Linnaean System. London.

Ralph, T. S. (1847) Opuscula omnia botanica Thomae Johnsoni nuperrime edita. London.

Richter, H. E. & Petermann, W. L. (1835, 40) Caroli Linnaei Systema, Genera, Species plantarum,...seu Codex Botanicus Linneanus; ed.H. E. Richter; Lipsiae, 1835; Index alphabeticus,W. L. Petermann, Lipsiae, 1840.

Rooses, M.(1882,3) Christophe Plantin imprimeur anversois. Antwerp. (Another edition in smaller format, 1896.)

Rooses, M. (1909) Catalogue of the Plantin–Moretus Museum. 2nd English edition. Antwerp.

Rooses, M. &Denucé, J. (1883-1918) Correspondance de Christophe Plantin. Edited by M. Rooses, and (later) J. Denucé. Maat-schappij der Antwerpische Bibliophilen. Antwerp.

Roth, F. W. E. (1898) Hieronymus Bock genannt Tragus (1498–1554).Bot. Centralbl. Jahrg. 19, vol. lxxiv, pp. 265–71, 313–18, 344–7.

Roth, F. W. E. (1899[1]) Leonhard Fuchs, ein deutscher Botaniker, 1501–1566. Beihefte zum Bot. Centralbl. vol. viii,pp. 161–91.

Roth, F. W. E. (1899[2]) Jacob Theodor aus Bergzabem, genannt Tabernaemontanus. Ein deutscher Botaniker. Bot.Zeit., Jahrg. 57, pp. 105–23.

Roth, F. W. E. (1900) Otto Brunfels 1489–1534. Ein deutscher Botaniker. Bot. Zeit., Jahrg. 58, pp. 191–232.

Roth, F. W. E. (1902) Die Botaniker Eucharius Rosslin, Theodor Dorsten und Adam Lonicer 1526–1586. Centralbl. f. Bibliothekswesen, Jahrg. 19, pp. 271–86, 338–45.

Roze, E. (1899) Charles de l'Escluse d'Arras le propagateur de la pomme de terre au xvi[e] siecle. Sa biographic et sa correspondance. Paris.

Rytz, W, (1933) Das Herbarium Felix Platters. Ein Beitrag zur Geschichte der Botanik des xvi. Jahrhunderts. Verhandl. d. Naturforsch. Gesellsch. in Basel, vol. xliv, pp. 1–222.

Rytz, W. (1936) Pflanzenaquarelle des Hans Weiditz aus dem Jahre 1529: die Originale zu den Holzschnitten im Brunfels'schen Kruterbuch. Bern.

Saccardo, P. A. (1893) Il primato degli Italiani nella Botanica. Malpighia, vol. vii, pp. 483–7.

Sachs, J. von (1890) History of Botany (1530–1860). Trans, by H. E. F. Garnsey, revised by I. B. Balfour. Oxford.

Saint-Lager, J. B.(1885[1]) Histoire des Herbiers. Ann. Soc. Bot. de Lyon, année 13, pp. 1–120.

Saint-Lager, J. B. (1885^2) Recherches sur les Anciens Herbaria. Ann. Soc.Bot. de Lyon, année 13, pp. 237–81.

Salaman, R. N. (1937) The Potato in its Early Home. Joum. Roy. Hort. Soc. vol. lxii, pp. 61–77, 112–23, 153–62,253–66.

Sarton, G.(1927 onwards) Introduction to the History of Science. Carnegie Institution, Washington. (In progress.)

Savage, S. (1921) A Little–known Bohemian Herbal. Trans. Bibl. Soc. (The Library), ser. ii, vol. ii, pp. 117–31.

Savage, S. (1922) The Discovery of some of Jacques le Moyne's Botanical Drawings. Gard. Chron., ser. m, vol. lxxi, p. 44.

Savage, S. (1923^1) The *Hortus Floridus of* Crispijn vande Pas the Younger. Trans. Bibl. Soc. (The Library), ser. iii, vol. iv, pp. 181–206.

Savage, S. (1923^2) Early Botanic Painters. 1–6. Gard. Chron., ser. iii, vol. lxxiii, pp. 8, 92–3, 148–9, 200–1, 260–1, 336–7.

Savage, S.(1928, 9) Crispian Passaeus. Hortus Floridus. Text translated from the Latin by Spencer Savage.London.

Savage, S. (1935) Studies in Linnaean Synonymy. I. Caspar Bauhin's "Pinax and Burser's Herbarium. Proc. Linn. Soc. Lond., 148th session, 1935–6, pt. i, 1935, pp. 16–26.

Savage, S. (1937) Catalogue of the Manuscripts in the Library of the Linnean Society of London. Part II. Caroli Linnaei determinationes in hortum siccum Joachimi Burseri. London.

Schelenz, H. (1904) Geschichte der Pharmazie. Berlin.

Schenck, H. (1920) Martin Schongauers Drachenbaum. Naturwis– senschaftliche Wochenschrift, vol. xxxv (N.S. vol. xix), pp. 775–80.

Schmid, A. (1936) Zwei seltene Kruterbcher aus dem vierten Dezennium des sechzehnten Jahrhunderts, nebst einem bibliographischen Verzeichnis aller bekannten frhen Ausgaben der Brunfelsschen Kruterbcher als Anhang. Separat. aus dem Schweizerischen Gutenbergmuseum, No. 3. Bern.

Schmiedel, C. C. (1751–4) Conradi Gesneri Opera Botanica per duo saecula desiderata...cum figuris...ex bibliotheca D.Christophori Iacobi Trew...edidit D. C. C. Schmiedel. Norimbergiae impensis Io. Mich. Seligmanni. Typis Io. Iosephi Fleischmanni 1574. (*With separate title-page*) Valerii Cordi. . . stirpium. . . Liber Quintus... Editio nova... ex Gesneri Codice, 1751.

Schmiedel, C. C. (1759–71) Conradi Gesneri...Historiae Plantarum fascicuius quern ex bibliotheca Iacobi Trew...edidit et illustravit D. C. C. S. Norimbergiae, 1759.

Schreiber, W. L.(1924) Facsimileausgabe des Hortus Sanitatis, Deutsch, Peter Schoeffer, Mainz, 1485; Nachwort: Die Kruterbcher des xv. und xvi. Jahrhunderts. Mnchen.

Schulz, A. (1919) Euricius Cordus als botanischer Forscher und Lehrer. Abhandl. d. naturforschenden Gesellschaft zu Halle a.d.S. N.S. No. 7, 32 pp.

Schwertschlager, J.(1890) Der botanische Garten der Frstbischfe von Eichsttt. Eichstadt.

Senn, G. (1923) Das pharmazeutisch–botanische Buch in Theophrast's Pflanzenkunde. Verhandl. d. Schweizer. Naturforsch. Gesellsch., Zermatt, Teil ii, pp. 201–2.

Senn, G. (1925) Die Einfhrung des Art– und Gattungsbegriffs in die Biologie. Verhandl. d. Schweizer. Naturforsch. Gesellsch., Aarau, Teil ii, pp. 183–4.

Seward, A. C. (1935) The Foliage, Flowers and Fruit of Southwell Chapter House. Camb. Antiquarian Soc. Communications, vol. xxxv, pp. 1–32.

Sibthorp, J.(1806–40) Flora Graeca. (Edited by Smith, Sir J. E., & Lindley, J.) London.

Sigerist, H. E. See **Howald, E.**

Simler, J. (1566)   Vita... Conradi Gesneri... Tiguri excudebat Froschouerus.

Singer, C. (1927)   The Herbal in Antiquity and its Transmission to Later Ages. Journ. Hellenic Studies, vol. xlvii, pp. 1–52.

Sprague, T. A.(1928)   The Herbal of Otto Brunfels. Journ. Linn. Soc. Lond., Bot., vol. xlviii, pp. 79–124.

Sprague, T. A.(1933[1])   Botanical Terms in Pliny's Natural History.Kew Bull., No. 1, pp. 30–41.

Sprague, T. A. (1933[2])   Botanical Terms in Isidorus. Kew Bull., No. 8. pp. 401–7.

Sprague, T. A. (1933[3])   Plant Morphology in Albertus Magnus. Kew Bull.,No.9,pp. 431–40.

Sprague, T. A. (1933[4])   Botanical Terms in Albertus Magnus. Kew Bull.,No.9,pp. 440–59.

Sprague, T. A.(1936)   Technical Terms in Ruellius' Dioscorides. Kew Bull.,No.2,pp. 145–85.

Sprague, T. A. & Nelmes, E. (1931)   The Herbal of Leonhart Fuchs. Journ. Linn. Soc. Lond., Bot., vol. xlviii, pp. 545–642.

Sprague, T. A. & Sprague, M. S. (forthcoming)   The Herbal of Valerius Cordus. Journ. Linn. Soc. Lond., Bot. [Abstr. Proc. Linn. Soc. Sess. 149, 1936–7, pp. 156–8)].

Sprengel, K. P. J. (1817, 18)   Geschichte der Botanik. Altenburg und Leipzig.

Sprengel, K. P. J. (1822)   Theophrast's Naturgeschichte der Gewchse. Uebersetzt und erlautert von K. Sprengel.Altona.

Stadler, H. (1921)   Albertus Magnus de animalibus libri xxvi. Vol. ii, books xiii–xxvi. (Beitrage z. Geschichte der Philosophic des Mittelalters, vol. xvi. Mnster.)

Steinschneider, M. (1891)   Die griechischen Aerzte in arabischen Uebersetzungen. 30. Dioskorides. Virchow's Archiv für path. Anat., vol. cxxiv (ser. 12, vol. iv), pp. 480–3.

Stillman, J. M.(1920)   Theophrastus Bombastus von Hohenheim called Paracelsus. Chicago.

Strmberg, R. (1937)   Theophrastea. Gteborgs k. Vet.– och Vit.– Samhlles Handl., F. v, ser. A, vol. 6, no. 4, 234 pp.

Strunz, F. (1903)   Theophrastus Paracelsus. Das Buch Paragranum. Herausgegeben und eingeleitet von Dr phil. F. S. Leipzig.

Strunz, F. (1926)   Albertus Magnus: Weisheit und Naturforschung im Mittelalter. Wien und Leipzig.

Stiibler, E. (1928)   Leonhart Fuchs. München.

Thompson, D'Arcy W. (1913)   On Aristotle as a Biologist. Herbert Spencer Lecture. Oxford.

Toni, G. B. de(1906)   Sull' origine degli erbarii. Atti d. Soc.d. nat. e mat. di Modena,ser.4, vol. viii, anno xxxix,1907 (for 1906), pp. 18–22.

Toni, G. B. de(1907)   I Placiti di Luca Ghini...intomo a piante descritte nei Commentarii al Dioscoride di P.A. Mattioli. Venezia.

Treviranus, L. C.(1855)   Die Anwendung des Holzschnittes zur bildlichen Darstellung von Pflanzen. Leipzig.

Trew, C. J. (1752)   Librorum botanicorum catalogi duo.. .Norimbergae Stanno Fleischmanniano.

Veendorp,H.(1935)   Mededeelingen uit den Leidschen Hortus. II.De beteekenis van Charles de l'Escluse voor den Hortus te Leiden. (English summary.) Nederlandsch Kruidkundig Archief, pt. 45, pp. 25–96.

Ventura, A. F. G.(1933)   Clusio. Portugal...nas suas obras. Coimbra.

Walton, I. (1670)   The Lives of Dr John Donne, Sir Henry Wotton, Mr Richard Hooker, Mr George Herbert. London.

Weber, F. P. (1893)   A Portrait Medal of Paracelsus on his death in 1541. The Numismatic Chronicle, ser. 3, vol. xiii, pp. 60–71.

Wegener, H. (1936)   Das grosse Bilderwerk des Carolus Clusius in der Preussischen Staatsbibliothek. Forschungen und Fortschritte, Berlin, Jahrg. 12, No. 29, pp. 374–6.

Wellmann, M. (1897)   Krateuas. Abhandl. d.k. Gesellsch. d. Wiss. Zu Gottingen, Phil.–Hist. Klasse, N.S. vol. ii,1897–9, No. 1, 1897, pp. 1–32.

Wellmann, M. (1906–14)   Pedanii Dioscuridis Anazarbei de materia medica libri quinque. 3 vols. Berlin.

Wilms, H. (1933)   Albert the Great. (English version.) London.

Winckler, E. (1854)   Geschichte der Botanik. Frankfürt.

Winckler, L. (1934)   Das Dispensatorium des Valerius Cordus. Faksimiledes im Jahre 1546...ersten Druckes durch Joh. Petreium in Nümberg. Gesellsch. f. Geschichte der Pharmazie. Mittenwald (Bayern).

Wittrock, V. B. (1905)   Catalogus illustratus iconothecae botanicae Horti Bergiani Stockholmiensis. Pars II. Acti Horti Bergiani, vol. iii.

Wolf, K. (1577)   Epistolarum medicinalium Conradi Gesneri... per C.W....in lucem data. Tiguri...Christoph. Frosch.

Wootton, A. C. (1910)   Chronicles of Pharmacy. London.

Zahn, G. (1901)   Das Herbar des Dr Caspar Ratzenberger (1598) in der Herzoglichen Bibliothek zu Gotha. Mitt, des Thüringischen Bot. Vereins, Weimar, N.S. Heft 16, pp. 50–121.

附录二主题索引

Acosta: Olmedilla y Puig (1899); Seide; Ventura

Albertus Magnus: Balss; Fellner; Meyer, E. & Jessen; Meyer, G. & Zimmermann; Pouchet; Sprague (1933c, 1933d); Stadler; Strunz (1926); Wallace; Weisheipl; Wilms

Aldrovandi: Castellani; Mattirollo (1897, 1898, 1899, 1907); De Toni, G. (1906, 1907)

Amatus Lusitanus: Jorge

American plants: Emmart; Gabrieli; Killermann (1909); Trueblood

Anguillara: Béguinot; De Toni, E.; De Toni, G. (1907, 1911); Greene (1970); Langkavel; Legré (1901); Stannard (1970)

Anne de Bretagne's Book of Hours: Camus (1894)

Apothecaries, Garden of Society of: Drewitt; Field; Steam (1975)

Apuleius Barbarus: see Apuleius Platonicus

Apuleius Platonicus: Cockayne; Gunther (1925); Howald & Sigerist; Hunger (1935b); Steam (1979); Voigts, see also under Incunabula

Aristotle: Hett; Lones; Strömberg; Thompson

Aster: Burgess

Atropa: Eisendrath

Badianus herbal: Emmart; Gabrieli; Trueblood

Barnacle-goose: Heron-Allen; Stadler

Bartholomaeus Anglicus: see Incunabula

Bauhin, G.: Bauhin; Candolle; Christ (1913); Fuchs-Eckert; Hess; Legré (1904); Savage (1935, 1937); Whitteridge

Bauhin, J.: Fuchs-Eckert; Legré (1904); Planchon; Webster (1970)

Belon: Legré (1901)

Besler: Schwertschlager

Bibliography, General: Copinger; Hain; Hunger (1917a); Jackson (1881); Pritzel (1872–77); Trew

Bock (Tragus): Adam; Irmisch (1859); Roth (1898); Stannard (1970)

Bohemia, History of Botany in: Maiwald

Book of Hours of Anne de Bretagne: Camus (1894)

Book of Nature: see Konrad von Megenberg

Botanic Gardens, History of: Field; Hill (1915); Paganelli *etc*; Steam (1975); Veendorf
& Baas–Becking

Bourdichon: Camus (1894); Savage (1923b)

British Botany, General History of: Gunther (1922); Pulteney

British Plants, First Records of: Clarke. History of Names of: Alcock; Britten (1881);
Britten & Holland; Prior; Steam (1965)

Brosse: Arber (1913a); Guerlac; Howard

Brunfels: Arber (1921, 1936); Christ (1927); Church; Greene; Rytz (1933), (1936);
Schmid: Sprague (1928); Stannard (1970); Wittrock

Burser: Fuchs–Eckert; Savage (1935, 1937)

Busbecq: Forster; Kicks; Sarton (1942)

Caesal pinus (Cesalpino): Bremekamp; Green (1983); Morton (1981a, b); Viviani

Camerarius: Adam; Irmisch (1862); Morton (1981b)

Cherler: Legré (1904)

Cibo: Penzig

Circa instans: Beck; Camus (1886); Dorveaux; Schmitz (1971); see also under
Manuscript herbals

Clusius: see l' Ecluse, de

Colonna (Columna): Bellini; Faraglia

Constantin: Legré (1901)

Cordus, E.: Adam; Greene; Schulz

Cordus, V.: Adam; Dilg (1969); Greene; Irmisch (1862); Schmiedel (1751–54);
Sprague, T. A. & M. S.; Winckler, L.

Cube: Pritzel (1846)

Culpeper: Poynter (1962, 1972)

Cunrat: see Konrad von Megenberg

Desmoulins: Planchon

Dioscorides: Basmadjian; Berendes; Bonnet; Daubeny; Emmanuel; Gunther (1934); Hill (1937); Karabacek; Killermann (1955); Langkavel; Mazal (1981, 1985); Mioni (1959); Pächt; Pagel; Penzig; Riddle (1971); Sibthorp; Singer; Sprague (1936); Stannard (1966); Stearn (1954, 1977a); Steinschneider; Wellmann (1906–14)

Dodoens: Adam; Courtois; Florkin; Greene (1985); Hunger (1917a, b); Louis (1950); Meerbeck; Morren, C. (1851); Morren & d'Avoine; Rooses (1882c)

Dorsten: Roth (1902)

Dourez: Legré (1904)

Dracaena: Schenck

Durer: Behling; Emboden; Killermann (1910, 1911); Koreny

Egenolph: Roth (1902); Schmid

Engraving, Copper: Kristeller

Engraving, Wood: Crane; Hatton; Kristeller; Muther; Treviranus

First records of British plants: Clarke

Fuchs: Adam; Arber (1928, 1940); Choate; Church; Fichtner; Ganzinger; Greene; Heller & Meyer; Hizlerus; Mohl; Oanzinger; Roth (1899a); Sprague & Nelmes; Stübler

Fungi: Istvanffi

Gardens, History of Botanic: Hill (1915); see Botanic Gardens above

Gerard: Clarke; Jackson (1876); Jeffers; Raven; Stearn (1972)

Gessner (Gesnerus): Adam; Bauhin; Fischer, H. etal.; Greene (1983); Hanhart; Jardine; Magdefrau; Mayerhöfer; Milt; Planchon; Rath; Schmiedel (1751–54, 1759–71); Schmidt; Simler; Wolf; Zoller, Steinmann & Schmidt

Ghini: Chiarugi; De Toni (1907); Greene (1983); Keller (1972); Penzig

Goodyer: Gunther (1922); Kew & Powell

Goose tree: Heron–Allen; Stadler

Grand herbier: Camus (1886); see also under Incunabula

Grete herball, Proofsheetof: Gibson

Grew: Arber (1913a)

Herbaria, History of: Camus (1895); Candolle; De Toni, G. (1906); Druce: Kessler;

    Mattirolo (1899); Meusnier de Querlon (on Montaigne); Penzig (1905);

Pittonde Tournefort (1694); Saint–Lager (1885a); Sarton (1931)

Herbarium of Apuleius Platonicus: Hunger (1935b); Stearn (1979); Voigts; see also

    under Incunabula

Herbarius, German and Latin: see under Incunabula

History of botany: Adam; Adanson; Alcock; Cuvier; Daubeny; Greene; Gunther

(1922); Haller; Jessen; Maiwald; Meyer; Miall; Morton (1981); Pitton de Tournefort;

    Pulteney; Sachs; Sarton (1927, 1955); Sprenger; Winckler, E.

Hortus sanitatis: seeunder Incunabula

How: Gunther (1922)

Illustration, History of botanical: Blunt & Raphael; Blunt & Stearn; Choulant (1841,

    1926, 1857, 1924); Crane; Haller; Hatton; Jackson (1906, 1924); Locy;

Muther; Payne (1885, 1903, 1908, 1912); Savage (1923); Treviranus

Incunabula: Anderson; Choulant (1841, 1926, 1857, 1924); Fischer; Hunger (1935a,

    b); Klebs (1917, 1925, 1926, 1932); Kommission f. d. G. d. W.; Locy; Payne (1885,

    1903, 1908, 1912); Prideaux (1926); Saint–Lager (1885b); Schreiber

Isodorus: Sprague (1933b)

Italian botany, General history of: Béguinot; Saccardo; Sprague & Nelmes

Konradvon Megenberg: Locy; Pfeiffer; se also under Incunabula

Krateuas: Singer; Wellmann (1897)

La Brosse see Brosse

L'Ecluse, de (Clusius): Boissard; Burgenländische Landesarchiv.; Christ (1912); Cuvier;

    Hunger (1927, 1942); Irmisch (1862); Istvánffi; Legré (1901); Magdefrau; Morren,

C. (1853); Morren, E. (1875a); Planchon; Rooses (1882,3); Roze; Smit (1975); Stannard (1973); Stearn (1954); Veendorp; Veendorp & Baas–Becking; Ventura; Vorstius; Wegener; Whitehead

Le Moyne de Morgues: Hulton; Savage (1922, 1923b)

Linnaean names of plants described in pre–Linnaean herbals: Petermann, in Richter & Petermann

Livre des SimplesMedicines: Dorveaux; Opsomer & Stearn

L'Obel, de: Clarke; Greene (1983); Gunther (1922); Legré (1899); Louis (1980); Mallet & Jovet; Morren, E. (1875b); Planchon; Rooses (1882–83)

Lonitzer: Adam; Roth (1902)

Lyte: Arber (1931); Downes; George; Maxwell–Lyte

Macer Floridus: Choulant (1832)

Maize: Finan

Manuscript herbals: Blunt & Raphael; Camus (1886, 1894); Cockayne; Choulant (1832); Fischer; Giacosa; Henslow; Hunger (1935b); Kaestner; Penzig; Saint–Lager (1885b); Sarton; Singer; see also under Apuleius, Dioscorides, Platearius

Mattioli: DeToni, G. (1907); Fabiani; Greene (1983); Kühnel; Leclerc; Nevinson; Savage (1921); Stannard (1969); Walton (on Wotton); Zanobia

Monardes: Gaselee; Olmedilla y Puig (1897)

Montpellier, School of botanyat: Legré; Planchon

Musa: Howald & Sigerist

Names of British plants, History of: Alcock; Britten (1881); Britten & Holland; Prior

Nicolaus Damascenus: Hett (under Aristotle)

Orta: Markham; Olmedilla y Puig (? 1896); Keller (1974); Ventura

Ortus sanitatis: see under Incunabula

Paracelsus: Adam; Hartmann; Pagel (1958, 1974); Stillman; Stoddart; Strunz (1903); Weber

Parkinson: Gunther (1922); Raven

Pas or Passe, de: Savage (1923a, 1928–9)

Pena: Legrd (1899); Planchon

Pharmacy, History of: Peters; Schelenz; Winckler, E. & L.; Wootton

Plantin: Degeorge; Rooses (1882–8, 1909); Rooses & Denucé

Plantin–Moretus Museum: Rooses (1909)

Platearius: Dorveaux; see also under Manuscript herbals

Platter: Adam; Arber (1936); Legré (1900a); Meusnier de Querlon (Montaigne); Planchon; Rytz (1933, 1936)

Pliny: Brosig; Gudger; Holland, P.; Labarre; Sprague (1933a); Stannard (1965)

Portuguese travel and botany: Jayne; Jorge; Ventura

Potato: Salaman

Proof sheet of *Grete Herball*: Gibson

Provence, History of botany in: Legré (1899–1904)

Pseudo–Apuleius: see Apuleius Platonicus

Pseudo–Dioscorides: Kaestner; Riddle (1981)

Rabel: Savage (1923a, b)

Ratzenberger: Kessler; Zahn

Rauwolff: Legré (1900b)

Raynaudet: Legré (1900b)

Records, First, of British plants: Clarke

Rhodion: see Rösslin

Rondelet: Planchon; Keller (1975)

Rösslin: Roth (1902)

Ruel: Greene (1983); Sprague (1936)

Schongauer: Schenk

Sextius Niger: Wellmann (1889)

Southwell Chapter House carvings: Pevsner; Seward

Species and genus concepts, History of: Senn (1925)

Spenser and Lyte: Arber (1931); Ellacombe

Tabernaemontanus: Roth (1899b)

Terminology, History of: Choate; Sprague (1933a, 1936); Steam (1983)

Thai: Irmisch (1862); Rauschert

Theatrum florae: Savage (1923a)

Theodor: see Tabernaemontanus

Theophrastus: Greene; Hort; McDiarmid; Morton; Scarborough; Senn (1928, 1928,
    1933a, b, 1934, 1941, 1943); Sprengel (1822); Stearn (1977a, b, 1983); Strömberg

Thurneisser: Moehsen

Tragus: see Bock

Turner: Britten; Clarke; Harrison; Jackson (1877); Raven; Stearn (1965)

Vérard: Macfarlane

Vettonica: Howald & Sigerist

Weiditz: Arber (1936); Rytz (1933, 1936)

Wood–engraving: see Engraving, Wood

Wormwood, Modern use of: Broadwood

Zaluziansky: Maiwald

译后记

这本有关欧洲草药志历史的著作翻译始于浙江自然博物院策划的一场展览，在这场展览之前，策展人王思宇咨询我准备利用馆藏的版画做一场展览。因为本人长期关注欧洲博物学版画，也为博物馆的博物艺术征集帮了不少忙，当时就提出可以做一场中西植物图像的对照性展览。待到展览主题确定之后，我们就分头搜集各种展品和文献材料，最终于2021年9月28日—11月30日在浙江自然博物院做了一场学术性的展览"草木留影花叶传形：中西方植物插图演变史专题展"。

　　也是在这场展览的筹备过程中，我想起了几年前看到的艾格尼丝·阿尔伯（Agnes Arber，1879—1960年）这本有关欧洲草药志的著作。在此之前，我只是泛泛翻阅过，惊叹于书籍中丰富的草药志插图。真的等到要筹备此次展览的时候，我才觉得很有必要将这本书翻译一遍，作为展览的重要参考文献。那一段时间，我一边翻译，一边通过书中的信息搜集各种草药志插图。之前我们比较熟悉的只有19世纪诸如《柯蒂斯植物学杂志》（*Curtis's Botanical Magazin*）等流传较广的英国植物学版画作品，而通过阿尔伯这部作品，我们了解到更多更早期非英国的欧洲草药志插图。可以说，阿尔伯这本书恰好弥补了我们对欧洲早期植物学知识的空缺。

　　也是因为这本书，我深深地被18世纪之前颇具人文色彩的欧洲博物学知识所吸引，当时因为展览的缘故，这本书只是被草草地翻译了一遍，之后再细细品读发现这本书蕴藏着海量的信息以及作者睿智的思想。想到国内还未有一本类似的书籍出版，我就有些心动是否可以找一家出版社将此书翻译出版。想到这里，我非常感谢四川人民出版社的赵静老师，当我提出这个想法的时候她就非常支持，鼓励我将这本书系统翻译引进到国内,她得知这本书插图丰富但图片质量不太理想,就计划替换书中插图,并添加原书作者提及但并未展示的插图,力求将这部精典之作做得文图并茂,以希全面呈现欧洲草药志的发展历程。

有了赵老师的鼓励和帮助,这本书历经数月大致翻译完成,但书中仍留有拉丁语、大量早期英语等内容,这是我不太熟悉的部分,多亏四川大学的姜虹老师、西北大学的杨莎和高洋老师以及清华大学的蒋澈老师帮助,这个问题很快得到了解决,尤其是姜虹老师还对全书译文进行了细致的校审,北京大学刘华杰教授以及赵梦钰博士对译稿进行了审读并提出了宝贵的修改意见,在此衷心地感谢各位老师的帮助和指导。

阿尔伯这本书原书名直接翻译为《草药志的起源与演变:植物学的一段历史(1470—1670)》(*Herbals Their Origin and Evolution: a Chapter in the History of Botany 1470–1670*),因为这样翻译成中文毫无辨识度,所以在翻译的时候我将其修改为《植物学前史:欧洲草药志的起源与演变(1470—1670)》。由于这本书主要讲述的是欧洲现代植物学发展之前,抄本草药志转变为印本草药志,并逐渐向现代植物学发展的一个历史阶段,因此我就将这个历史时期称为"植物学前史",由此也可以吸引读者来了解那段不为中国读者熟悉的植物学前世,新的书名在"草药志"前加上"欧洲"两字作限制,可以使读者明确这本书讨论的主题是欧洲早期的草药志而并非中国传统的本草书籍。

讲到中国的本草,实际上也是译者翻译这本书的一个重要的原因。在此次浙江自然博物院的主题展览中,我们有意将欧洲草药志与中国本草进行对照,限于时间紧迫以及能力有限,我们仅仅做了两种书籍中植物插图的对比展示,实际上两种类似又有不同的植物文化中还有许多内容可以进行对比展示。译者想就此书的翻译为契机,让更多国内学人和爱好者来了解欧洲科学化以前的植物学知识,对其进行深入的对照性研究一定很吸引人。我在翻译过程中就找到了一处有意思之处,它反映出中西草药书籍创作的一些共同目的。1220年中国南宋时期画家王介创作的《履巉岩本草》当中,作者在序言中说:"或恐园丁、野妇皮肤小疾,无昏暮叩门入市之劳,随手可用,此置图之本意也。"王介的这本本草书籍是中国现存最古老的彩绘本草图谱,他当年绘图的目的便是希望目不识丁的普通人可以"按图索骥",在身边寻找到可用于医治的草药,作者这种具有仁爱精神的创作意图在三百年之后也出现在了欧洲草药志当中。1526年出版的《草药大全》在引言的最后写道："由于在医生缺乏的乡村，病人们需要长途跋涉到城镇的诊所就医，因而乡村里的患者很难得到救治康复。手足情深促使我将上帝的这些恩赐书写下来，告诉人们如何采用花园里的植物和田野中的野草来治疗疾病，其治疗效果与药房昂贵的配制药剂是一样的。"中西文化中对植物的实用性研究其目的本身均是为了服务于人，只是到了18世纪之后，欧洲草药志逐渐分化为专业的药典和探索植物本质的科学化发展的植物学，西方草药志传统在此之后就逐渐衰弱。中国传统本草则一直沿着我们的文化不断深化发展，影响甚至遍及整个东亚，一直到19世纪中期吴其濬撰写《植物名实图考》时传统本草学发展才出现了一些分化。中国的学者也开始关注植物本身而不再仅仅关注它的实用价值，但无可否认，吴其濬的植物研究还是具有浓厚的人文主义色彩。回到眼前这本译著，翻译此书的目的便是希望通过将欧洲传统时代草药志的信息和研究引介到国内，可以使更多人关注到中西传统时代在研究和探索植物时出现的异同，在对照中重新审视中国传统本草学，而或更多国人关注到域外早期植物知识。

　　《植物学前史》这本书的翻译最应该感谢的人应该是作者艾格尼丝·阿尔伯。虽然她在1912年就已经写成此书，但到了1938年她又对全书进行了大范围的扩充，这种扩充无异于重写一部新书。译者最早翻译了这本书的第一版数章，之后发现第二版变化幅度很大，最终选择翻译了作者更新的第二版。遗憾的是，第一版有一些信息在第二版被删除，感兴趣的读者可以自行查阅第一版的内容。艾格尼丝·阿尔伯是一位勤奋且具有才华的植物学家，这本书是她早年对植物学史研究的成果，实际上她将更多精力用在了植物学的科学研究上，她出版的著作有《水生植物，水生被子植物研究》（*Water Plants A Study of Aquatic Angiosperms*，1920）、《单子叶植物形态学研究》（*Monocotyledons a morphological study*，1925）、《禾本科植物，谷类、竹类和禾草类研究》（1934）。此外，阿尔伯还对植物进行了哲学和思想层面的深入研究，代表著作有《植物形态的自然哲学》（*The Natural Philosophy of Plant Form*，1950）、《思维与眼光》（*The Mind and The Eye*，1954）、《多元与一元》（*The Manifold and the One*，1957）等。由此看来，艾格尼丝·阿尔伯并不是一位纯粹的科学家，她还有着史学家、思想家的身份，正是基于她的这种多元性研究兴趣，才使得《植物学前史》具有了多元的研究视角。读者在这本书中不仅可以获得各种相关的植物学文献信息，更重要的是通过她的研究可以让读者更全面地了解欧洲植物文化的发展历程，从中可以窥见西方文化的一些特质。

这本译著主要以1938年的第二版内容为基础进行翻译，译文完全保留了原书的内容，译者为方便读者阅读，在书中增添了一些译者注（以＊与原书注释相区分）。书中插图在尽量保持原图内容不变的情况下，更换和添加了更清晰的彩色图片，原书中的图片编码较为混乱，于是本书对此重新进行了编排，以方便读者阅读查找。由于早期文献引用与现代学术规范并不一致，为了减少对原文改动，译者完全保留了原书的文献引用方式，具体的引文、参考文献或相关阅读材料在附录中均有系统的整理，感兴趣的读者可以按照书后附录进行查找。另外译者在原文之后添入"补论"，翻译了艾格尼丝·阿尔伯两篇有关草药志的研究论文以及英国科技史学者查尔斯·辛格（Charles Singer，1876—1960年）一篇有关欧洲草药志抄本流传历史的相关文章，后一篇文章主要是配合原书介绍草药志抄本的不足，读者可以通过这篇文章大致了解印本草药志出现之前欧洲草药志的历史发展状况。

由于译者水平有限，翻译此书在所难免会出现诸多问题，希望本书出版之后各位读者可以多多批评指正，如果发现书中错误或有疑问，可以将信息发送至535885263@qq.com。

2023年8月写于蓉城东湖畔

官方小红书：尔文 Books

官方豆瓣：尔文 Books（豆瓣号：264526756）

官方微博：@ 尔文 Books

图书在版编目（CIP）数据

植物学前史：欧洲草药志的起源与演变：1470—
1670 / (英) 艾格尼丝·阿尔伯著；王钊译. -- 成都：
四川人民出版社, 2023.8（2024.1重印）
ISBN 978-7-220-13370-1

Ⅰ.①植… Ⅱ.①艾… ②王… Ⅲ.①植物学—历史
—欧洲—1470-1670 Ⅳ.①Q94-095

中国国家版本馆CIP数据核字（2023）第140842号

ZHIWUXUE QIANSHI :
OUZHOU CAOYAOZHI DE QIYUAN YU YANBIAN : 1470–1670

植物学前史：
欧洲草药志的起源与演变：1470—1670

[英]艾格尼丝·阿尔伯/著   王钊/译

出 版 人	黄立新
策划统筹	赵　静
责任编辑	赵　静
版式设计	张迪茗
封面设计	张　科
责任印制	周　奇

出版发行	四川人民出版社（成都市三色路238号）
网　址	http://www.scpph.com
E-mail	scrmcbs@sina.com
新浪微博	@四川人民出版社
微信公众号	四川人民出版社
发行部业务电话	（028）86361653　86361656
防盗版举报电话	（028）86361661
照　排	四川胜翔数码印务设计有限公司
印　刷	四川新财印务有限公司
成品尺寸	175mm×250mm
印　张	27.75
字　数	440千
版　次	2023年8月第1版
印　次	2024年1月第2次印刷
书　号	ISBN 978-7-220-13370-1
定　价	198.00元